普通高等教育“十三五”规划教材

材料表界面化学

胡正水　刘鲁梅　隋　凝　奉若涛　主编

化学工业出版社

·北京·

内容简介

《材料表界面化学》共十章，第1章绪论，介绍表界面的一些概念和表界面的发展简史；第2章介绍物质粒子间的微观相互作用，以及用于描述表面的表面位与表面态；第3、5、6章，介绍了液体、固体及固液体系中涉及的表界面知识和表面活性剂溶液特性及使用；第4章着重介绍胶体的特性及胶体稳定机理；第7章至第10章分别介绍高分子材料、无机非金属材料、金属材料表面和复合材料的界面。

《材料表界面化学》可作为化学、化工、材料等专业的教材，也可供相关人员参考使用。

图书在版编目（CIP）数据

材料表界面化学/胡正水等主编. —北京：化学工业出版社，2019.11（2025.2重印）

普通高等教育“十三五”规划教材

ISBN 978-7-122-35550-8

Ⅰ.①材… Ⅱ.①胡… Ⅲ.①表面化学-高等学校-教材 Ⅳ.①O647

中国版本图书馆CIP数据核字（2019）第250247号

责任编辑：李 琰　　装帧设计：关 飞

责任校对：王鹏飞

出版发行：化学工业出版社（北京市东城区青年湖南街13号 邮政编码100011）

印　　装：北京科印技术咨询服务有限公司数码印刷分部

787mm×1092mm 1/16 印张11¼ 字数247千字 2025年2月北京第1版第3次印刷

购书咨询：010-64518888　　售后服务：010-64518899

网　　址：http://www.cip.com.cn

凡购买本书，如有缺损质量问题，本社销售中心负责调换。

定　　价：48.00元

前言

随着近代科学与技术的高速发展，材料也不断被赋予更新更深刻的含义。远古时代的猿人只知道用石头、树木等天然物质做工具来猎取食物。大概在六七千年前，人们才知道用土烧制陶器。随着人类的文明发展越来越快，青铜器、铁器、陶瓷直到钢铁与合金，隐喻了材料发展的主线。可以说材料的发展是人类文明史发展的标志。近百年来，随着物理学、化学的飞速发展，人们对自然界的认知由宏观向微观的深入，量子力学对原子、分子的揭秘使材料的范畴不断扩大，材料的品种也呈几何级数的扩大。如今，材料的概念已不再是之前一度特指的金属材料，而是包括了金属、陶瓷、无机非金属、天然和合成的高分子以及由其彼此复合而成的复合物，大到块体，小到介观尺度的微纳米级颗粒、团簇等。近年来化学学科的发展尤其是氟碳化学、有机硅化学的发展为低表面能材料不断做出贡献，碳素材料物理、化学技术提供了崭新的碳素新材料（碳纤维、碳纳米管、石墨烯等）。

材料的使用性能不但与材料组成、结构、性质、工艺等有关，还与材料的表面与界面状态有关。材料的表面与界面可近似看作是材料中的二维缺陷，其结构与性能对材料的整体性能具有决定性的作用：材料的强度、老化、腐蚀、粘接、复合、催化等性能都与其表面与界面特性密切相关。当今无论是军事科技还是民用科技领域中一类热点问题就是如何赋予材料某种独特性质的表界面，诸如耐温性（低温、高温）、耐候性、光电磁敏感智能性。因而近年来信息材料、功能转换材料、特种涂层材料等研究飞速发展，随着这些领域研究的深入和扩展，更引起人们对材料表界面科学的更广泛的关注，关注的视野从形体材料表界面到粗分散体并逐步延伸到胶体、微乳液体系，从材料表界面的物理化学性质深入到界面化学的界面分子相互作用，从被动形成的表界面特性的认知到利用分子间相互作用主动设计界面来控制材料的形貌和界面特性。由此逐步形成了一门崭新的交叉学科——材料表界面化学。

材料表界面化学的研究进展得益于电子技术、计算机技术、高真空和微波技术等表征和制备技术的发展。各种高精尖表面测试表征方法不断出现，诸如光电子能谱、高分辨电子显微镜、原子力显微镜等仪器的出现足以使研究的精度达到原子级别，引导研究者从介观尺度界面空间来完成表界面的设计。

编者在近二十年从事材料化学的教学和科研中深刻体会到表界面化学在材料科学中的学科地位。不论是传统的金属材料、陶瓷材料、玻璃等无机非金属材料还是各种高分子材料，其制备、加工、应用等过程中，往往首要考虑的就是表界面问题。尤其各种处于微纳米尺度的信息材料、功能转换材料，其形体形貌、构筑方式方法、物理性能等研究过程中，遇到大量的表界面问题。简言之，凝聚态物理学的研究离不开表界面化学。近十年来我校材料化学本科专业就开设了材料表面与界面化学课程，本教材是在该课程第一任授课老师胡正水教授的授课讲稿《胶体·界面·材料表界面》基础上逐步修订完成的。参考了国内外有关界面化学、胶体化学、高分子材料表界面等书籍及文献资料，同时融入了作者的相关研究工作。本书力求在物理化学的基础上把包罗万象的材料表界面现象归纳系统，力求简明扼要，使内容既具有普及性、实用性又具有研究引导性，为本专业“宽厚型、前瞻型、开拓型”的培养目标奠定基础。

教材包含十章内容：第 1 章绪论，介绍表界面的一些概念和表界面的发展简史；第 2 章介绍物质粒子间的微观相互作用，以及用于描述表面的表面位与表面态；第 3、5、6 章，介绍了液体、固液体系及固体中涉及的表界面知识和表面活性剂溶液特性及使用；第 4 章着重介绍胶体的特性及胶体稳定机理；第 7 章至第 10 章分别介绍高分子材料、无机非金属材料、金属材料表面和复合材料的界面。本教材第 1 章至第 6 章由胡正水老师、刘鲁梅老师和奉若涛老师编撰，第 7 章至第 10 章分别由卢迎习老师、单妍老师、肖瑶老师、隋凝老师编撰。

编者感谢青岛科技大学给予的经费资助。编撰过程中，编者参考了材料科学领域的诸多文献资料，在此向教材中所引文献的作者表示感谢。

因编者水平有限，本教材中疏漏与不足之处在所难免，敬请同行和读者批评指正。

编者

2021 年 9 月

目 录

1 绪论

材料是可用于制造有用物品的物质，材料的发现与利用是人类文明发展过程的标志。时代的发展需要材料，材料又推动时代的发展。科学家与工程师们都认识到发展尖端技术的前提是发展新材料与新材料加工技术。在不少工程技术领域内，都会遇到大量与表面状态密切相关的课题，例如晶体生长、多相催化、材料腐蚀与磨损、集成电路的制作、各种表面的热辐射、光吸收和光反射、热电子发射等，迫切要求人们去研究表面与界面的微观结构。自然界中，也有许多表面积与体积比值（A/V）较大的系统，对人类的生产与生活起着重要的作用，如树叶具有大的表面积为植物的充分光合作用提供了保障，不仅有利于阳光的吸收，同时也为二氧化碳、水及氧气的传递提供了最佳的通道。而荷叶表面微米/纳米二级结构的发现，则直接促使超疏水效应材料的蓬勃发展。材料的表界面性能在材料科学中日益重要。

一般情况下，材料的表面与其内部本体，在结构与化学组成上都有明显的差别，这是因为材料内部原子受到周围原子的相互作用是相同的，相互抵消，而处在材料表面的原子所受到的力场却是不平衡的，因此产生了表面能。对于由不同组分构成的材料，组分与组分之间可形成界面，某一组分也可能富集在材料的表界面上。即使是单组分的材料，由于内部存在的缺陷（如位错等），或者由于晶态的不同形成晶界，也可能在内部产生界面。材料的表界面成为影响与提升材料整体性能的至关重要的因素。表面科学与表面工程再制造技术亦逐步发展成为综合性交叉科学。

1.1 表面与界面

通常，人们把肉眼能见到的物体（包括液体和固体）的外部称为表面（surface）。事实上，人类的生活环境为空气所笼罩。因此，任何存在于地球上的物体外部，都被空气包围并和空气密切接触，形成液相与气相（空气）、固相与气相的接触面。倘若将表面仅定义为肉眼能见到的外表层，而不考虑空气分子的相互作用影响，显然不利于完整认识表面的科学意义。

对表面较为严格的科学定义应当是：物体（固体）的表面处在真空状态下，物体内部和真空之间的过渡区域，是物体最外面的几层原子和覆盖其上的一些外来原子和分子所形成的表面层。它的厚度很小，一般只有零点几纳米到几纳米。这一表面层具有独特的性质，它和物体内部的性质不完全相同。

界面是指两个物体相接触的分界层。如果两相接触很紧密，就会存在分子间相互作用，形成在组成、密度、性质上和两相有交错并有梯度变化的过渡区域。此分界层也可称为界面层，它与两边实体的相态不同，有独立的相，占有一定的空间，有固定的位置。根据物质的聚集态，界面通常可以分为五类：固-气、液-气、固-液、液-液、固-固。

气体和气体之间总是均相体系，因此不存在表界面。习惯上把固-气、液-气的过渡区域称为表面，而把固-液、液-液、固-固的过渡区域称为界面。实际上两相之间并不存在截然的分界面，相与相之间是个逐步过渡的区域，表界面区的结构、能量、组成等都呈现连续的梯度变化。因此，表界面不是几何学上的平面，而是一个结构复杂、厚度约为几个分子的准三维区域，因此常把界面区域当作一个相或层来处理，称作界面相或界面层。

1.1.1 物理表面

在物理学中，一般将表面定义为三维的规整点阵到本体外（常简称体外）空间之间的过渡区域，这个过渡区的厚度随材料的种类不同而异，可以是一个原子层或多个原子层。在过渡区内，周期点阵遭到严重扰动，甚至完全变异。表面下数十个原子层称为次表面，次表面以下才是被称之为“体相”的正常本体。

1.1.1.1 理想表面

理想表面是指除了假设确定的一套边界条件外，系统不发生任何变化的表面。以固体为例，理想表面就是指表面的原子位置和电子密度都和体内一样。这种理想表面实际上是不存在的。如，在 NaCl 晶体中，半径较大的 Cl^- 形成面心立方堆积，而半径较小的 Na^+ 分布在八面体的孔隙中。由于 Cl^- 之间的排斥作用，表面的 Cl^- 被推向体外，而 Na^+ 则被拉向体内，形成与晶体内部不同的表面偶极层。在许多金属氧化物中都存在双电层，这对吸附、润湿、腐蚀和烧结等都有影响。

1.1.1.2 清洁表面

清洁表面是指经过特殊处理，如解理、热蚀、场效应蒸发、离子轰击加退火热处理等，并保存在超高真空条件（10^{-12}～10^{-11}Pa）下的表面。目前，多数单晶的清洁表面都是通过离子轰击加退火热处理法获得的。其中，场效应蒸发法得到的表面完整度最高，但受限于材料性能和样品尺寸等因素而不能普遍采用。

表面原子的排列方式虽然与体内有差别，但为了降低系统自由能，提高稳定程度，表面的原子通常仍作对称和周期性排列。由于表面原子排列突然发生中断，如果在该处原子仍按照内部方式排列，则势必增大系统的自由能。为此，表面附近原子的排列必须进行调整，调整方式有两种：①自行调整，表面处原子排列与内部有明显不同；②靠外来因素，如吸附杂质或生成新相等。从热力学角度来看，调整之后能降低表面能，使系统更趋稳定。几种清洁表面结构示意图如图 1-1 所示。

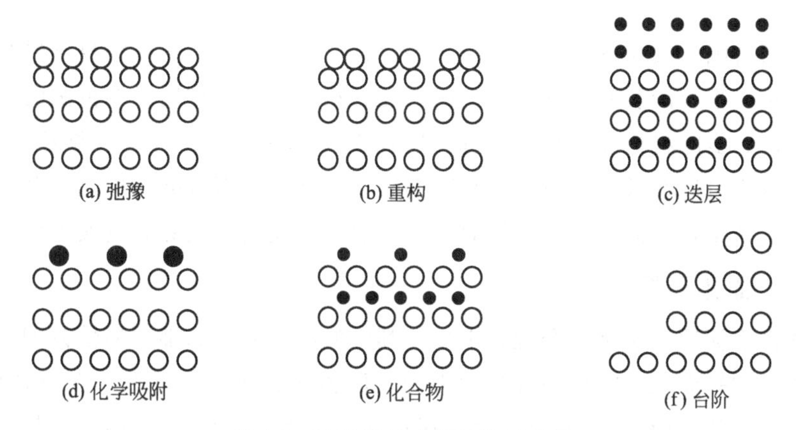

图 1-1　几种清洁表面结构示意图

(1) 弛豫

表面区原子（或离子）间的距离偏离体内的晶格常数，而晶胞结构基本不变，这种情况称为弛豫（relaxation）。离子晶体的主要作用力是库仑静电力，这是一种长程作用力，因此表面容易发生弛豫。弛豫主要发生在垂直表面方向，故又称纵向弛豫。弛豫时晶格常数可能增大，也可能减小，视材料的特征和晶向而定。值得注意的是弛豫并非只存在于表面一层，而是会延伸到一定范围。

(2) 重构

许多半导体和少数金属的表面原子排列比较复杂。在平行衬底的表面上，原子的平移对称性与体内有明显不同，原子有较大幅度的调整，这种表面结构称为重构（reconstruction）。重构有两种类型：①表面晶面与体内完全不一样，如 Au、Pt 的（001）面的重构是一个与（111）面相接近的密堆积面，这种情况也被称为超晶格或超结构；②表面原胞的尺寸大于体内，即晶格常数增大，以 Si（111）2X1 重构为例，重构原因可能是价键在表面处发生了畸变（如退杂化等），但理论根源尚待进一步研究。

(3) 迭层

当有其它原子进入表面而出现体内不存在的表面结构时称迭层（over layer），这种表面也被称为覆盖表面。外表面原子可以来自外部，如周围环境气氛、接触物的污染等。处在超高真空中的清洁表面，外来原子主要为吸附气体（如氧、氮等）。吸附分为化学吸附与物理吸附两种。表面的外来原子也可以从内部分凝出来，这种现象又称为偏析（segregation）。

表面迭层与化学吸附、物理吸附、重构、外延生长、氧化、固相反应、催化等现象有着十分密切的关系，成为界面物理与化学的前沿热点课题。

1.1.1.3　吸附表面

吸附有外来原子的表面称为吸附表面。吸附原子可以形成无序的或有序的覆盖层。覆盖层可以具有和基体相同的结构，也可以形成重构表面层。当吸附原子和基体原子之间的相互作用很强时则能形成表面合金或表面化合物。覆盖层结构中也可存在缺陷，且随温度发生变化。

1.1.2 材料表面

物理表面通常限于表面以下两三个原子层及其上的吸附层，而材料科学研究的表面包括各种表面作用和过程所涉及的区域，其空间尺度和状态取决于作用影响范围的大小和材料与环境条件的特性。实际材料表面是指经过一定加工处理（切割、研磨、抛光、清洗等），保持在常温常压（也可能在低真空或高温）下的表面。这种表面可能是单晶、多晶，也可能是粉体或非晶体。这是在生活、生产与科研中经常遇到的表面，又称为真实表面。

1.1.2.1 固体表面

理想的固体表面原子层是一个理想平面，其中的原子完整二维周期性排列，且不存在缺陷和杂质，这样的平面也称完整突变光滑平面。但实际表面凹凸不平，表面具有不均匀性，所以存在不同类型的表面位（sites)，存在拐折（kinks）、梯级（steps）、点缺陷与表面原子如吸附原子的结合部分，以及空位（vacancies）等表面位。表面原子排列的周期性亦表现出不完整，如：晶体表面杂质、空位、位错等缺陷。由于表面位邻近原子都十分活泼，尽管其平衡浓度在其熔点时，远远低于1%单分子层，但它们对于表面上原子的迁移，却起着重要的作用。固体表面原子的振幅通常是体内原子的好几倍，因此表面热导、热胀系数等都明显高于体内。

一般金属表面常吸附有外来原子，其表面形成多重表面结构，如图 1-2 所示。吸附原子可以形成无序的或有序的覆盖层。当吸附原子和基体原子之间的相互作用很强时，则能形成表面合金或表面化合物。对具有催化活性的金属表面来说，吸附键的强度要适当，吸附键过强或过弱都不利于下一步化学反应的进行。

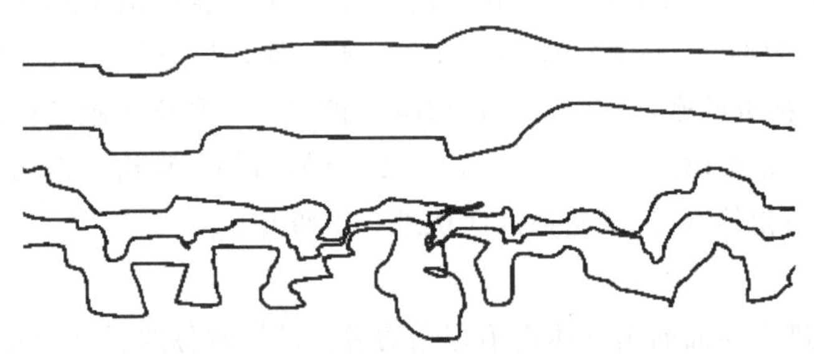

图 1-2 典型金属表面结构示意图

从下到上：金属、金属氧化物及硫化物等；吸附水；吸附的非极性有机物；吸附的极性有机物；吸附的气体

1.1.2.2 粉体与超微粒子表面

粉体是指一些微细固体粉粒（particle）的集合体。粉体是粉末冶金和陶瓷工业的原料。粉体的研究和制备，是当前高科技的一个重要方面。如上所述，粉体是微细颗粒的集合体，

在使用时，并非是一个颗粒，而是一批或一堆颗粒，所以既要研究其个性，又要研究集体的性质。

根据颗粒大小分类，150～500μm 的颗粒称为粗粉末，40～150μm 称为中等粉末，10～40μm 称为细粉末，0.5～10μm 称为特细粉末，0.5μm 以下称为超细粉末。当粒子（颗粒）的尺寸为亚微米到纳米的范围时，一般称为团簇（cluster）、小粒子、超微粒子。也有人称微米粒度的粉末为微粉，几百纳米以下的粉体为超微粉。

粉体的形状对它的工艺性能（如松装比重、流动性和压制性等）有很大影响。粉体在制备时不断地破碎，不断地形成新的表面，带来新的表面畸变层。粒子越小，表面所占比例就越大。随着物体尺寸的减小，表面的作用就显得越为明显。当粒子尺寸为 10nm，表面原子的比例可能达到 50%左右，这种超微粒子已失去其作为宏观物体的一些物性，成为低维材料。一般称超微粒子为零维材料。强烈的表面效应使超微粒子具有很高的活性。如将新制成的金属超微粒子暴露在大气中，瞬时就会烧光（氧化），若在非超高真空环境，则不断吸附气体并发生反应。

1.1.2.3 液体表面

习惯上把液-气界面看成液体表面。两种不互溶的液体之间的接触面则非常明显，即使通过振动或搅拌的方法，使两种不互溶的液体暂时混合，其仍然是不稳定的，静置一段时间之后，便会分层，呈现出明显的界面。相对密度小的液体浮于上层，相对密度大的液体则居于下层，两液体之间的部分则是界面层。两种液体之间的界面同液-气之间的界面一样，具有收缩的趋势。

1.1.2.4 材料表界面的形成

最常见的材料表界面可以根据其形成途径划分为如下几种类型。

(1) 机械作用界面

受机械作用而形成的界面称为机械作用界面。常见的机械作用包括切削、研磨、抛光、喷砂、变形、磨损等。

(2) 化学作用界面

由于表面反应、黏结、氧化、腐蚀等化学作用而形成的界面称为化学作用界面。

(3) 固体结合界面

由两个固体相直接接触，通过真空、加热、加压、界面扩散和反应等途径所形成的界面称为固体结合界面。

(4) 液相或气相沉积界面

物质以原子尺寸形态从液相或气相析出而在固态表面形成的膜层或块体称为液相或气相沉积界面。

(5) 凝固共生界面

两个固相同时从液相中凝固析出，并且共同生长，所形成的界面称为凝固共生界面。

(6) 粉末冶金界面

通过热压、热锻、热等静压、烧结、热喷涂等粉末工艺，将粉末材料转变为块体所形成的界面称为粉末冶金界面。

(7) 黏结界面

由无机或有机黏结剂使两个固体相结合而形成的界面称为黏结界面。

(8) 熔焊界面

在固体表面造成熔体相，然后两者在凝固过程中形成冶金结合的界面称为熔焊界面。

材料的界面还可以根据材料的类型进行划分，例如，金属-金属界面、金属-陶瓷界面、树脂-陶瓷界面等。显然，不同界面上的化学键性质是不同的。

1.2 表界面科学发展简史

材料的表界面现象很早就引起科学家的重视。早在19世纪中叶或更早的时候，科学家就注意到材料的界面区具有不同于本体相的特殊性质，表界面性质的变化对材料的许多行为有重要的影响。

1875年至1878年，著名科学家Gibbs首先用数理方法推导出界面区物质的浓度一般不同于各本体相的浓度，奠定了表界面科学的理论基础。一个多世纪前，液体表面张力的测定、气体在固体表面上的吸附量测定等表面测定技术，被应用到表面现象的研究中，许多科学家对黏附、摩擦、润滑、吸附等表界面现象进行了大量的研究。

1913年至1942年，美国科学家Langmuir对蒸发、凝聚、吸附、单分子膜等表界面现象研究作出了杰出的贡献，为此荣获1932年的诺贝尔奖，被誉为表面化学的先驱者、新领域的开拓者。

20世纪50年代后，晶体缺陷理论的发展及原子像观测技术的进步，为界面精细结构的观察奠定了基础。另一方面，计算机及计算技术的发展又为界面原子像的分析及界面模型的设计与验证提供了更好的条件。随着复合材料从微米层次向亚微米甚至纳米层次推进，微电子与光电子器件集成度日益增高，以及纳米材料与纳米技术的快速发展，表界面科学的重要性更为突出，亦成为当代最为活跃的前沿研究领域之一。表界面科学作为一门独立的学科已得到公众的承认。

1.3 表界面研究与新材料发展

通过对晶界、相间界面、界面中间相的精细结构、界面的物理化学行为及界面理论模型计算等基础科学问题的系统研究，新材料的制备与性能改进得到快速发展。随着材料向功能集成化、复合微小化等方面发展，材料界面的重要性日益显示出来，如配位生长界面、纳米晶体界面、应力界面的脱粘、溶质原子偏聚与晶间断裂、电致迁移时晶界扩散输运、氧化物和半导体晶界局域密度态等。在功能材料方向，这一趋向更为突出。纳米技术前沿领域中的微机械工程技术的开发及有关理论的研究正如火如荼，其核心之一便是界面科学问题的研究。

聚合物基复合材料是将高分子材料和无机材料结合而形成的新型材料。有机高分子材料和无机材料是性能截然不同的两类材料，界面难以很好地结合。按照表界面的理论发明了偶联剂，偶联剂具有两种不同性质的活性基团，可分别与高分子材料和无机材料发生化学反应，通过偶联剂的作用使得高分子材料和无机材料实现了良好的界面结合，复合材料的性能得以显著提高。

无论是金属材料、无机非金属材料，还是高分子材料，表界面特性对材料的性能都有着重大影响。近年来，超细材料的飞速发展令人瞩目，材料的超细化不仅极大地增加了材料的表面积，同时带来更为新奇的物理化学特性，如超细化粉体的催化效应增强等。可以预见，随着表界面研究的深入，材料的性能将不断得到改进，材料的应用领域将不断拓展，材料表界面的理论也将不断丰富、发展。

2 物质粒子相互作用

2.1 微观相互作用

19 世纪以来，不断涌现的新技术提升了人们从分子水平对物质的认知。化学家与晶体结构学家对物质原子结构的解析奠定了物质微观粒子相互作用的认知基础。而 Young、van der Waals、Keesom、Debye、London 等学者的研究进一步量化了物质微观粒子相互作用特性。

表面的分子、原子与离子与吸附质之间除共价键、离子键和金属键外，还有基团间和分子间相互作用，主要包括：离子或荷电基团、偶极子、诱导偶极子之间的相互作用、氢键力、疏水基团相互作用及非键电子推斥力。通常，分子间相互作用的键能比共价键的键能小 1～2 个数量级，作用范围也略长，约为 0.3～0.5nm。表 2-1 列出了几类典型物质微观粒子相互作用及作用范围。

表 2-1　典型物质微观粒子间相互作用

相互作用类型		键能 /(kJ/mol)	平衡距离/Å
主价键力与化学键	离子键	550～1100	1～2
	共价键	60～750	1～2
	金属键	100～400	1～2
次价键力与分子间相互作用	London 作用	≤45	3～5
	Debye 作用	≤3	3～5
	Keesom 作用	≤25	3～5
	氢键	≤55	2.4～3.1

多相系统技术与工艺的研究发现，微观粒子间相互作用直接决定着两相与三相表面特性行为，如纳米自组装技术等。物质微观粒子相互作用随着对其认知的不断深化，进一步促使新材料与器件的发展。当前，界面研究的热点主要集中在以下几个方面，详见表 2-2。

表 2-2　界面研究热点

界面	特性	典型应用热点
固气界面	吸收	气溶胶、催化、腐蚀、扩散、渗透、透析、过滤、氧化、冷凝、表面能源、薄膜、核能等
固液界面	润湿	溶胶凝胶、浸润、表面张力、摩擦、润滑、扩散、毛细效应、渗透蒸发、电化学、清洁等
固固界面	粘接	固体悬浮、粘接、熔接、腐蚀、钝化、磨损、摩擦、扩散、分层、蠕变、共混与合金等

物质微观粒子间相互作用的强度主要取决于相互作用距离的远近。如图 2-1 所示。长程相互作用，也称为 Lennard-Jones 势，通常相互作用距离大于 0.3nm，具有最小能量距离。

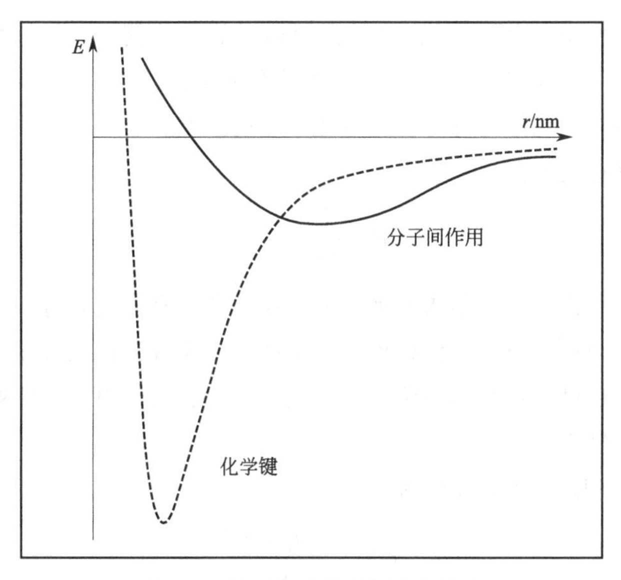

图 2-1　相互作用距离与势能曲线

以石墨为例，如图 2-2 所示，其晶体原子间相互作用呈现出典型的各向异性，在 c 方向上层间原子间相互作用为范德华力，或称之为 π 电子相互作用，其键能为 17～33kJ/mol；而层内原子之间以 σ 键链接，其键能为 100～750kJ/mol。

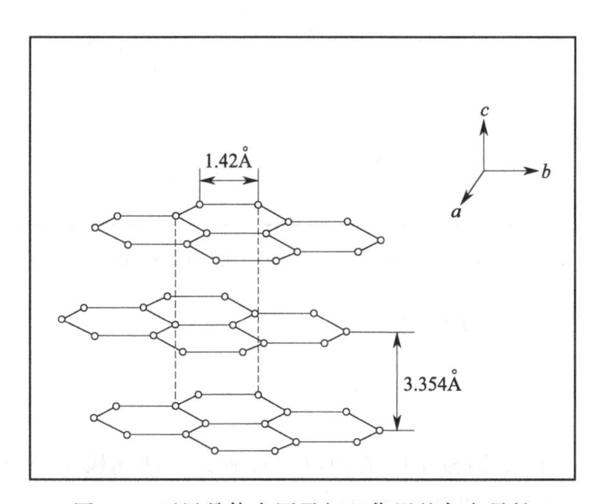

图 2-2　石墨晶体中原子相互作用的各向异性

随着纳米科学的发展，纳米尺度材料与器件的设计、制备与操控中长程相互作用的重要性日益凸显。例如，自组装器件结构主要受控于杂化粒子间的长程相互作用，并确保纳米器件运行中组件结构的稳定性。

2.1.1 库仑作用

(1) 离子-离子对的相互作用

$$E=\frac{(Z_1e)(Z_2e)}{4\pi\varepsilon_0\varepsilon_r x} \tag{2-1}$$

式中，E 为库仑作用自由能；Z_1、Z_2 为两离子的电荷数；e 为电子电量；x 为两离子间距离；ε_0 为真空中的介电常数；ε_r 为介质中的介电常数。

两个离子间的库仑相互作用有时会超过化学键的强度。

库仑作用力的表达式为：

$$F=\frac{Z_1Z_2e^2}{4\pi\varepsilon_0\varepsilon_r x^2} \tag{2-2}$$

由上式可见，库仑作用力与距离的平方成反比，即库仑作用具有一定长程特性。当两种离子电荷异号，表现为相互吸引；两种离子电荷同号，表现为相互排斥。

除静电作用外，还可以对经典的诱导作用进行处理。诱导力是多体效应，取决于所有的永久偶极矩和诱导偶极矩。

(2) 离子-永久偶极子的相互作用

$$E=\frac{(Ze)\mu\cos\theta}{4\pi\varepsilon_0\varepsilon_r x^2} \tag{2-3}$$

式中，μ 为偶极矩；θ 为偶极子中心线与偶极子轴线的夹角，如图 2-3 所示。

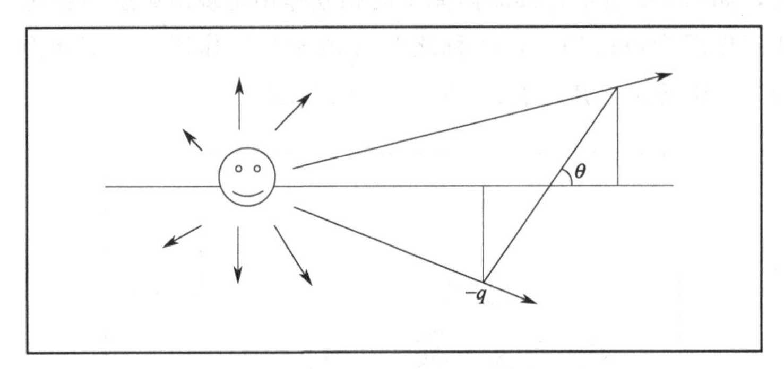

图 2-3 离子-永久偶极子的相互作用

(3) 永久偶极子之间的相互作用

$$E=A\ \frac{\mu_1\mu_2}{4\pi\varepsilon_0\varepsilon_r x^3} \tag{2-4}$$

式中，A 为常数，与两个偶极子间的相对位置有关，两偶极子平行时取 2，两偶极子反平行时取－2，所有方向偶极子平均值取 $2^{1/2}$。

偶极-偶极相互作用往往与氢键有关。通常情况下，它比库仑作用弱得多，对自由旋转的偶极子的相互作用属范德华作用范畴。

2.1.2 范德华作用力

处在液体表面层的分子与处在液体内部的分子所受的力场是不同的。众所周知，分子之间存在短程的相互作用力，称为范德华力（vander Walls force）。处在液体内部的分子受到周围同种分子的相互作用力，从统计平均来说分子间力是对称的，相互抵消。但是处在液体表面的分子没有被同种分子完全包围，在气液表面上的分子受到指向液体内部的液体分子的吸引力，也受到指向气相的气体分子的吸引力。范德华作用力起源于分子（或离子）的瞬间极化而产生的偶极相互作用，它包括以下三种作用。

（1）静电力（Keeson 相互作用）

极性分子永久偶极间产生的静电吸引作用力，对自由旋转的偶极子的相互作用，归因于极化率的取向分布的平均效应。

$$E=-\frac{2}{3}\times\frac{\mu_1^2\mu_2^2}{(4\pi\varepsilon_0\varepsilon_r)^2kTx^6} \tag{2-5}$$

式中，μ_1 和 μ_2 分别为两个相互作用分子的偶极矩；x 为分子质心间的距离；k 为玻尔兹曼常数；T 为温度，负值代表能量降低。

（2）诱导力（Debye 作用）

永久偶极子诱导的偶极相互作用，即永久偶极子诱导可极化原子、分子，使产生的诱导偶极与永久偶极间的相互作用。

$$E=\frac{\alpha_1\mu_1^2+\alpha_2\mu_2^2}{(4\pi\varepsilon_0\varepsilon_r)^2x^6} \tag{2-6}$$

式中，α_1、α_2 分别为两个偶极子的极化系数。

（3）色散力（London 作用）

电子涨落导致的瞬间偶极间的相互作用，即非极性或/和非极性分子瞬间偶极距之间的相互作用。

$$E=-\frac{3}{2}\times\frac{\nu_1\nu_2h}{(\nu_1+\nu_2)}\times\frac{\alpha_1\alpha_2}{(4\pi\varepsilon_0\varepsilon_r)^2x^6} \tag{2-7}$$

式中，h 为普朗克常数；ν 为电子的本征振动频率，与原子或分子的第一电离能 I 一致。

色散作用取决于 A、B 两个分子的电离能 I_A、I_B 以及它们的极化率 α_A、α_B。在范德华作用中，色散力占主导地位，常常超过偶极作用（小的、高极性的分子，水分子除外）。在两种不同分子之间，即使其中一种为非极性分子，在整个范德华作用中色散作用的贡献也是最大的。

2.1.3 氢键

氢键是自然界分子间相对较强的长程相互作用，发生在强极性键（A—H）上的氢核与电负性很大的、含孤对电子并带有部分负电荷的原子如 F、O、N 之间的静电引力。根据 Lennard-Jones 势能模型，氢键的相互作用距离大约在 0.24～0.31nm，明显小于范德华力作用距离，其键能略高于范德华力（表 2-1）。能够形成氢键的物质有很多，如水、水合物、无机酸和某些含羰基与羧基的有机化合物。

氢键通常是物质在液态时形成的，但形成后有时也能继续存在于某些晶态甚至气态物质之中。例如，在气态、液态和固态的 HF 中都有氢键存在。此时，固态表面分子间作用自由能可以用非极性 London 作用和组成极性相互作用的 Keesom 作用、Debye 作用和氢键作用来共同表达。

2.1.4 疏水效应

两个疏水性的表面浸在水中时，会产生一种长程吸引力，称为疏水力（hydrophobic force），即疏水效应，它比范德华力要强，在 70nm 的距离时仍有明显作用（范德华力在大于 40nm 时就不明显了）。疏水效应是指极性基团间的静电力和氢键使极性基团倾向于聚集在一起，因而排斥疏水基团，使疏水基团相互聚集产生能量效应和熵效应。疏水作用的本质是熵，一个孤立系统出现平衡态是熵和能量两方面作用的结果。1959 年，Kauzmann 在《蛋白质化学进展》首次明确提出“疏水作用”，指出为了减少暴露在水中的非极性表面积，任何两个在水中的非极性表面将倾向于结合在一起。疏水溶剂化的代价大部分源于熵减，疏水效应显著的熵特性暗示着随温度增高，疏水效应增强（前提是温度不得破坏水中氢键，氢键破坏越多，疏水表面对氢键形成干扰越小，疏水效应减弱）。类似于排空效应，疏水效应能够利用熵呈现出分子的自组装。

2.1.5 溶剂化作用

溶剂化作用（solvent effect）亦称“溶剂效应”，指液相反应中，溶剂的物理化学性质影响反应平衡和反应速率的效应。溶剂化作用的本质主要是静电作用。两个表面均浸在液相中时，它们之间的作用力很大程度受到液体和表面相互作用的影响。一般来说，表面会发生不同程度的“溶解”，在极性表面上可能产生极性溶液分子（如水分子或羟基）的定向排列，也可能发生液体分子通过氢键占据表面位置，这样液体会使表面改性而影响它们的相互作用。液相与表面的作用区称为溶解层，有一定厚度。溶解层是一个过渡区，起着连接表面和液相的作用，是不均匀的。一旦两个表面靠得很近，溶解层就会重叠，导致系统的能量随距离而变，这意味着存在一种表面力。这种表面力称为溶解力，即溶剂化作用，它是一种排斥力。溶解力是表面之间液相媒质作某种排列（溶解层）而引起的，它涉及中间媒质中原子的排列，此时也被称为结构力，如果溶液是水，溶解力又可称为水合力。

2.1.6 毛细作用

在毛细管中，气体很容易凝集，称为毛细管现象。对于两个靠得很近的表面，气体也会在其中凝聚。如果凝聚的液体与表面有较好的润湿性，两表面相接近至某一临界距离时，会产生液桥而将两表面连在一起。临界距离 r_k 与 Kelvin 半径 r 有关。

$$r_k = \frac{rV}{RT\lg(p/p_a)} \tag{2-8}$$

式中，V 为摩尔体积；p/p_a 为气体的相对气压。若 $p/p_a<1$，则 $r_k<0$，形成一个凹形月面。

毛细作用是一种比较大的表面力。一些很细的粉体，在干燥环境中能自由地相对滑动，表现出良好的流动性。一旦环境湿度增大，粉体表面吸附水汽并产生毛细力，立即黏结成块。

2.1.7 短程表面力

如果表面间的距离非常近，表面上原子的电子发生转移或重叠形成化学键或氢键，它们是很强的短程吸引力。如果进一步靠拢，内壳层电子云重叠，由 Pauling 效应引起 Born 排斥力。这是一种作用距离极短的表面力，其作用范围在 0.1nm 到 0.2nm 之间，也称为接触力。接触力的性质由表面原子（分子）的化学性质决定，它决定颗粒凝聚后怎样分布，在附着、断裂、摩擦等方面有重要作用。

接触力虽然是一种短程力，但会影响一些长程表面力。例如，在溶剂与表面间的化学键或氢键决定溶解度的大小。短程力也会影响气体在表面的吸附、解吸及液相和界面的接触角，从而影响毛细作用。

2.2 表面位与表面态

描述表面的概念主要有两个：表面位与表面态。表面位是以表面原子或基团来描述表面，只考虑表面上某个原子或分子而忽略固体其它原子对它的影响。在均匀的固体表面上有不同类型的原子，代表不同的表面位。在不均匀的表面上也可有多种表面位，一个杂质原子或一个带不同电荷的晶格离子都是不同的表面位。

表面态是指由于表面原子与体相原子性质不同而产生的能态，这些能态可在体相能带的范围之内或之外，前者称为非定域于表面的表面态，后者称为定域于表面的表面态。一般来说，我们只对后者感兴趣，提到的表面态多指定域于表面的表面态。当表面均匀又清洁时，如果所考虑的系统的表面原子与体相原子有足够的差异，便会出现定域于表面的表面态，不过这样的表面态并不定域于任何一个表面原子上。在清洁表面发生吸附，如果吸附质与吸附剂的相互作用足够强，便会产生定域于表面的表面态，同样，这样的表面态也并不定域于任何一个表面原子上。

在不均匀而清洁的表面，拐折、梯级、空位等表面位上的原子的能势如果区别于正常的表面原子，便会有各自相应的体相能带之外的表面态。这样的表面态不但是定域于表面的表面态，而且可认为是定域于某一特定表面位的表面态。对于非清洁表面，如果吸附质原子可视作与表面上某一原子或几个原子（表面位）键合时（即表面分子模型），所产生的能级可视为定域于表面位的表面态。

2.2.1 清洁表面态

清洁表面态，是指表面上没有吸附质或其它杂质的本征表面态。采用量子力学处理方法，具有 n 个原子的一维单原子系统（图 2-4）能量方式可表示为一组 N 个线性方程的久期方程：

$$(E-H_{n,n})C_n=\sum_{n} H_{n,s}C_s \tag{2-9}$$

式中，$H_{n,s}=\int \phi_n H \phi_s \mathrm{d}\tau$ 是共振积分，应用紧束缚近似：

$$H_{n,n}=\alpha, H_{n,n+1}=\beta, H_{n,n+2}=0$$

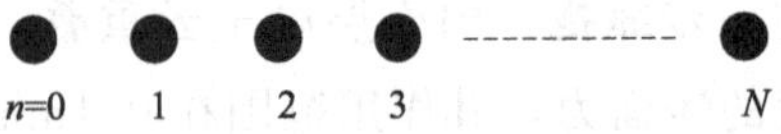

n=0 1 2 3 N

图 2-4 一维单原子系统清洁表面

如表面原子与体相原子不同，

$$H_{n,n}=\alpha'$$

当 $n\neq 0$ 时，其能量方程可表示为：

$$(E-\alpha)C_n=\beta(C_{n+1}+C_{n-1}) \tag{2-10}$$

当 $n=0$ 时，其能量方程可表示为：

$$(E-\alpha')C_0=\beta C_1 \tag{2-11}$$

采用系数法估计 C_n，设

$$C_n=\sin(N-n)\theta \qquad n=0,1,2,3,\cdots,N$$

上式代入方程(2-11)，并令 $Z=\dfrac{\alpha-\alpha'}{\beta}$，则有：

$$-Z\sin(N\theta)=\sin(N+1)\theta \tag{2-12}$$

当 $|Z|>1$ 时，表面态在体相能带之外；当 $|Z|<1$ 时，表面态在体相能带之内。如果是一个三维的固体，这些表面态可以相互重叠，因而扩展成一个表面能带。当表面态从晶体体相能带中分出来时，称之为“定域”。

单原子表面态的量子力学近似处理方法也可以扩展至 AB 型固体。除原子轨道法外，表面态亦可通过马德隆能势法进行处理。

2.2.2 吸附表面态

吸附表面态源于吸附在表面的原子与固体的相互作用，并不是固有的，因此也称为外来表面态，如图 2-5 所示单原子系统吸附表面态可以在清洁表面的单原子晶体模型基础上，加一个吸附原子进行修正。

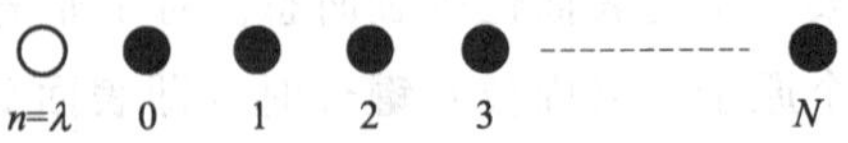

n=λ 0 1 2 3 N

图 2-5 一维单原子系统吸附表面

此时库仑积分和共振积分变成：

$$H_{\lambda,\lambda}=\alpha''；\ H_{\alpha,\lambda}=\beta'；\ H_{n,n}=\alpha(n\neq 0)；\ H_{0,0}=\alpha'；$$

$$H_{n,n+1}=\beta(n=0,1,2,3,\cdots,N)$$

单原子晶体吸附表面态可以表示为：

$$(E-\alpha')C_0=\beta C_1+\beta' C_\lambda \tag{2-13}$$

$$(E-\alpha'')C_\lambda=\beta' C_0 \tag{2-14}$$

引入无量纲量：

$$Z=(\alpha-\alpha')/\beta$$

$$Z'=(\alpha-\alpha'')/\beta$$

$$\eta=\beta'/\beta$$

$$E'=(E-\alpha)/(2\beta)$$

$$-1<E'<1$$

代入可得：

$$(Z+\cos\theta+\sin\theta C_0+N\theta)(Z'+2\cos\theta)=\eta^2 \tag{2-15}$$

这里用 Z、Z'代替自由表面模型中的 Z，并增加了一个 η。这三个参数确立了外来原子和晶体相互作用的本质。如在自由表面的分析一样，某些 Z、Z'和 η 的值会使 θ 是个复数。对应的能级就从体相的晶体能带分裂出来。若这能级的 Z'值是正值，称为 p 态；若 Z'为负值，则称为 n 态。

若晶体原子的原子轨道是 s 轨道，则 β 值是负值。这时 p 态则位于晶体能带的下方，而 n 态则位于晶体能带上方，p 态就称为成键态，而 n 态就称为反键态。若晶体原子的原子轨道是 p_z 轨迹，而链的方向是 z 方向，β 值是正值，则 p 态位于晶体能带上方，变成反键态；而 n 态则位于下方，成为成键态。

2.3 表面键

通常，表面吸附键合有两种模式。一个是表面分子模型，把吸附质看作与一个或几个固体原子发生键合作用，产生了定域性的表面分子，与普通的分子很相似。忽略其它固体原子，即不考虑固体能带特性。另一个是刚性能带模型，与表面分子相反，它不考虑定域性的相互作用，而把吸附质看作与整个体相能带作用，吸附原子只充当从体相能带取走或施予电子的角色。在吸附过程中，吸附原子的能级与体相能带都保持不变。

以上两种模式与现实情况都不完全相符，都需要某种程度的修正。大致来说，如果吸附质与固体相互作用小，如离子固体，刚性能带模型比较适用；反之，表面分子模型较适用，如拥有悬挂键的共价固体或某些过渡金属。

无论基于哪一个模型，都可认为产生了定域于表面的键合。在这里，定域是定域于表面的意思，以有别于与整个体相的产生键合。而表面分子，它不但定域于表面，而且定域于表面上某一个定域。这些定域表面键，可以是共价键、离子键或金属键。

2.3.1 共价键

若化学吸附的原子与晶体中所有的原子找到一个电子的可能性相等，并在相应的能级中存在着两个电子，即表明存在一个纯粹共价键。若共价键只涉及一个晶体原子，则是一个双中心的共价键（相当于一个表面分子）。若涉及一个以上的晶体原子，则是一个多中心的共价键（可从表面分子到整个表面）。

通常，可用电荷级（Charge order）R 的大小来描述键的性质，即利用吸附原子上能态的荷电大小来描述。对于一维的单原子固体，采用晶体轨道法可得：

$$R = |C_\lambda|^2 / (|C_\lambda|^2 + \sum_{n=0}^{N} |C_n|^2) \tag{2-16}$$

式中，C_λ 是外来原子 λ 波函数的系数；C_n 是晶体原子 n 波函数的系数。若外来原子 λ 只与第一个晶体原子发生相互作用，那么在 $|C_\lambda|^2 + \sum_{n=0}^{N} |C_n|^2$ 项中，$|C_\lambda|^2$ 是主要的贡献，这是一个双中心共价键。对于一个纯粹的共价键，$R=0.5$，即 $|C_\lambda|^2 = \sum_{n=0}^{N} |C_n|^2$。

2.3.2 离子键

当键态中的电子逗留在吸附原子和晶体原子上的时间不等时，则表面键是个离子键。在这种情况下，R 不等于 0.5，但却可有 0～1 的其它值。如 $R>0.5$，电子在吸附质原子上逗留较久，表面键为阴离子型；如 $R<0.5$，电子在晶体原子上逗留较久，表面键为阳离子型。表面离子键的产生并不局限于离子固体，半导体及金属的表面也可以形成离子键。

2.3.3 金属键

2.3.3.1 非定域的表面金属键

当化学吸附原子与晶体原子形成的键不定域于表面时，体系的所有能级都处于晶体体相能带之中，吸附原子与晶体的全部原子发生作用，所有电子都对表面键有贡献。这种表面键具有金属键合的特征，因此也称为“类金属性的”表面键。这种情况相当于以刚性能带模型看待吸附。由于在一个类金属性的吸附剂-吸附质系统中表面能带和体相能带重叠很容易发生，金属是呈现表面金属键的主要物质，但并不排除其它类型的固体也可能呈现“类金属”的行为。例如，AB 型物质中两个表面能带彼此靠得很近，且它们的带宽又相当大，便于能带重叠，从而产生类金属的表面导电性。

2.3.3.2 定域的表面金属键

过渡金属表面由于相对狭窄的 d 能带，有可能形成具有定域的表面金属键。过渡金属的定域表面键可采用不同的表面分子方法进行描述，本章以吸附质与一个或几个表面原子作用的简单表面分子模型为基础分析其特性。根据简单表面分子模型假定，表面分子与普通分子一样，过渡金属使用 d 轨道，同时吸附质的 π 电子可与金属的 d 轨道作用。

首先，我们要了解，表面上金属原子可使用哪些 d 轨道。一般认为立方紧密堆积及六方紧密堆积固体通常以（111）面为表面，体心立方固体则以（110）面为表面。因此可把金属分为 4 种类型。

（1）Mo、W 具有垂直于表面的空的 d 轨道；

（2）Rh、Ir、Ru、Os、Tc、Re 具有与表面成 36°～45°夹角的空的 d 轨道；

（3）Fe、Co、Ni、Pd、Pt 等具有部分填充了的 d 轨道，它们与表面成 30°～36°夹角；

（4）Zn、Ga、Cd、In、Ge、Sn、Pb 等具有不对称的 d 壳层。

在固体表面，可用的金属 d 轨道与一个自由金属原子不同，上面第（3）类金属最适宜与烯烃类键合，而表现出较高的催化能力。

吸附质上的 π 电子与固体的相互作用是过渡金属化学吸附的一个特点，尤其是对烃类的加氢、脱氢、异构和氧化作用。下面以乙烯的 π 电子与一个表面的 Pt 原子的键合作用为例加以说明。

乙烯分子中两个碳原子利用其 sp^2 杂化轨道生成两个 C—H 键和一个 C—C σ 键。同时，它们又以 p_z 轨道再形成一个 π 键。这个 π 键的成键轨道和反键轨道都可以参与过渡金属原子的成键。对于 Pt 来说，一个空的 $5dsp^2$ 轨道可以从乙烯分子中 C═C 的 π 轨道获得电子；而 5dsp 轨道则可同乙烯的 C═C 键的反键轨道键合，一般称为反馈。研究显示不同晶面的吸附特性不一样，表明了吸附质与多个金属表面原子发生键合作用。

3 液体表界面

3.1 液体的表面现象

3.1.1 表面张力

通常，液体表面张力就是液、气的界面张力。液体，因液体分子之间相互吸引而聚集。处在液体内部的分子受到周围同种分子的相互作用力，从统计平均来说分子间力是对称的，相互抵消。液面以下，厚度约等于液体表面分子作用半径的一层液体，称为液体的界面层。界面层液体分子没有被同种分子完全包围，在液气界面上的分子受到指向液体内部的液体分子的吸引力，也受到指向气相的气体分子的吸引力。所以，要把一个分子从液体内部移到表面层内，就必须反抗液体内部的作用力而做功，增加这一分子的位能。也就是说，在表面层内分子比在液体内部的分子有更大的位能，如图 3-1 所示。这种表面分子所特有的位能，就是表面能或表面自由能。

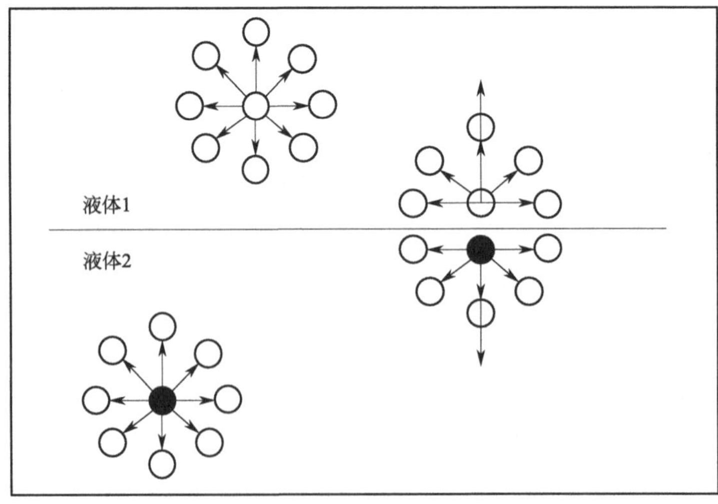

图 3-1　液液界面与液体分子作用力平衡

一个稳定平衡的系统应有最小的位能。因此液体表面的分子为了减小位能，有尽可能缩小其表面的趋势，如液滴趋向于形成最小表面的球形。在宏观上，液体表面就好像一张绷紧了的弹性膜，沿着表面有一种收缩倾向的张力。这种力被称为液体的表面张力。等温、等压及恒组成条件下，可逆地增加单位表面积时，系统的吉布斯函数增加。对于液体，表面张力等于比表面吉布斯函数（表面自由能）G_s：

$$G_s=\gamma=\left(\frac{\delta W_R}{dA}\right)=\left(\frac{dG}{dA}\right)_{T,p} \tag{3-1}$$

单位变换：$J/m^2=(N\cdot m)/m^2=N/m$

上式表明，液体的表面张力是液气界面的分子相互作用的本征特性，即单位面积的表面能或单位长度上所受的作用力，亦指出液体表面张力受多重因素影响。

① 液体表面张力的大小首先取决于液体分子的本性，即分子间存在何种弱相互作用。几种常见液体表面张力特性如下所述。

水：水分子间的相互作用除范德华力外，还有氢键作用，在常温常压下（20℃，0.098MPa）下，其表面张力为72.8mN/m 。

乙醇：分子间作用力主要为氢键，其氢键作用小于水，表面张力为22.32mN/m。

正己烷：分子间作用力主要为色散力，其表面张力为18.43mN/m。

② 液体表面张力受温度的影响，且大多数液体的表面张力随温度的升高而下降，可用一般线性经验关系式表示为

$$\gamma=\gamma_0(1-bT) \tag{3-2}$$

式中，b 为温度系数；T 为热力学温度。

③ 液体表面张力也受压力的影响。液体的表面张力一般随气相压力的增加而降低。例如，在20℃、9.8MPa时，水的表面张力为66.4mN/m。

压力对液体表面张力的作用也显著改变着封闭反应体系下的液体相溶性。例如在高温高压的水热合成条件下，水的表面张力变小，密度减小，分子间距离变大，氢键遭到破坏，由此，水对有机物的相溶性向良溶剂方向发展，而对无机物成为不良溶剂。

3.1.2 弯曲液面的附加压力

在表面张力的作用下，弯曲的液体表面上承受着一定的附加压力。因附加压力，向上凸的液面对内部的液体会产生压力；反之，向下凹的液面对内部的液体会产生向上拉的力，如图3-2所示。

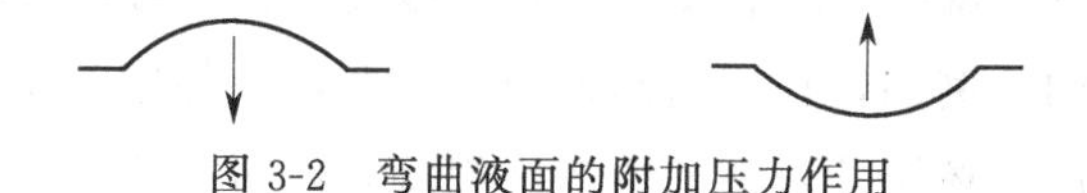

图3-2 弯曲液面的附加压力作用

由图3-2可知，附加压力的方向总是指向曲率中心一边，且与曲率半径有关，拉普拉斯方程阐明了这种关系。

拉普拉斯方程：

$$\Delta p=2\gamma/R \tag{3-3}$$

式中，R 为曲率半径。

当 R 值较小时，有两种情况。其一，凸液面，即液滴，R 为正，Δp 为正，即附加压力指向液滴内部，R 值越小，Δp 越大；其二，凹液面，即气泡，R 为负，Δp 为负，即附加压力指向空气（气泡内部），R 值越小，Δp 的绝对值越大。

这种情况在水热法制备微纳米构筑材料时值得注意。在高温高压下，当体系中有反应生成的不溶或可溶性小的气体时，小气泡就有可能暂时地或永久地被封闭在构筑体中，得到多孔的或空壳的结构。

3.1.3 毛细现象

管径细小且两端开口的管子插入液体内时，可观察到管内外液面高度不同。这种出现在毛细管内的液面升高或降低的现象叫作毛细现象。如果液体能润湿管壁，则管内液面升高；如果液体对管壁润湿不良，则管内液面会低于管中的液面，见图 3-3。

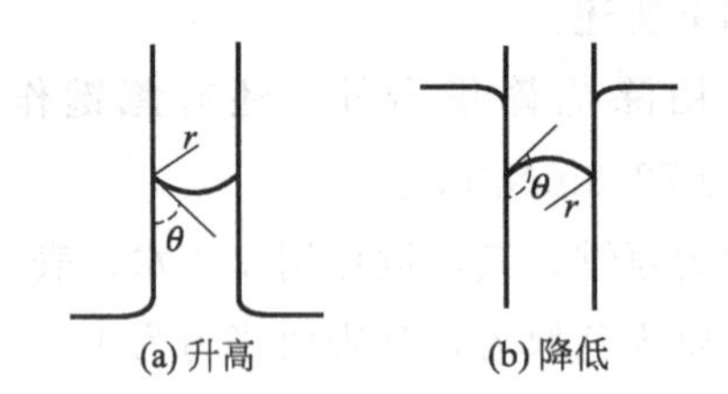

图 3-3 液体在毛细管内液面升高或降低的情况

根据拉普拉斯方程，此时液面的附加压力可用下式表示：

$$\Delta p = -\frac{2\gamma}{r}\cos\theta \tag{3-4}$$

式中，r 为毛细管半径。凹液面时 Δp 为负；凸液面时 Δp 为正。

3.1.4 开尔文（Kelvin）公式

由拉普拉斯方程，还可以导出著名的开尔文（Kelvin）公式。其对液体蒸气压与表面曲率半径的关系可表述如下：

$$RT\ln\frac{p_{\mathrm{r}}}{p_0} = \frac{2\gamma V_{\mathrm{m}}}{r} \tag{3-5}$$

式中，p_0 为平液面的蒸气压；p_{r}为小液滴的蒸气压；V_{m} 为液体的摩尔体积。

由式(3-5) 可知，小液滴具有比平液面更大的蒸气压。这与自然界中存在空气对流情况下的水循环过程是不同的。例如，在一密封的较小空间内，杯中的水不会因蒸发而在杯子外自发凝结成小液滴；相反，杯子外若有洒落的小液滴，经过一段时间，小液滴会蒸发而在杯子中凝结。

其对颗粒的溶解度和颗粒大小（半径）的关系可表述如下：

$$\ln\frac{S_r}{S_0} = \frac{2M\gamma}{RT\rho r} \tag{3-6}$$

式中，S_0 为大颗粒（块）固体的溶解度；S_r 为小颗粒固体的溶解度；ρ 为颗粒的密度；M 为颗粒的摩尔质量。

由式(3-6) 可知，小颗粒具有更大的溶解度。这一现象称为 Ostwald 现象，这对均分散颗粒的制备过程中陈化方式的设计具有指导意义。

3.1.5 吉布斯（Gibbs）吸附等温式

吉布斯（Gibbs）最早以热力学方法导出了关联溶液表面张力与溶液浓度的微分方程式，即 Gibbs 吸附等温式。它的最简单形式可表述如下：

$$\Gamma_B = -\frac{a_B}{RT}\left(\frac{\partial \gamma}{\partial a_B}\right)_T \tag{3-7}$$

式中，Γ_B 为表面过剩物质的量，简称表面过剩量，也称溶液对溶质的吸附量。它表示溶质的表面浓度和本体浓度之差。如果 Γ_B 为正，则为正吸附，溶质的表面浓度大于本体浓度，即称为表面超量；若 Γ_B 为负，则为负吸附，溶质的表面浓度小于本体浓度，称为表面亏量。a_B 为溶液中溶质 B 的活度，溶液很稀时可用浓度 c_B 代替。Gibbs 公式适用于气液表面、液液界面和固液界面，也适用于固体粉末吸附气体的情况。

一些表面活性物质在稀溶液范围内，表面张力的下降值与其浓度成正比：

$$\Delta\gamma = \gamma_0 - \gamma = \alpha c \tag{3-8}$$

式中，γ_0 与 γ 为溶剂与溶液的表面张力；α 为特性常数。

由式(3-8) 可得：

$$\left(\frac{\partial \gamma}{\partial c}\right)_T = -\alpha \tag{3-9}$$

将式(3-9) 代入 Gibbs 公式：

$$\Gamma_B = \frac{\gamma_0 - \gamma}{RT} \tag{3-10}$$

令 $\pi = \gamma_0 - \gamma$，$\Gamma_B = 1/A$，则有：

$$\pi A = RT \tag{3-11}$$

这说明在稀溶液的气液表面上，表面活性物质分子也服从二维理想气体状态方程，它们在界面上以单分子层存在，而且分子间相互作用可以忽略，通常称为气态膜。当浓度较大时，分子间相互作用已不可忽视，式(3-8) 已不适用。

3.2 溶液中的表面活性剂

3.2.1 经典的表面活性剂概念与范畴

1930 年 Freundlich 指出，表面活性剂（surfactant）是能使溶剂（如水）的表面张力显著降低，分子中带有不同的亲水基和疏水基的化合物，所涉及的界面主要为气液、液液界面。表面活性剂被定义为“能使溶剂（如水）的表面张力显著降低”的相关物质，进而限定了它们的结构和特性。

最典型的表面活性剂结构可以用火柴棍模型来描述，如图 3-4 所示。表面活性剂的结构类型也逐步从最简单的以亲水的活性“头”和疏水的“尾”（烷基链）式的头尾结构，发展到单头多尾、枝杈尾、双子（连体式）等结构。

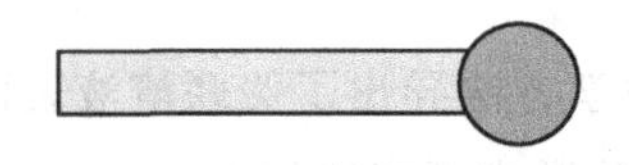

图 3-4 表面活性剂典型的火柴棍模型

当表面活性剂在溶液中的浓度达到某一临界值时，其亲水性活性头与疏水性尾链在溶液中发生选择性簇集，进而形成微观非均相的胶束结构。这一临界浓度也被称为临界胶束浓度 CMC。表面活性剂的特殊结构为其应用于生产与生活提供了广泛的基础。当涉及一相为固体的界面时，表面活性剂的作用主要为润湿、分散、乳化作用。

3.2.2 表面活性剂类型和结构

（1）按亲水基分类

① 阴离子型

阴离子型表面活性剂亲水基为阴离子，主要有：磺酸盐（$R—SO_3^-$）、硫酸盐（$R—OSO_3^-$）、羧酸盐（$R—COO^-$）、磷酸盐（$R—PO_3^-$）、膦酸盐（$R—OPO_3^-$）。其中 R 代表长碳氢链，反离子为金属离子或阳离子。阴离子型表面活性剂最主要的用途是制造各类洗涤剂。

② 阳离子型

阳离子型表面活性剂亲水基为阳离子，亲水基阳离子多为铵盐类。季铵盐类阳离子表面活性剂的结构通式可表示为 $R—N^+R_3'X^-$（X＝Cl、Br 等，R′为$—CH_3$、$—CH_2CH_3$ 等），如，十六烷基三甲基溴化铵（CTAB）等。随着季铵盐在介孔材料 MCM—41 的自组装合成中所展现出的“软模板”作用，离子型表面活性剂在纳米材料的研究与发展中获得了广泛应用。除季铵盐类之外，阳离子表面活性剂还有叔铵盐类与仲铵盐类，它们的结构通式可表示为 $R—N^+R_2' \cdot HX$、$R—N^+HR' \cdot HX$。

阳离子型表面活性剂主要用于杀菌剂、纤维柔软剂、抗静电剂、纤维匀染剂、金属缓蚀剂、头发调理剂、防水剂等。

③ 非离子型

非离子型表面活性剂在数量上仅次于阴离子型表面活性剂，是一类大量使用的重要品种。非离子型表面活性剂主要有以下几种。

聚氧乙烯醚类：$R—OCH_2CH_2(OCH_2CH_2)_n—OH$；

多元醇类：如山梨糖醇类（司盘类，S-60）、聚氧乙烯山梨醇酐单硬脂酸酯（吐温类，T-60）；甘油类、季戊四醇类、乙二醇胺类。

④ 两性型

两性型表面活性剂分子同时具有可电离的阳离子和阴离子。通常阳离子部分都是由铵盐或季铵盐作亲水基，而阴离子部分可以是羧酸盐、硫酸酯盐、磺酸盐等。其中由铵盐构成阳离子部分的叫氨基酸型两性型表面活性剂，由季铵盐构成阳离子部分的叫甜菜碱型两性表面活性剂，如：

甜菜碱：$RN^{+}(CH_3)_2CH_2COO^{-}$；

磺基甜菜碱：$RN^{+}(CH_3)_2CH_2CH_2SO_3^{-}$；

氨基酸型：$R—NHCH_2CH_2COOH$。

⑤ 复合型

在表面活性剂研究与应用发展之中，设计与开发了多种新型复合型表面活性剂，主要有阴离子/非离子同体型、含不饱和键的反应型、反应性阴离子/非离子同体型等。比如，具有末端双键的反应型表面活性剂在乳液聚合中展现出良好的应用价值。

末端双键的烷基链，专为乳液聚合设计的反应型表面活性剂。

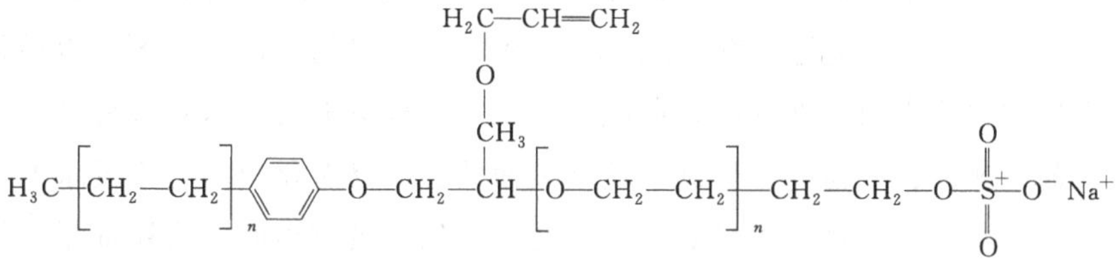

(2) 按疏水基分类

① 碳氢基

烷基链表面活性剂是目前应用最广泛的类型，主要包括：普通烷基链（直链或支链）、烷基苯基、烷基萘基、松香基、聚氧丙烷基等。

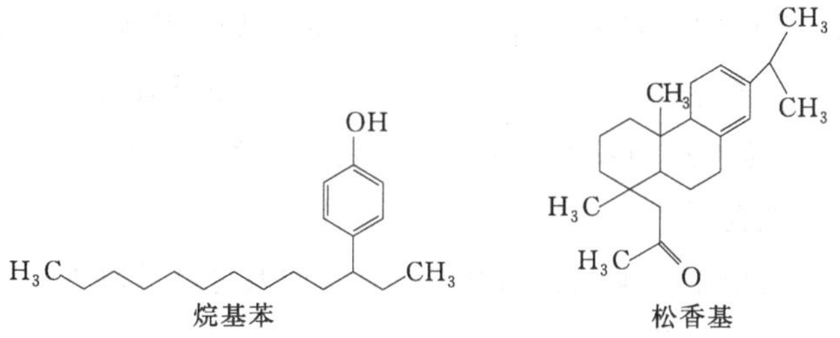

烷基苯

松香基

对于烷基链表面活性剂，烷基碳链大于 8（含 C 原子数大于 8）时，表面活性随碳链的增长而提高；碳链在 8～12 时，烷基碳链较短，润湿、渗透作用好；碳链在 12～18 时，烷基碳链较长，洗涤、乳化分散作用好。如，烷基磺酸钠：碳链在 14～18，用作洗涤剂；碳链小于 12 时，用作润湿剂。聚氧乙烯醚：碳链在 8～13 为渗透剂 JFC，碳链在 12～20 为乳化剂平平加。直链的烃基表面活性剂具有较好的洗涤、乳化、分散性能，带支链的烃基表面活性剂则有较好的润湿与渗透性能。亲水基在亲油烷基链一端时，其乳化与洗涤性能好；亲水基在亲油烷基链中间时，则体现出良好的润湿与渗透性能。

② 聚硅氧烷基

聚甲基硅氧烷基：$—Si(CH_3)_2—O—Si(CH_3)_2—$

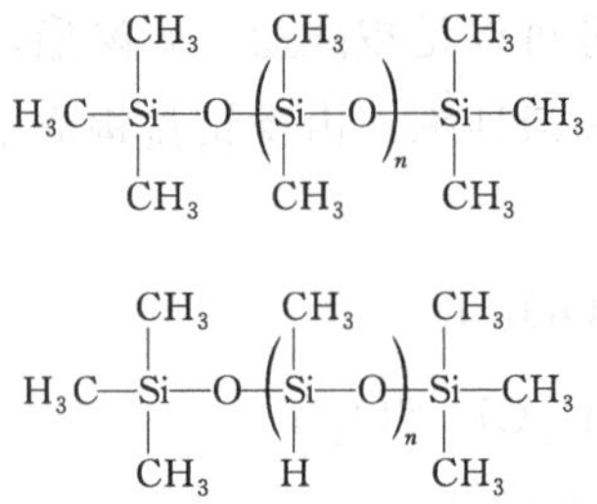

$$H_3C-\underset{CH_3}{\overset{CH_3}{Si}}-O\left(\underset{CH_3}{\overset{CH_3}{Si}}-O\right)_n\underset{CH_3}{\overset{CH_3}{Si}}-CH_3$$

$$H_3C-\underset{CH_3}{\overset{CH_3}{Si}}-O\left(\underset{H}{\overset{CH_3}{Si}}-O\right)_n\underset{CH_3}{\overset{CH_3}{Si}}-CH_3$$

聚甲基硅氧烷

③ 氟碳基

在氟碳链达到6个碳原子时，氟碳基表面活性剂就体现出很好的表面活性，其中8～12个碳原子的表面活性最佳。根据氟取代程度不同，又可分为普通氟碳基表面活性剂（$—CF_3$，$—CHF_2$）与全氟碳基表面活性剂［$—(CF_2)_n—CF_3$］。

碳氢基、聚硅氧烷基、氟碳基三种疏水基降低水表面张力的最低值分别为：25mN/m、20mN/m、15mN/m。疏水基是含有F或Si、P和B等元素的表面活性剂，也被称为特种表面活性剂。含硅季铵盐表面活性剂的杀菌能力很强，其稀溶液就能杀死多种细菌，例如革兰氏阴性细菌、葡萄球菌、真菌等。聚硅氧烷基表面活性剂具有化妆品配方要求的润滑性、光泽、调理性、耐水性和特殊触感等良好特性，在这一领域具有很好的应用前景。氟碳基表面活性剂的高F—C键能带来优秀的化学稳定性与热稳定性能，而在应用中常常体现出高熔点、高耐热稳定性、高化学惰性、疏水又疏油的双疏特性。

（3）结构的多样性

表面活性剂结构的多样性也体现在烷基链的枝化、多尾、多子化。

① Gemini双子表面活性剂

1971年，Bunton等研究了烷基-a,w-双二烷基双甲基烷基溴化胺的表面活性，称其为“双子双表面活性剂”“二聚表面活性剂”，后又简称为“双季铵盐”。目前指由较短烷基链（连接基）靠近离子头部位连接的双离子头双烷基链的一类表面活性剂。由于头部位短烷基链削弱了活性头自身的电荷斥力，增加了胶束稳定性。

常见的连接基有聚亚甲基、聚氧乙烯基等柔性基团及芳基等刚性基团或杂原子等。连接基可以是亲水性的，也可以是疏水性的。

双子型与传统型表面活性剂的结构示意图见图3-5。双子型表面活性剂的特殊结构使得其更易吸附在气液表面，从而能够更有效地降低水的表面张力；具有更低的Krafft点；更易聚集生成胶团，因而有更低的临界胶束浓度，亦体现出良好的增溶能力；其与普通表面活性剂复配，尤其是非离子型表面活性剂，能产生更大的协同效应。

② 多尾型表面活性剂

多尾型表面活性剂常用作金属离子萃取剂，也可用于萃取溶剂热法制备纳米构筑体。多尾型表面活性剂结构常见的有衣架式结构，如快速渗透剂T琥珀酸二辛酯磺酸钠；烷基链支链结构，如琥珀酸二-(2-乙基己基）酯磺酸钠。典型多尾型金属离子萃取剂结构如下：

Cyanex 301

Cyanex 302

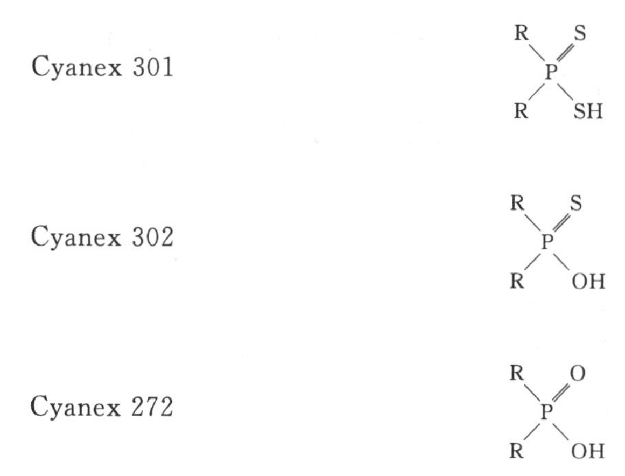

Cyanex 272

式中，R＝2,4,4-三甲基戊基。

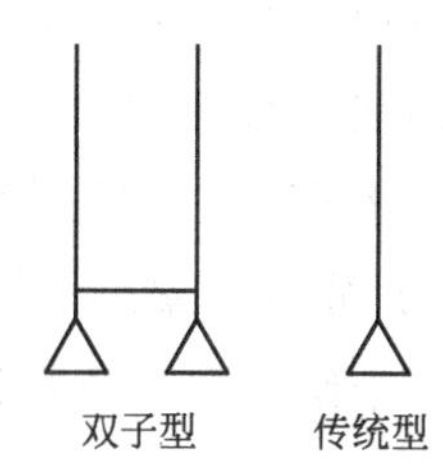

图 3-5　双子型与传统型表面活性剂的结构示意图

3.2.3　非经典结构的表面活性剂

（1）类嵌段的活性头

月桂酸咪唑啉

月桂酸硫脲咪唑啉

月桂酸硫脲咪唑啉季铵盐

月桂酸衍生物可形成类嵌段式结构表面活性剂，典型的有月桂酸咪唑啉、月桂酸硫脲咪唑啉、月桂酸硫脲咪唑啉季铵盐等。其在碱性介质中使用时易发生开环反应。但尚未证明在季铵化时是否开环。其中月桂酸硫脲咪唑啉用于金属表面酸清洗过程中的缓蚀剂，在管道输送中也可作为缓蚀剂使用。分子中 N、S 原子对金属都有络合作用，用于水热/溶剂热法制备金属硫化物可得到多种纳米构筑体，如空心球、均分散杂化凝胶球、珊瑚球、西蓝花结构。

若用氨基乙基乙醇胺和月桂酸反应制备的咪唑啉，再和氯乙酸反应，在第二步反应中发生开环，所制得的两性月桂酸咪唑啉可用于洗发香波。

（2）两亲聚合物

通常将分子量在数千以上且具有表面活性的物质称为高分子表面活性剂。若某一高分子链同时含有亲水链段和疏水链段，将于选择性溶剂下亲水链段和疏水链段发生微相分离，形成类胶束结构，这一类聚合物被称为两亲性高分子表面活性剂。

根据结构的不同，两亲性高分子表面活性剂存在嵌段型、接枝型、梯度型、无规共聚物、高枝化分子等多种类型，其基本结构见图 3-6。

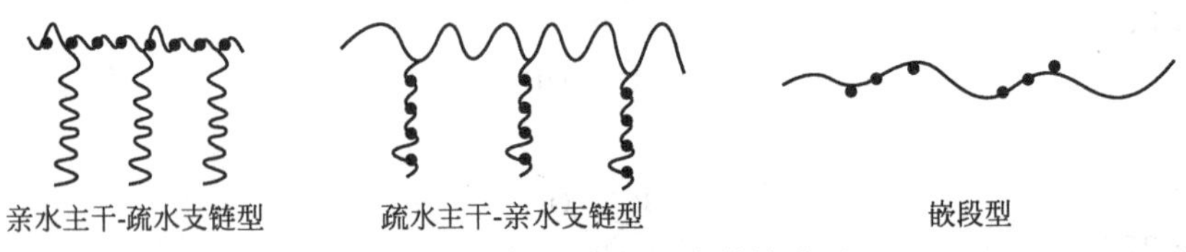

图 3-6　两亲性聚合物基本结构类型

两亲性高分子表面活性剂与经典小分子表面活性剂之间存在不同的表面活性。它们在表面活性方面体现出相似特征，如降低溶剂表面张力、形成胶束、存在 CMC 值。与小分子表面活性剂相比，两亲性高分子表面活性剂的 CMC 值约低两个数量级（10^{-5}～10^{-6}mol/L）；聚集数很小（单个或几个），可形成单分子胶束；降低表面张力的能力差，但界面活性好。高分子表面活性剂在固液与液液界面的分散、絮凝、增溶、稳定上具有良好的应用价值。如：P123、$(PEO)_{20}$、$(PPO)_{70}$ 等常用于纳米颗粒的均分散。

（3）聚皂

聚皂大多数都是对聚电解质进行疏水改性的产物，疏水部分在水溶液中聚集成胶束。

3.2.4　表面活性剂的表面物理化学性能

3.2.4.1　表面活性剂的亲水亲油平衡值（HLB）

1949 年，美国科学家 Griffin 首先提出了亲水-疏水平衡值 HLB（hydrophile and lipophile balance）的概念。HLB 值的大小表示表面活性剂亲水性和亲油性的相对大小，HLB 值越大，表示该表面活性剂的亲水性越强，HLB 值越小，则表示亲油性或疏水性越强。一般规定：最不亲水的石蜡 HLB 值为 0；最亲水的十二烷基硫酸钠 HLB 值为 40，其它均介于其中。常用表面活性剂的 HLB 值见表 3-1。

表 3-1　常用表面活性剂的 HLB 值

化学组成	商品名称	HLB 值	化学组成	商品名称	HLB 值
油酸		1.0	十四烷基苯磺酸钠	ABS	11.7
脱水山梨醇三油酸酯	Span 85	1.8	油酸三乙醇胺	FM	12.0
脱水山梨醇硬脂酸酯	Span 65	2.1	聚氧乙烯壬基苯酚醚-9	OP-9	13.0
脱水山梨醇单油酸酯	Span 80	4.3	聚氧乙烯十二胺-5		13.0
脱水山梨醇单硬脂酸酯	Span 60	4.7	聚氧乙烯脱水山梨醇月桂酸单酯	Tween 20	16.7
聚氧乙烯月桂酸酯-2	LAE-2	6.1	聚氧乙烯辛基苯酚醚-30	Tx-30	17.0
脱水山梨醇单棕榈酸酯	Span 40	6.7	油酸钠	钠皂	18.2
脱水山梨醇单月桂酸酯	Span 20	8.6	油酸钾	钾皂	20.0
聚氧乙烯油酸酯-4	OE 4	7.7	十六烷基乙基吗啉基乙基硫酸盐	阿特拉斯 G263	25～30
聚氧乙烯十二醇醚-4	MOA 4	9.5	十二烷基硫酸钠	AS	40
二[十二烷基]二甲基氯化铵		10.0			

注：化学名称后的阿拉伯数代表氧乙烯基团数。

HLB 值可用实验方法测定，但既麻烦又费时，在大量实验基础上已总结出一些表面活性剂 HLB 值的经验或半经验的计算方法，可用来快速地估算物质的 HLB 值。

① 非离子型表面活性剂 HLB 值的计算

Griffin 提出聚乙二醇类和多元醇类非离子型表面活性剂的 HLB 值可按下式计算：

$$\begin{aligned}HLB &= \frac{亲水基分子量}{表面活性剂分子量}\times\frac{100}{5}\\ &= \frac{亲水基分子量}{亲水基分子量+疏水基分子量}\times\frac{100}{5}\end{aligned} \tag{3-12}$$

由于石蜡完全没有亲水基，其 HLB 值为 0；聚乙二醇完全是亲水基，HLB 值为 20；所以非离子型表面活性剂的 HLB 值介于 0～20 之间。

② 基团基数法

1957 年，Davies 提出可把表面活性剂按结构分解为一些基团，每一基团对 HLB 值都有确定的贡献。各亲水基团和亲油基团（分别用 H 和 L 代表）的 H 值和 L 值如表 3-2 所示，整个表面活性剂的 HLB 值可查表后按下式计算：

$$HLB=7+\sum H-\sum L \tag{3-13}$$

表 3-2　某些基团的 *H* 值和 *L* 值

亲水基团	H	亲油基团	L
$—OSO_3Na$	38.7	—CH	0.47
—COOK	21.1	$—CH_2$	0.47
—COONa	19.1	$—CH_3$	0.47
$—SO_3Na$	11	氧丙烯基	0.15
叔胺	9.4	$—CF_2,—CF_3$	0.87
酯基(失水山梨醇环)	6.8		
酯基(自由)	1.9		
—O—	1.3		
—OH(失水山梨醇环)	0.5		
$—(C_2H_4O)—$	0.33		

例：油酸钾的 HLB 值

$$CH_3—(CH_2)_7—CH═CH—(CH_2)_7COOK$$

$$\sum H=(—COOK)=21.1$$

$$\begin{aligned}\sum L &=(—CH_3)\times1+(═CH—)\times2+(—CH_2—)\times14\\ &=0.475\times1+0.475\times2+0.475\times14\\ &=8.075\end{aligned}$$

$$HLB=7+21.1-8.075=20.025$$

③ 混合表面活性剂的 HLB 值

一般认为，HLB 值有加和性，因此可以预测混合表面活性剂的 HLB 值。混合表面活性剂的 HLB 值可按下式计算：

$$HLB=\sum x_i(HLB)_i \tag{3-14}$$

式中，x_i 为组分 i 的质量分数。

如某一混合乳化剂的组成为 30%Span-80(HLB=4.3)和 70%Tween-80(HLB=15)，则

$$HLB=0.30\times4.3+0.70\times15.0=11.8$$

HLB 值的意义是针对不同体系选择表面活性剂，如丙烯酸酯的乳液聚合通常要求乳化剂体系的 HLB 值在 10～16 之间；而油包水的体系则要求 HLB 值在 5 以下。

3.2.4.2 表面活性剂的临界胶束浓度

通常，少量表面活性剂的加入可使水的表面张力迅速下降，但表面活性剂增加到某一浓度后，水溶液的表面张力几乎不变。这个表面张力转折点所对应的表面活性剂浓度即为临界胶束浓度（CMC)。在临界胶束浓度下，表面活性剂分子在水的表面形成单分子膜。继续增加浓度，表面活性剂分子在水中形成的胶束增多，表面性能并不改变。随表面活性剂分子增多，在表面上形成单分子饱和吸附层与在水中形成胶束是同步的。经典的小分子表面活性剂的 CMC 通常为 10^{-3}～10^{-4} mol/L。

临界胶束浓度是表面活性剂的一个重要性质。当表面活性剂浓度达到 CMC 以后，不仅其表面张力不再随表面活性剂的浓度增大而明显改变，而且溶液的其它性质如导电率、渗透压、蒸气压、黏度、光散射性等在 CMC 附近也都发生明显转折，如图 3-7 所示。CMC 越小，形成胶束所需要的浓度越低，即表面活性剂可在较低浓度下发挥更大效能。因此深入研究表面活性剂结构与各种环境因素对 CMC 的影响特征对表面活性剂的应用具有重要指导意义。

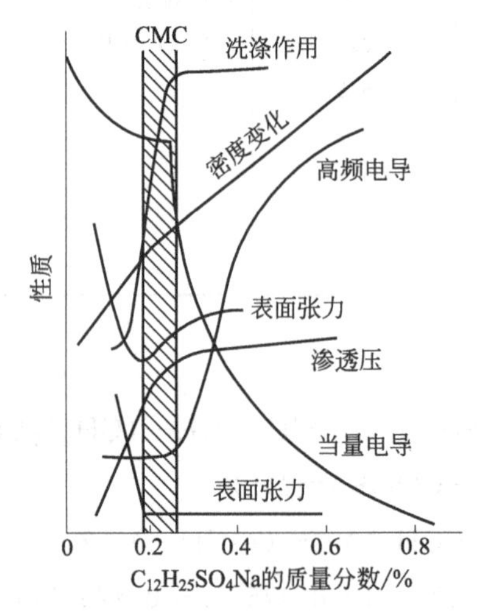

图 3-7 表面活性剂物理性质随浓度变化图

(1) 疏水基的影响

在水溶液中，在 C_8～C_{16} 范围内，表面活性剂疏水基烃链长度增加会导致 CMC 下降。对离子型同系物，表面活性剂烃链每增加一个—CH_2，CMC 下降一半；对非离子型表面活性剂，每增加两个—CH_2，CMC 下降至原值的十分之一。如果烃链上含一个苯环，苯环相

当于三到四个—CH_2 的作用。当烃链碳原子数超过 16 个时，链长对 CMC 的影响减小，链长超过 18 个碳原子，CMC 基本不随碳链增加而变化。

若表面活性剂的烃链上有支链，则有分支的表面活性剂的 CMC 值比相同碳原子数的直链化合物高得多。如 $(C_8H_{17})_2N(CH_3)_2Cl$ 的 CMC 为 0.266mol/L，而直链的 $C_{16}H_{33}NH(CH_3)_2Cl$ 的 CMC 只有 0.0014 mol/L。在烃链中存在 C═C 时，比同条件下的只有 C—C 的表面活性剂 CMC 大 3～4 倍。若在烃链中引入—O—、—OH 等极性基，则 CMC 值明显增大。

(2) 亲水基的影响

在水溶液中，离子型表面活性剂比同烃链的非离子型表面活性剂的 CMC 值高得多。如直链碳原子数为 12 的离子型表面活性剂 CMC 约为 1×10^{-2} mol/L，而同样长碳链的非离子型表面活性剂的 CMC 值约为 1×10^{-4} mol/L。两性表面活性剂与同样长碳链的离子型表面活性剂的 CMC 值相近。处于末端位置的极性基团越是移向烷基链中间，其表面活性剂的 CMC 值越大。含多个亲水基团的表面活性剂比同样长碳链的含单个亲水基团的表面活性剂的 CMC 值更大，而亲水基的种类对 CMC 影响不大。

(3) 温度的影响

温度对表面活性剂水溶液的影响比较复杂。初始，CMC 随温度升高而下降，中间经过一最小值，然后随温度升高而增大。这可能是因为一开始随温度提高，表面活性剂分子动能增大，增加了分子相互接触的机会，有利于聚集成胶束，因而 CMC 减小。达到最低值后，继续升温使亲水基的水合作用下降，疏水基碳链之间的凝聚力减弱，而且因温度的升高，分子动能增大，不利于胶束的形成，CMC 值上升。

(4) 其它因素的影响

在水溶液中添加电解质会导致 CMC 下降。电解质对离子型表面活性剂 CMC 的影响较大，对两性表面活性剂的影响次之，对非离子型表面活性剂的影响较小。电解质使离子型表面活性剂 CMC 下降的原因主要是反电荷离子。电解质的正离子与阴离子表面活性剂的作用，电解质的负离子与阳离子表面活性剂的作用降低了表面活性剂离子间的相互作用，因而使 CMC 值下降。

不同价态离子对 CMC 降低的能力：三价离子＞二价离子＞一价离子。

少量有机物的加入能导致表面活性剂水溶液 CMC 发生很大的变化。如中长碳链的脂肪醇的加入使离子型表面活性剂的 CMC 值直线下降。脂肪醇能降低 CMC 值是由于它参与胶束的形成，插入胶团与外层表面活性剂之间，从而减少它们之间的排斥力，使胶束易于形成。但是醇或其它有机物并非总使 CMC 降低。如一些碳原子数较少、水溶性很强的醇，在浓度很小时可使 CMC 减小，但在高浓度时则会使 CMC 增大。减少和增大的程度随醇分子大小和结构而异。另一些添加剂如 *N*-甲基乙酰胺、乙二醇等能使表面活性剂，尤其是聚氧乙烯型非离子表面活性剂的 CMC 增大。

3.2.4.3 表面活性剂的 Krafft 点

Krafft 在研究表面活性剂的溶解度和温度的关系时发现：在低温时溶解度较低，随温度升高，离子型表面活性剂溶解度缓慢增加，当温度升高至某一点时，其溶解度迅速增加，在溶解度-温度曲线上出现转折。转折点（两切线交叉点）对应的温度即为 Krafft 点，该点对应的浓度即该温度下的 CMC，如图 3-8 所示。

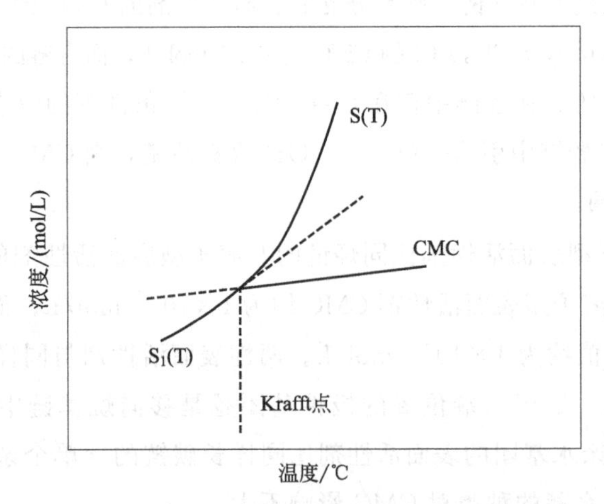

图 3-8　离子型表面活性剂溶解度曲线及 Krafft 点

离子型表面活性剂的烷基链越长，其 Krafft 点越高。因此，严格地讲，测定表面活性剂的 CMC 时应首先指定测定温度，但在该表面活性剂的 Krafft 点以上时，CMC 随温度变化不大。一般情况下，离子型表面活性剂的应用温度都在其 Krafft 点以上。

3.2.4.4　非离子型表面活性剂的浊点

将非离子型表面活性剂溶液加热到某一温度时，其分子间氢键结构被破坏，本来澄清的溶液突然变浑浊。使非离子型表面活性剂溶液变浑浊的最低温度即为该表面活性剂的浊点。以聚氧乙烯型非离子表面活性剂为例，在非水溶液中其分子形态为锯齿形，在水溶液中为曲折形。亲水性的氧原子被置于链的外侧，疏水性的—CH_2—基位于内侧，醚键的氧原子与水分子中的氢以微弱的化学结合力形成氢键，增大了其在水中的溶解度。由于氢键的键能较低，醚键氧原子与水分子的结合不是很牢固。当温度上升时，氢键被削弱；上升到一定温度时，氢键断裂，表面活性剂从溶液中析出，溶液突然变浊。显然，非离子型表面活性剂在其浊点以上时不溶，浊点以下时可溶、可用。

3.3　胶束形成与类型

3.3.1　形成胶束的作用力

溶液中表面活性剂在疏水基的疏水相互作用与亲水基的亲水溶剂化作用的共同驱动下形成胶束。

水分子的强大凝聚力把表面活性剂分子从其周围挤开，迫使表面活性剂分子的疏水基和亲水基各自互相接近，排列成疏水基在内、亲水基在外的缔合体，即胶束。胶束的形成并不是由疏水基和水分子间的斥力或疏水基彼此间的范德华引力所致，而是受水分子的排挤所致，胶束的形成如图 3-9 所示。胶束化过程本质是一个熵推动过程，其驱动力是熵增效应引起的水分子碳氢链相互作用的减小。

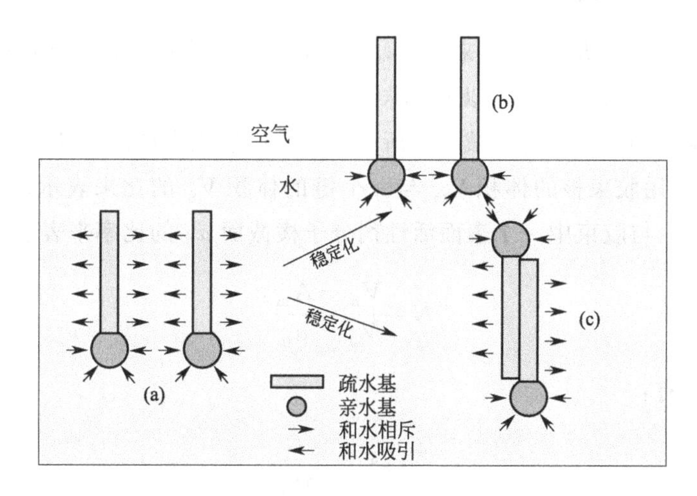

图 3-9　胶束的形成

3.3.2　胶束的类型——胶束自组装结构

表面活性剂在水溶液中的浓度达到其 CMC 之后，最有可能的是形成球形胶束。当继续增大其浓度时，胶束的体积、形状可能发生变化。已研究证实的胶束类型包括：球形胶束、柱状胶束（分子径向排列）、六方柱形胶束（柱状胶束的六方密堆）、层状胶束、反向六方柱形胶束（水在胶束内）、表面活性剂液晶或反向微乳液（一般在含油或醇的三元体系中），如图 3-10 所示。在含表面活性剂、水、油或醇的三元体系中更为复杂，还可能有双连续结构。

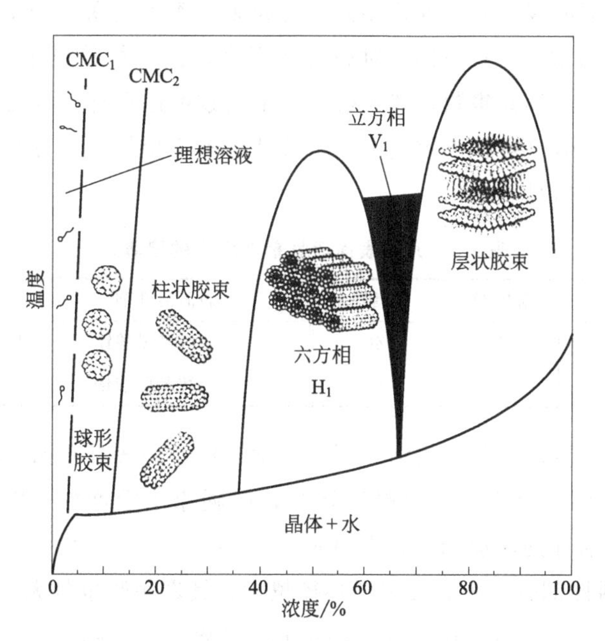

图 3-10　胶束的形成与基本类型

3.3.3 表面活性剂的（几何）堆积——自组装结构

（1）表面活性剂的链堆积几何原理

胶束的大小通常可用聚集数 N 来表示，指平均每个胶束中的表面活性剂离子或分子数，聚集数越大，则胶束越大。胶束近似于一球滴，其半径 r_m 等于伸展的表面活性剂烃基链长度。而每个链的横截面向中心迅速减少，所以仅一个链能完全伸展，其它链或多或少有一些折叠。聚集数 N 可用胶束核的体积 V_m 与一个链的体积 V_0 的比来表示。同样，聚集数 N 也可用胶束面积 A_m 与胶束中一个表面活性剂分子横截面 a_0 的比率来表示。

$$N=\frac{V_m}{V_0}=\frac{A_m}{a_0} \tag{3-15}$$

对于球形胶束有：

$$\frac{\frac{4}{3}\pi r_m^3}{V_0}=\frac{4\pi r_m^2}{a_0} \tag{3-16}$$

由于胶束半径 r_m 不可能超过表面活性剂最大伸展的烃基链长度 l_C，因此有：

$$V_0/(l_C a_0)\leqslant 1/3 \tag{3-17}$$

由上可见，比率 $R=V/(a_0 l_C)$ 显示了表面活性剂的几何特性，常被用来讨论表面活性剂分子结构类型。这一参数也被称为临界堆积参数（CPP）或表面活性剂数。

（2）表面活性剂的聚集及其堆积结构关系

① 胶束大小

显然，表面活性剂的聚集数（堆积参数）与胶束的类型有关。对简单的球形胶束而言，表面活性剂的聚集数通常为 50～100；对微乳液而言，其聚集数更小，为 20～50，甚至更小。而对其它类型胶束，其聚集数显然大得多，聚集数可达几百甚至几千。

表面活性剂的聚集数（堆积参数）不仅与其结构密切相关，也与温度有关。几种典型表面活性剂在水中的聚集数见表 3-3。

表 3-3 几种表面活性剂在水中的聚集数

表面活性剂	温度/℃	聚集数 n	表面活性剂	温度/℃	聚集数 n
十烷基磺酸钠	30	40	十二烷基磺酸镁	60	107
十二烷基磺酸钠	40	54	十二烷基硫酸钠	23	71

影响胶束大小的主要因素是表面活性剂的化学结构，一般具有如下规律。

a. 表面活性剂的同系物中疏水基烃链增长，即碳原子数增加，则胶束的聚集数增大，特别是非离子型表面活性剂增加趋势更为明显。

b. 离子型表面活性剂分子中，反离子半径越大，其聚集数也越大。

c. 非离子型表面活性剂分子中，亲水基越大，其聚集数也越大。

此外，外部环境对胶束聚集数也有一定影响。当电解质加入离子型表面活性剂溶液中时，胶束的聚集数增加。这是因为电解质离子会压缩双电层，降低表面活性剂离子间的排斥作用，从而使更多表面活性剂离子进入胶束。电解质对聚氧乙烯型非离子型表面活性剂胶束聚集数的影响无一定规律，有时增加聚集数，有时减少聚集数，但总体来说影响不大。有机物的加入能使表面活性剂水溶液胶束聚集数增加，因为有机物进入胶束内核产生“增溶现象”，从而使胶束胀大，胶束的聚集数随之增加。

温度升高，水溶液中离子型表面活性剂聚集数减小，但影响不大。温度升高，非离子型表面活性剂聚集数急剧增大，尤其在浊点附近变化更为明显。

② 胶束堆积结构

胶束具有一定蠕变性，表面粗糙不平，其内核与液烃相似。一般认为，在 CMC 以上的一定范围内，胶束呈对称性球形，而且聚集数也不变。并非所有的表面活性剂都遵守上述规律，有些情况下可能就不存在球形胶束，这与表面活性剂的结构有关。不同表面活性剂分子在溶液中形成不同分子形态，进而影响胶束堆积结构，如表 3-4 所示。

表 3-4　*R* 值与表面活性剂及其堆积结构关系

R 值	表面活性剂几何形状	堆积(自组装)结构
<1/3	单尾链和较大的极性头	球形(微粒)
1/3～1/2	单尾链和较小的极性头	圆柱形(微粒)
1/2～1	单尾链和较小的极性头	三维圆柱形胶束(六方)
1	双尾链和较小的极性头	层状(膜)
>1	双尾链和较小的极性头	反相的球形、圆柱形和层状

影响胶束堆积结构的主要因素是表面活性剂的亲水端和疏水端的改变，一般有以下规律。

a. 诱导亲水端截面积变大，促使表面活性剂临界堆积参数降低。对离子型表面活性剂来说，可通过降低电解质的浓度使双电层变厚；改变 pH 值，若亲水基离解度增大，也可增大斥力；改变反离子使斥力变大等增大斥力方式都可以促使亲水基截面积变大，达到使表面活性剂临界堆积参数降低的目的。对于非离子型表面活性剂，增加聚氧乙烯基的聚合度，降低温度使其水合程度增强，来降低表面活性剂临界堆积参数。

b. 增大表面活性剂的浓度，添加一定量电解质，可诱导亲水端截面积变小，促使表面活性剂临界堆积参数升高。

c. 增大疏水端截面积，促使表面活性剂临界堆积参数升高。增加疏水基的碳链长度、引入分支结构、增加油相分子的插入等方式都可进一步提高表面活性剂临界堆积参数。

3.3.4　胶束的增溶作用和应用

表面活性剂是这样一类物质，在溶液中以很低的浓度分散时，优先吸附在溶液表面或其它界面上，使表面或界面的自由能（或表面张力）显著降低，改变了体系的界面状态；当它达到一定浓度时，在溶液中缔合成胶束。因而，它可以直接地产生润湿或反润湿、乳化或破乳、发泡或消泡、分散、增溶和洗涤作用；间接地产生平滑、匀染、杀菌、防锈和消除静电等作用。

(1) 增溶作用

表面活性剂在水溶液中形成的胶束称为空胶束，胶束与“被增溶物”间的弱相互作用促使难溶或不溶的有机物进入胶束，使溶解度大大提高，该现象称为“增溶”。增溶使胶束尺寸增大，空胶束变为增溶胶束。增溶是热力学自发过程，有利于溶液中难溶或不溶有机物化学势的降低。

不过，这种溶解与分子级分散状态的真正溶解是不同的。溶解是溶质分子通过溶剂化作用以分子级别均匀分散于溶剂中，对溶剂的依数性产生影响；而增溶是溶质分子通过表面活性剂的活性以微液滴或微块体分散在介质中，对溶液的依数性影响较小。

(2) 增溶作用与方式

胶束的特殊结构提供了从极性到非极性的环境，而物质的溶解性要求溶剂具有适宜的极性，即相似相溶原理，因此，各类极性和非极性有机溶质都可以在胶束中找到其存身之处。

① 非极性的烷烃类、酯类进入胶束内部，其常见于乳化、清洗、乳液聚合等应用之中。

② 长链有机醇、胺类插于表面活性剂排列间，形成“栅栏”结构，可见于微乳液应用。

③ 与聚氧乙烯链亲水基相亲和的，如酚类，一般增溶于胶束外壳层。

④ 在油、水中均不溶的某些物质，如某些染料“吸附于”胶束表面而“增溶”。

3.3.5 混合胶束

工业上的表面活性剂体系，大部分含有不止一种表面活性剂。表面活性剂的混合体系所形成的胶束包括了目前所有的表面活性剂。当混合两种具有相同端基而链长不等的表面活性剂时，表面活性剂之间存在一定相互作用，此时净相互作用为零。当将两种不同表面活性剂复配使用时，将产生表面活性剂之间的净相互作用；产生的净相互作用越大，其协同效应就越大。

阴离子型表面活性剂与非离子型表面活性剂复配，非离子型表面活性剂可屏蔽胶束中阴离子活性头之间的静电排斥。这也是工业上乳液聚合最常用的乳化体系。另外阴/阳离子型的合理复配亦可产生净相互作用，一般阳离子表面活性剂要求烷基链较短。

两种 CMC 相差较大的表面活性剂复配，可有效降低体系的 CMC 和聚集数。如在超细乳胶粒的乳液聚合常以长链醇为助表面活性剂进行复配制备微乳液。

表面活性剂复配的另一作用是降低 Krafft 温度。在 Krafft 温度之下，由于不能形成胶束，表面活性剂不能使用。如以两烷基苯磺酸盐表面活性剂复配，使其可在温度低于各自 Krafft 温度以下使用。

3.4 表面活性剂-聚合物体系

在大多数体系中，我们可以观察到一种或多种聚合物与一种或多种表面活性剂的共存。表面活性剂常常用于胶体的稳定化、乳化、絮凝、构造和流变学控制。但是，在某些情况下，聚合物与表面活性剂的协同作用更为明显，如用于化妆品、涂料、除垢剂、食品等不同产品。近年来，在微纳米材料制备中，聚合物与表面活性剂协同用作“软模板物”。

3.4.1 聚合物诱导表面活性剂聚集

表面活性剂最突出的特点是能够降低溶液和其它相间的界面张力。离子型表面活性剂较易受溶液中聚合物作用而改性。如图 3-11 所示，聚乙烯吡咯烷酮（PVP）对十二烷基硫酸钠（SDS）水溶液表面张力的影响随着表面活性剂的浓度不同而呈现不同效用。

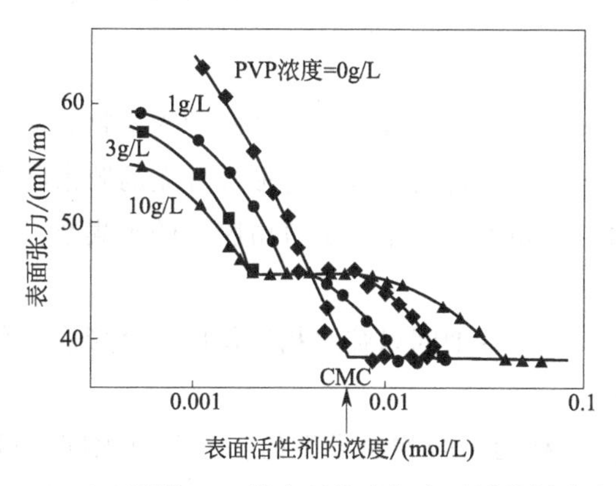

图 3-11　PVP 诱导 SDS 的表面张力与表面活性剂浓度关系

图 3-11 表明，SDS 水溶液可达到的最小表面张力几乎不受 PVP 的影响，但表面活性剂对溶液表面张力的降低过程却受聚合物的影响。

水溶性聚合物浓度为零时，SDS 溶液的表面张力与表面活性剂浓度关系如图中 PVP 浓度为零时曲线所示。CMC 之前，表面张力的下降与其浓度成线形关系；CMC 之后，表面张力不变。

水溶性聚合物浓度为 1g/L、3g/L、10g/L 时，较低的表面活性剂浓度下，表面张力下降趋势呈某种不同的曲线关系，且都在同一 γ_x 值时出现拐点（c_i）；随后，γ_x 在一定的表面活性剂浓度范围内保持不变；然后再随表面活性剂浓度增大呈曲线式下降，直至达到表面活性剂的 CMC 值，而后表面张力保持恒定。

溶液表面张力降低的最低值仅取决于表面活性剂，而与聚合物无关。聚合物的加入使溶液表面张力减缓降低。当表面活性剂达到某一特定浓度时，表面活性剂与聚合物发生缔合，该点后增加的表面活性剂持续缔合到聚合物上，而对溶液表面张力的降低没有贡献，形成表面张力的平台期，这一浓度即为缔合临界浓度（临界点）：$(\mathrm{CAC})_{\mathrm{POL\text{-}SAA}}$。直到缔合达到“饱和”后，再增加的表面活性剂才又用于降低溶液表面张力，直至达到表面活性剂的临界胶束浓度 $(\mathrm{CMC})_{\mathrm{POL\text{-}SAA}}$。显然，因这种“缔合”要消耗一些表面活性剂，使得 $(\mathrm{CMC})_{\mathrm{POL\text{-}SAA}}>(\mathrm{CMC})_{\mathrm{SAA}}$ 且随聚合物用量的增大而增大，从而导致曲线右移。

3.4.2 表面活性剂与聚合物的相互作用

聚合物-表面活性剂相互作用机理研究表明，聚合物与表面活性剂之间可能存在两种不同“缔合”方式，如图 3-12 所示。

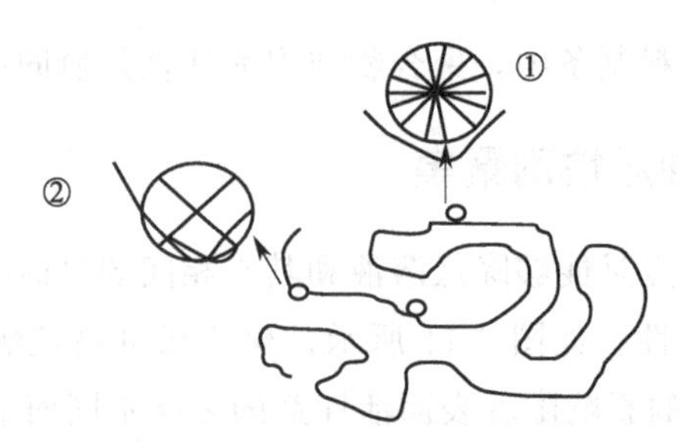

图 3-12　聚合物与表面活性剂的缔合模型

(1) 胶束形成理论

表面活性剂在聚合物链上或附近形成胶束。亲水的均聚物和离子型表面活性剂之间主要采用这种胶束形成机理。表面活性剂沿高分子链形成分立的胶束状团簇。受聚合物分子链影响，胶束的聚集数与自由胶束相近，或略低于自由胶束的聚集数。

(2) 结合理论

聚合物的疏水基团和表面活性剂间以疏水相互作用缔合形成非分立式胶束团簇，恰似聚合物分子链穿越胶束结构。

因此，$(CAC)_{POL\text{-}SAA}$ 又称为聚合物诱导下的临界胶束浓度，显然，其值小于表面活性剂自身的 CMC，或者说：在聚合物诱导下，表面活性剂具有更小的 CMC。

显然，对两亲的嵌段共聚物、接枝共聚物而言，两种缔合方式都存在。即便水溶性均聚物（如 PVP）也有疏水基团，只不过胶束形成理论更具优势。

由此可以得到以下推论：

① 阴离子型表面活性剂和不同类型的水溶性聚合物都存在相互作用；

② 阳离子型表面活性剂因具有高度的反离子键合（如 PAA-阳离子），此种相互作用较弱；

③ 非离子型表面活性剂仅能通过疏水相互作用与含有疏水部分的聚合物分子链相缔合，形成的胶束不能进一步稳定化，而与亲水均聚物的相互作用较弱。

3.4.3　表面活性剂与表面活性聚合物的强缔合作用

(1) 疏水改性的两亲性聚合物的弱聚集效应

疏水改性的两亲性聚合物（如 1% 的接枝率），其疏水相互作用尚不能如典型的两亲聚合物那样发生微相分离，进而自组装形成胶束，但在疏水相互作用下亦具有自缔合趋势，形成类似于分子间的搭接等弱聚集体结构，这将导致其溶液黏度有所增加。

(2) 表面活性剂对两亲性聚合物缔合作用的增强

疏水改性的聚合物形成自聚集程度的高低取决于溶液中表面活性剂的加入量。当向其中加入表面活性剂时，表面活性剂与聚合物疏水基之间形成强烈的相互作用，加剧了分子间的缔合作用，导致体系黏度急剧加大，即“缔合增稠”，如图 3-13 所示。因此，此类疏水改性的两亲性聚合物用在涂料及其它产品中作为“缔合增稠剂”。

(3) 表面活性剂/聚合物的化学计量比对疏水改性的两亲性聚合物自聚集的影响

十二烷基磺酸钠（SAA）加入乙基、羟乙基改性的纤维素（EHEC）中，其黏度变化曲线如图 3-14 所示，表面活性剂对未改性的水溶聚合物影响较小。十二烷基磺酸钠大幅提高了 EHEC 的黏度，但在较高表面活性剂浓度下，黏度作用又消失了。这一现象可从表面活性剂与聚合物形成混合胶束的角度上加以理解。为了能够具有类交联和相应的黏度效应，单个胶束中必须含有足够数量的聚合物疏水基。在更高的表面活性剂浓度下，一个胶束仅有一个聚合物疏水基，从而导致类交联作用失效。

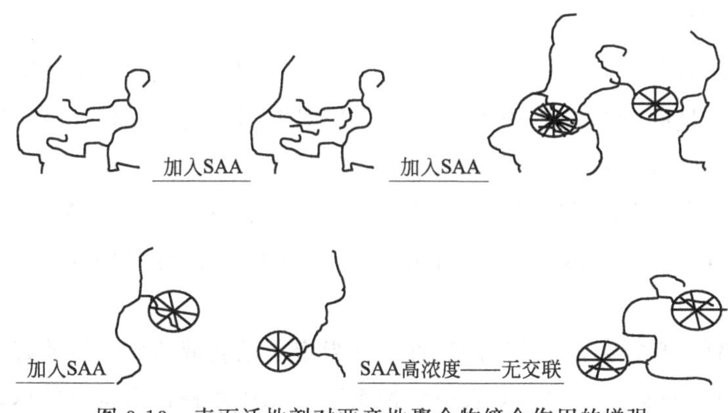

图 3-13　表面活性剂对两亲性聚合物缔合作用的增强

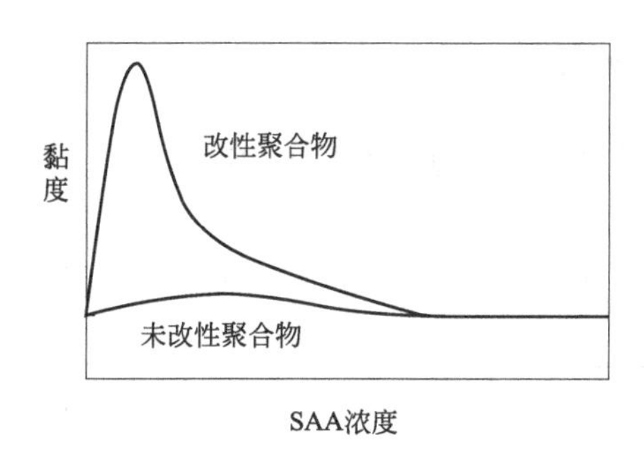

图 3-14　黏度与 SAA 浓度关系

3.4.4　聚合物-表面活性剂混合物的应用

聚合物和表面活性剂的联用是基于两者的协同作用，如胶体流变性的控制，杂化凝胶均分散，珍珠链等纳米结构组装体等，聚合物作为保护胶铺展于相应表面。最易于理解的是通过聚合物和表面活性剂的联用获得适应的流变性，即稠化和凝胶化效果。另外，聚合物和表面活性剂的协同效应在聚合物的合成上也有很好的应用。例 1 和例 2 给出两种典型乳液合成中表面活性剂与聚合物联用的选型示例。

例 1：白乳胶聚醋酸乙烯酯的合成：

表面活性剂：十二烷基（苯）磺酸钠/OP-10。

保护胶：PVA　17-99/17-88。

例 2：高玻璃化温度的苯丙乳液的合成：

表面活性剂：十二烷基（苯）磺酸钠/OP-10 或 CO-436。

保护胶：疏水改性 PAA。

3.5 微乳液

3.5.1 一般概念

微乳液，也称微乳状液，最早由 Schulman 于 1943 年提出。当时发现在表面活性剂用量较大并加入相当量的脂肪醇等极性物质时，胶粒尺寸可小于 100nm，甚至小到几个纳米，胶体体系呈透明或半透明，即称其为“微乳状液”。而后，至 1958 年，Shah 完善了 Schulman 的工作，给“微乳状液”一个更清晰的定义：两种互不相溶的液体在表面活性剂界面膜的作用下，形成的热力学稳定的、各向同性的、透明的均分散体系即为微乳状液。

Shah 的定义简明地描绘了微乳液的属性，并界定了微乳液范畴。但随着半透明微乳液体系等新型微胶液研究的发展，“油-水-表面活性剂”三元体系相行为研究的深化，人们对微乳液体系有了更系统的认知，仅“油-水-表面活性剂”三元体系的微乳液就有三种相平衡类型。

3.5.2 微乳液的 Winsor 类型

Winsor 将微乳液分为四种类型，如图 3-15 所示。

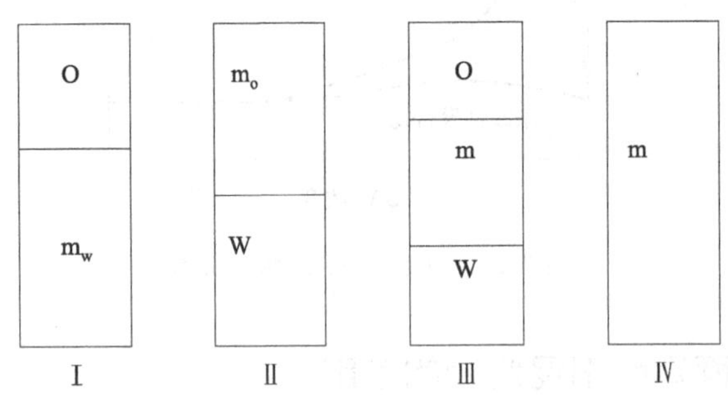

图 3-15　微乳液的 Winsor 类型

Winsor Ⅰ型：下相为 O/W 的微乳液，称下相微乳液（m_w），上相为过剩油相；

Winsor Ⅱ型：上相为 W/O 的微乳液，称上相微乳液（m_o），下相为过剩水相；

Winsor Ⅲ型：上相为过剩油相，下相为过剩水相，中间相（又称第三相）为双连续相，又称中相微乳液；

Winsor Ⅳ型：均匀的单相微乳液，也分为 O/W、W/O 两种类型，Schulman 和 Shah 最初研究的微乳液就属此类。

3.5.3 微乳液的结构和相行为

微乳液的结构除类似于普通乳液的 O/W、W/O 典型结构外，还出现微乳液的双连续结构。双连续结构又包括不规则双连续结构、有序立方相双连续结构和层状液晶，图 3-16 即为 TBP（磷酸三正丁酯）-煤油/H_2SO_4-H_2O 萃取体系中相的双连续结构。

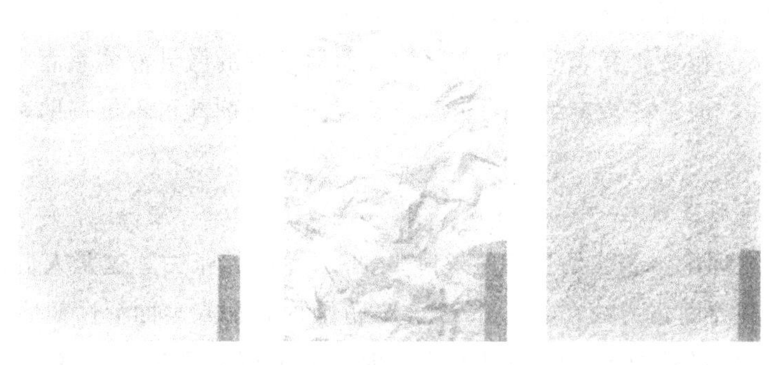

图 3-16 TBP-煤油/H_2SO_4-H_2O 萃取体系中相的双连续结构

在“油-水-表面活性剂”三元体系平衡的微乳液体系中，Winsor Ⅰ型、Ⅱ型、Ⅲ型是可以相互转化的，改变任何一个条件（包括水相中盐浓度、pH 值等）都可能使体系由一种类型向另一种类型转变。笔者课题组在研究皂化 HDTMPP[二(2,4,4-三甲基戊基)磷酸，Cyanex272]-水（NaOH，Na_2SO_4）萃取体系相行为时观测到 Winsor 三种类型的转变规律，如图 3-17 所示。

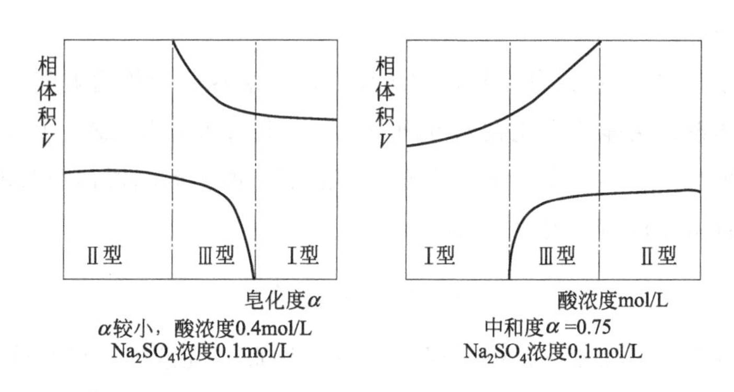

图 3-17 HDTMPP-水（NaOH，Na_2SO_4）萃取体系 298K 的相体积

3.5.4 微乳液的形成和特性

(1) 微乳液的形成

按照 Schulman 和 Shah 当初的操作方法，即加料的顺序，可将微乳液的形成过程分为 Schulman 法和 Shah 法。

Schulman 法是将油、水、表面活性剂混合搅拌后，再向其中滴加助表面活性剂，加至一定量时体系突然变得透明，即制得微乳液。显然，这是一个由普通乳化体系向微乳液体系的突变。体系由热力学不稳定向热力学稳定转变。

Shah 法是将油、表面活性剂、助表面活性剂按一定比例混合，搅拌的同时滴加水或水溶液，当水或水溶液加至一定量时，体系也会突然变得透明，得到微乳液。若继续加水，还可能得到转型的微乳液。

(2) 微乳液-热力学稳定体系

前已述及，乳状液（普通乳液）不是热力学稳定体系，而是物理作用下的微观非均相分散体系。相反，微乳液却是热力学稳定体系。这是二者的本质区别。

对微乳液体系的相关研究表明，对离子型表面活性剂的微乳液体系而言，加入助表面活性剂是其必要条件，但某些特定结构的非离子型表面活性剂却可不依赖助表面活性剂而获得稳定的微乳液体系。

(3) 微乳液的形成机理

① 负界面张力理论　表面活性剂能够降低油-水界面的张力，这是人们的共识。通常遇到的油-水界面，其界面张力约在 30～50mN/m 范围内，加入表面活性剂后可降至 20mN/m 左右。倘若加入一定量的中碳链醇等极性物质时，界面张力会进一步降低。Schulman 等推测其界面张力会降至“暂时负值”，即产生了负界面张力。负界面张力引起体系的吉布斯自由能降低，从而导致体系界面面积的增加成为自发过程，因而微乳液是一个热力学稳定体系。由此，中碳链醇等极性物质被称为“助表面活性剂”。此外，研究表明多烷基磷(膦)酸类萃取剂的酸式结构自身也具有“助表面活性剂”效用。

Schulman 提出“负界面张力”时受限于当时测量技术精度不足，导致界面张力低至无法测量。实际上微乳液体系的界面张力可以降得很低，但不会为负值，只不过低到当时的仪器无法测出其值而已。

② 构型熵理论　乳液由水-油两相构成的体系，从宏观非均相的破乳状态Ⅰ到宏观均相的乳化状态Ⅱ，体系自由能的变化在两方面呈现：a. 相界面增加 ΔA，克服相界面张力 γ_{12} 引起的能量变化项为 $\gamma_{12}\Delta A$；b. 由大液滴变为小液滴，构型熵的增加引起的熵变 $T\Delta S$。于是，乳液形成的自由能热力学表达式为：

$$\Delta G=\gamma_{12}\Delta A-T\Delta S \tag{3-18}$$

绝大多数情况下，$\gamma_{12}\Delta A>T\Delta S$，即 $\Delta G>0$。因此，乳液的形成是非自发过程，都必须以某种方式给以能量（如搅拌、研磨）产生足够大的相界面。与此相反，由状态Ⅱ到状态Ⅰ是一个自发过程。

由式(3-18)，乳液形成过程的吉布斯自由能变化应分为两部分，对大多数情况第一项不会小于第二项。Ruchenstein 等基于微乳液形成过程的热力学，研究得到以下结果。

$$\Delta G=n4\pi r^2\gamma_{1,2}-T\Delta S \tag{3-19}$$

$$\Delta S=-nk\left[\ln\varphi+\left(\frac{1}{\varphi}-1\right)\ln(1-\varphi)\right] \tag{3-20}$$

式中，n 为分散相液滴数目；r 为液滴半径；$\gamma_{1,2}$ 为界面张力；k 为玻尔兹曼常数；φ 为分散相的体积分数。

式(3-19) 中的前一项是由于液-液界面增加而引起体系吉布斯自由能的增加；后一项是因大量微小液滴的分散引起的体系熵变，又称“构型熵”。只要体系界面张力足够低，就足以使前项小于后项，使过程自发进行。

中碳链醇在微乳液体系中为什么会起到如此重要的作用？归根结底还是与微乳液体系中各种分子间的相互作用有关，中碳链醇自身与油和水都有一定的溶解度，它的极性基夹在表面活性剂的离子头之间既削弱了球面电荷的斥力，又有可能和表面活性剂离子头、水分子间形成微弱的氢键，这些相互作用的协同效应促使表面活性剂胶束聚集数降低，形成在热力学上稳定的微乳液体系。

(4) 形成微乳液的表面活性剂的结构特点

① 界面膜

微乳液分散相粒子较普通胶束略大，曲率较普通胶束曲率大。

② 堆积参数

用于微乳液的表面活性剂的临界堆积参数 R 趋近于 1 时，为双连续相；略小于 1 时，为 O/W 结构；略大于 1 时，为 W/O 结构。

③ 烷基磷(膦)酸类表面活性剂

烷基磷(膦)酸类表面活性剂多为中等长度、多尾、(多) 支链结构，其分子体积 V 较大，其烃链长 l_C 较小，其分子截面积 a_0 相对较小，故 R 趋近于 1 或略大于 1，微乳液体系可能为双连续相到 W/O。常用其Ⅱ型、Ⅲ型微乳液体系作为金属离子萃取剂，特别适用于稀土的溶剂萃取。

④ 单烷基链的离子型表面活性剂

该类表面活性剂需加入相当量的助表面活性剂，如中碳链醇等，方可形成微乳液体系。

⑤ 磷酸三正丁酯 (TBP)

属非离子型，易于形成 W/O 微乳液。

(5) 微乳液的增溶作用

一般情况下，O/W 普通胶束增溶量约为 5%，O/W 微乳液则可达 60%。微乳液的增溶效应受表面活性剂的影响较小，可形成被增溶物的微区，如层间、双连续结构通道。

4 胶体和胶体稳定性

胶体是由一种或几种物质在连续介质中形成的分散体系。分散体系中被分散的物质叫作分散相，连续介质也称为分散介质。通常将被分散物质（固体、液体、气体）的分子、原子、离子的聚集体（分散颗粒），尺寸在 1～1000nm 之间的亚稳体系称为胶体分散体系。现在许多乳液、涂料、气溶胶等分散体系超出这个尺寸，但也归于胶体的范畴。如今，胶体涉及的范围已很宽，包括固体颗粒分散体系、乳液、泡沫（气溶胶）、溶胶（分散介质为液体）、高分子溶液、缔合胶体、天然的生物胶体等。

4.1 胶体的基本性质

4.1.1 胶体的光学性质

1869 年，丁铎尔（Tyndall）发现一束会聚的光通过溶胶时，从与光束垂直的方向可以看到一个发光的圆锥体，这一现象就是丁铎尔效应。丁铎尔效应的本质是溶胶中分散相对光的散射。瑞利（Rayleigh）研究散射作用得出，单位体积所散射出的光能总量为：

$$I=\frac{24\pi^3 \nu V^2}{\lambda^4}\left(\frac{n_1^2-n_2^2}{n_1^2+2n_2^2}\right)^2 I_0 \tag{4-1}$$

式中，I 为单位体积溶胶的散射光强度；I_0 为入射光强度；λ 为入射光波长；V 为分散相粒子的体积；ν 为单位体积中的粒子数；n_1、n_2 为分散相及分散介质的折射率。

由式(4-1) 可以看出波长愈短，散射愈强。当用白光照射溶胶时，散射光呈淡蓝色，透过光呈橙红色。丁铎尔效应是区分溶胶与真溶液的最简便的方法。分散相与介质的折射率相差越大，散射光越强，凭此可区别高分子溶液与溶胶。

4.1.2 胶体的布朗运动

布朗运动是微小粒子在分散介质中所进行的不规则运动，是胶体粒子热运动的表现，是质点热运动的结果。1905年爱因斯坦利用分子运动论的一些基本概念和公式，在假设胶体粒子为球形的基础上，得到布朗运动的公式为：

$$\bar{x}=\sqrt{\frac{RT}{L}\times\frac{t}{3\pi\eta r}} \tag{4-2}$$

式中，$\bar{x}$ 是在观察时间 t 内沿 x 轴方向所移动的平均位移；r 为微粒的半径；η 为介质黏度；L 为阿伏伽德罗常数。分子运动论对布朗运动的成功解释表明，与稀溶液相比，溶胶除了溶胶粒子远大于真溶液中的分子或离子，浓度远低于常见稀溶液外，其热运动并没有本质上的不同，所以稀溶液的一些性质在溶胶中也有所表现，只是程度上有所不同。

4.1.3 胶体的电动现象

分散相粒子与极性介质接触时，其界面上，由于电离、离子吸附或离子溶解等作用使得分散相粒子的表面带正电或负电。分散介质也因此带相应的反电荷。

（1）电泳

在外直流电场作用下，离子或带电粒子和附着于粒子表面的物质相对于液体介质的定向运动称为电泳（electrophoresis）。研究电泳的方法有很多种，如通过观察溶胶与其超滤液之间的界面在外加电场中的移动来测定电泳速率、观察个别胶粒电泳的微电泳等。胶体的电泳证明胶粒的带电性。实验表明，随外电解质的加入，电泳速率常会降低，甚至变成零。对于两性电解质（如蛋白质），在其等电点处，处于外加电场中的粒子不移动，不发生电泳现象。

（2）电渗

在外电场作用下，分散介质相对于它接触的静止的带电固体表面（孔性物质的毛细管束表面或通透性栓塞）的定向运动，即固相不动而液相移动，这种现象称为电渗（electro osmosis）。与电泳一样，外加电解质对电渗速率影响显著，随电解质浓度的增加，电渗速率降低，甚至会改变液体流动方向。

（3）流动电势

在外力作用（如加压）下液体介质相对于静止带电表面流动而产生的电势差称为流动电势（streaming potential）。流动电势是电渗的逆过程。在泵送碳氢化合物的化工过程中，管道中流体产生流动电势，高压下易产生火花，此时，必须采取相应的保护措施，如油管接地或加入油溶性电解质，增加介质的电导，降低流动电势。

（4）沉降电势

在外力作用下，带电粒子相对于液体介质运动而产生的电势差称为沉降电势（sedimentation potential）。沉降电势是电泳的逆过程。如储油罐中油内的水滴沉降常形成很高的沉降电势，此时宜采用外加有机电解质以增加介质电导，化解储油罐储运中的潜在危险。

4.2 胶粒（胶团）表面的双电层和双电层厚度

在一个稳定的分散体系中，荷电颗粒的表面必然要吸引溶液中异号电荷离子，使其向固体表面靠拢。但异号电荷离子的热运动使它们不可能完全受颗粒表面电荷的吸引到达颗粒表面，而应当符合某种扩散分布规律，处在一定距离内，即形成双电层，其结构模型如图 4-1 所示。

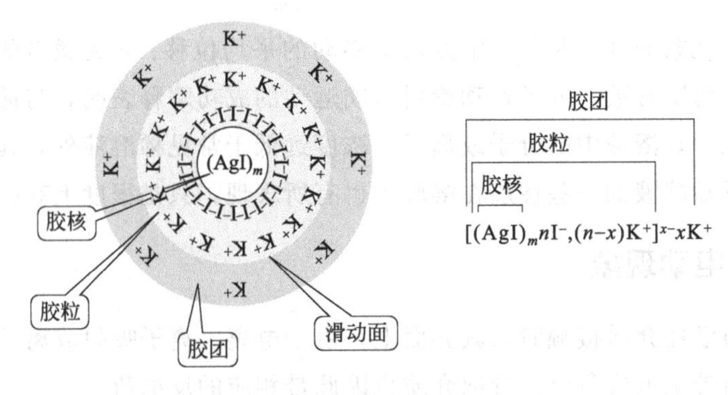

图 4-1　经典的 AgI 胶粒模型

4.2.1　胶粒表面的双电层模型

围绕着静电力、带电颗粒表面电荷分布、带电颗粒电动现象的研究已有 200 年的历史。Debye-Hückel 以 Boltzman 分布定律为基础导出了描述电解质溶液的 Debye-Hückel 理论，提出了带电界面周围离子氛的概念。但 Debye-Hückel 理论仅能解释点电荷，对带电颗粒不适用。后人又将离子氛称为“电荷云”或双电层。

由于颗粒的双电层结构，其随反离子的浓度、溶液中的离子强度的变化而不同。因此，在电动现象中测到的电位不是粒子表面的热力学电位，而是粒子表面双电层的某一处和溶液内部的电位差，称为动电位，又称 ζ 电位。

(1) Helmholtz（亥姆霍兹）平板电容器模型

Helmholtz 提出，胶粒表面电荷结构如同平板电容器中电荷排布方式，如图 4-2(a) 所示。平板电容器模型认为荷电质点的表面电荷与带相反电荷的离子构成平行的两层，称为双电层，其距离等于离子半径。

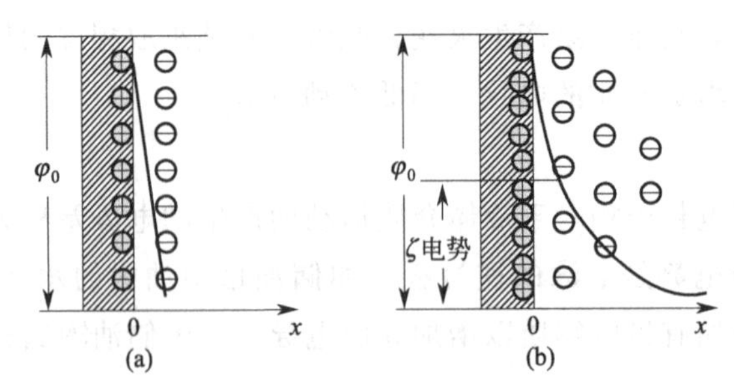

图 4-2　亥姆霍兹平板电容器模型（a）和扩散双电层模型（b）

但 Helmholtz 模型又与微纳米颗粒分散的胶体体系相差甚远，无法解释表面电位与 ζ 电位的区别，也不能解释其它电动现象。

(2) Gouy（古艾）-Chapman（恰普曼）扩散双电层模型

Gouy-Chapman 扩散双电层模型认为异号电荷离子既受到颗粒表面电荷的静电引力的吸引，使其趋向于颗粒表面，又受到热运动扩散的影响，因而在颗粒周围呈扩散分布；同时颗粒和异号电荷离子的溶剂化作用也抵消部分静电引力作用，如图 4-2(b) 所示。因此发生电泳移动时，固液之间的滑动面应在扩散层的某一处。该处的电位与溶液内部的电位差为动电位，即 ζ 电位。由此可见，ζ 电位是热力学电位，也就是表面电位的一部分。进入滑动面的异号电荷离子越多，ζ 电位越小，反之越大。有关双电层理论的详细推导可参考相关专著。

从实际应用出发，通常假设所研究的表面周围溶液中的电位与其至表面的距离成指数关系，一般应用 Debye-Hückel 近似处理：

$$\varphi=\varphi_0\exp(-\kappa x) \tag{4-3}$$

式中，φ 为扩散层内某点处的电位；φ_0 为颗粒表面电位；x 为轴向距离；κ 为 Debye-Hückel 常数。

在双电层理论中，Debye-Hückel 常数 κ 亦用于对双电层厚度的表征，其倒数 $1/\kappa$ 具有长度单位，其值仅与温度及体相电解质浓度有关。κ 的定义式为

$$\begin{aligned}\kappa&=\left(\frac{e^2\sum n_i^0Z_i^2}{\varepsilon kT}\right)^{\frac{1}{2}}\\&=\left(\frac{e^2N_A\sum c_i^0Z_i^2}{\varepsilon kT}\right)^{\frac{1}{2}}\end{aligned} \tag{4-4}$$

对低能表面（<25mV）：

$$\frac{1}{\kappa}=\left(\frac{\varepsilon kT}{e_i^2\sum c_iZ_i^2}\right)^{\frac{1}{2}} \tag{4-5}$$

$$\varepsilon=\varepsilon_0\varepsilon_r$$

式中，e 为电子电量；c_i 为 i 离子在 φ 电位处的摩尔浓度；Z_i 为离子的电价数；N_A 为 Avogadro 常数；ε 为分散介质的绝对介电常数；ε_0 为真空中的绝对介电常数，$8.854\times10^{-12}C^2/(J\cdot m)$；$\varepsilon_r$ 为分散介质的介电常数，水的 ε_r 为 78.5F/m；k 为 Boltzmann 常数；T 为热力学温度。

由式(4-5)，可以看出双电层厚度与温度有关，与体系中电解质浓度以及相关离子价数的平方成反比。式(4-3) 对低电位体系符合得很好，但不适用于高电位体系。与对低电位体系相比，高电位体系中电位随距离的增加下降得更快。

(3) Stern-Gouy 扩散双电层模型

Gouy-Chapman 扩散双电层模型能够解释动电位的一般现象，但对有特殊的离子吸附情况下电动现象的解释尚不理想。其原因是考虑荷电颗粒表面异号电荷离子的热运动和溶剂化作用时，弱化了异号离子与荷电颗粒表面间的静电作用。有鉴于此，Stern 修改了 Gouy-Chapman 模型，提出固体颗粒表面上静电力和范德华力对离子有吸附作用，并形成紧密吸附层，它的厚度取决于离子水化半径和被吸附离子的大小，这一吸附层也被称为 Stern 层。由此，他将 Gouy-Chapman 扩散双电层分为两层，内层为 Stern 层，由紧靠颗粒表面几个纳

米数量级范围内的异号离子组成，该层中电位变化情况与 Helmholtz 平板电容器模型相同，如图 4-3 所示。

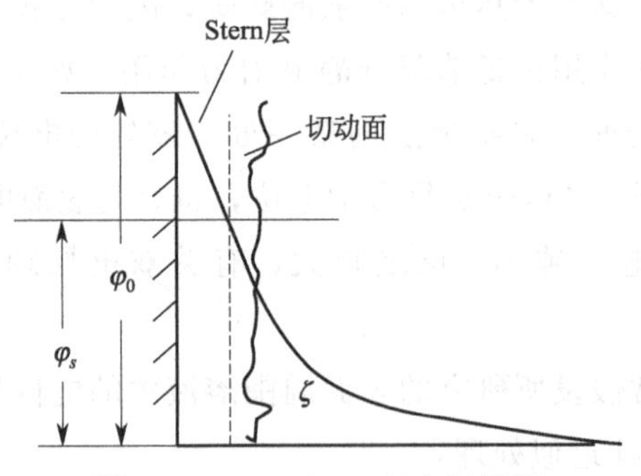

图 4-3　Stern-Gouy 双电层模型

Stern 层的存在是荷电体系中的普遍现象。不发生特殊吸附的情况下，Stern 层中异号离子在实际表面上发生强烈吸附。这种强烈吸附的离子在相当长的时间内不会被热运动的离子所取代，即这些异号离子是相对“固定”的，且有效地“中和”了表面固有电荷，表面电位由 φ_0 迅速下降到 φ_s。故 Stern 电位 φ_s 是表面电位与扩散层之间的电位之差。扩散层中电位由 φ_s 降至零，其变化规律服从 Gouy-Chapman 扩散双电层理论，只需用 φ_s 代替 φ_0 即可，如图 4-3 所示。

（4）特殊离子的吸附

图 4-4 中曲线Ⅰ为胶粒表面与高价异号离子或异号电荷表面活性剂吸附所产生的效应，导致 Stern 层电荷反向；曲线Ⅱ为胶粒表面与表面电荷同号的表面活性剂吸附所产生的效应，导致 Stern 层电位升高（$\varphi_s>\varphi_0$）。

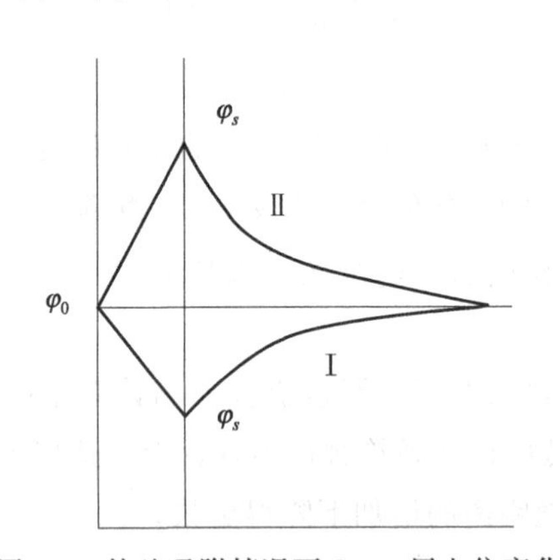

图 4-4　特殊吸附情况下 Stern 层电位变化

显然，由 Stern-Gouy 双电层模型看出，适当的电解质浓度有利于 Stern-Gouy 双电层的形成，但过高的电解质浓度尤其是高价离子浓度会使双电层的厚度减小，不利于胶体的稳定。

4.2.2　双电层中的动电位——ζ 电位

虽然 Stern 双电层理论可以很好地解释电动现象，但 Stern 电位 φ_s 难以测量，通常容易测量且最有用的是动电位——ζ 电位。动电位是颗粒沿滑动面做相对运动时颗粒与溶液之间的电位差，它随溶液中离子浓度尤其定位离子浓度而变化。由图 4-3 可见，当溶液中离子浓度较低时，ζ 电位与 φ_s 大致相当，可用 ζ 代替 φ_s。

（1）影响 ζ 电位的因素

结合双电层形成的分析，可以得出影响 ζ 电位的因素包括：溶液的 pH、离子强度、吸附离子的类型以及表面活性剂和聚合物在颗粒表面吸附。

离子型聚合物在颗粒表面的吸附特性类似于离子型表面活性剂的吸附，直接改变颗粒的表面电位。非离子型聚合物在颗粒表面的吸附存在两种情况，即极性基团在表面的吸附与非极性基团在表面的吸附。二者都会使 Stern 层的滑移面外移，使 ζ 电位变小，而非极性基团在表面的吸附能使 ζ 电位变得更小。

（2）等电点

动电位（ζ 电位）为零时的定位离子浓度的负对数称为“等电点”（IEP），大多数氧化物及硅酸盐颗粒的定位离子为 H^+、OH^-，故动电位为零时溶液的 pH 值称为等电点，用 pH_{IEP} 表示。ζ 电位和 pH_{IEP} 在研究颗粒分散和团聚、纳米颗粒制备和组装等方面十分有用。

（3）ζ～pH 及其应用

处于等电点时的颗粒最不稳定，易于团聚，故在制备颗粒的均分散体系时应注意 pH 值的调节，使其尽量远离 pH_{IEP}。而在研究两种颗粒相互包覆时，宜选择在两种颗粒的等电点 pH_{IEP} 之间的 pH 值范围内进行包覆，常用到 ζ～pH 图（图 4-5）。

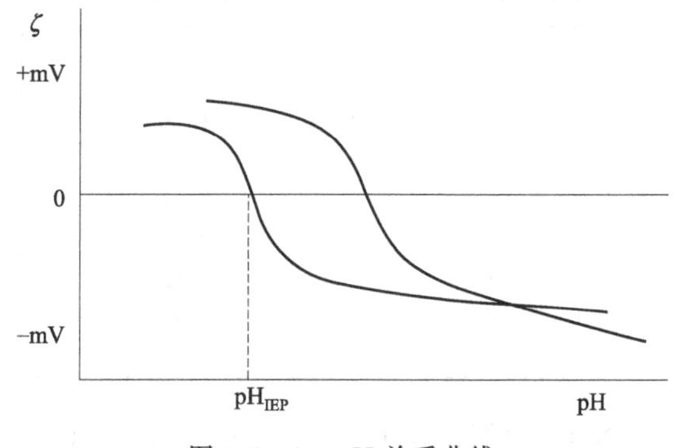

图 4-5　ζ～pH 关系曲线

陶瓷工业中的泥浆属于黏土-水系统：ζ 电位较高，泥浆的稳定性好。反之，当 ζ 电位降低，胶粒间斥力减小，胶粒间距逐步减小；当进入范德华力范围内，泥浆就会失去稳定性，黏土粒子很快聚集沉降并分离出清液，泥浆的悬浮性被破坏，从而产生絮凝或聚凝现象。在污水处理工艺中，压缩胶粒双电层，ζ 越小越有利于沉降与分离。

4.3 胶体稳定机制

鉴于当今胶体涉及领域很多，常见的高分子胶乳与普通粉体的粗分散体系都属于胶体，不同胶体的生产应用与品控管理环节中也关联着各类产品“稳定性”指标，因此有必要将“稳定性”加以区分。例如，合成高分子乳液，其性能指标中就包括贮存稳定性（热力学稳定性）、机械稳定性、化学稳定性（具体指标为钙离子稳定性）；对凝胶注模用陶瓷料浆又要求聚沉稳定性等。

不管对不同的胶体体系提出何种“稳定性”指标，我们都必须明确如下几点：

- 多数胶体都处于亚稳态；
- 胶体的“稳定性”取决于其形成过程与胶粒所处的环境；
- 胶体的“稳定性”是胶粒之间关系的维护；
- 胶体的“稳定性”评估不可忽视重力的影响。

4.3.1 双电层静电斥力

胶体的双电层结构使得两个胶体粒子靠近时产生电荷斥力，这是绝大多数胶体稳定的重要机制。颗粒表面电位越高，双电层厚度越大，两胶粒间的距离越大，胶粒间的引力也因此被有效地削弱。

前已述及，由式(4-4)可以看出双电层厚度与温度有关，与体系中电解质浓度以及相关离子的电价数的平方成反比。在指定温度 25℃下，可由式(4-4)、式(4-5)计算出电解质水溶液中的 κ 值和 $1/\kappa$ 值，见表 4-1。

表 4-1 不同类型的电解质在不同浓度时的 κ 值和 $1/\kappa$ 值

电解质类型	浓度/(mol/L)	κ 值/10^6cm^{-1}	$\frac{1}{\kappa}$值/10^{-8}cm
Ⅰ-Ⅰ	0.001	1.04	96.1
	0.01	3.29	30.4
	0.1	10.4	9.61
Ⅰ-Ⅱ	0.001	2.08	48.1
	0.01	6.58	15.2
	0.1	20.8	4.81
Ⅰ-Ⅲ	0.001	3.12	32.0
	0.01	9.87	10.1
	0.1	32.1	3.2

以 1∶1 的电解质溶液 NaCl 为例，其浓度为 0.001mol/L、0.01mol/L、0.1mol/L，则其 $1/\kappa$ 依次为 96.1×10^{-8}cm、30.4×10^{-8}cm、9.61×10^{-8}cm。即随离子浓度的提高，双电层厚度下降，这个过程被称为双电层压缩。

由上表也看出，电解质的类型（即离子电荷）对双电层厚度影响很大。如当电解质浓度同为 0.001mol/L 时，M^+、M^{2+}、M^{3+} 对双电层的压缩，其 $1/\kappa$ 值分别为 96.1×10^{-8}cm、48.1×10^{-8}cm、32.0×10^{-8}cm 。

两颗粒间的表面电势越高，即静电排斥能垒越高，体系越稳定。反之，当电解质浓度越大，尤其是高价态离子电荷越大时，双电层厚度相应降低得越多，体系越不稳定。这就是许多胶体体系为什么避免在高电解质浓度下，尤其避免在高价金属离子的情况下贮存和使用的原因。例如，工业上对高分子合成乳液的性能指标要求，还特意强调了钙离子稳定性。

当然，对同一价态的离子，其对双电层的影响也不完全相同。各种离子对双电层的影响大致按如下序列排列。

对负电性溶胶：

$$Cs^+ > Rb^+ > NH_4^+ > K^+ > Na^+ > Li^+$$

对正电性溶胶：

$$F^- > H_2PO_4^- > BrO_3^- > Cl^- > ClO_3^- > Br^- > NO_3^- > I^- > CNS^-$$

(1) 颗粒在水中的双电层静电作用

① 同质颗粒间的静电排斥作用

从热力学角度看，胶体颗粒相接近时，其静电作用实质是颗粒双电层相互作用自由能的变化，其特征如图 4-6 所示。

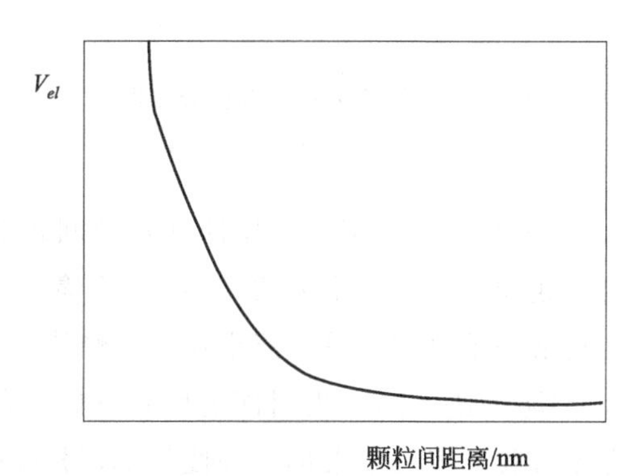

图 4-6　同质颗粒间静电排斥能与颗粒间距离的关系示意图

对半径分别为 R_1、R_2 的球形颗粒，其静电排斥能为：

$$V_{el}=\frac{128\pi nkT\gamma^2}{\kappa^2}\left(\frac{R_1R_2}{R_1+R_2}\right)\exp(-\kappa H) \tag{4-6}$$

若为均分散同质颗粒，$R_1=R_2=R$，则静电排斥能为

$$V_{el}=\frac{64\pi nRkT\gamma^2}{\kappa^2}\exp(-\kappa H) \tag{4-7}$$

或写成 $$V_{el}=64\pi nRkT\gamma^2\exp(-\kappa H)\left(\frac{1}{\kappa}\right)^2$$

式中　n——溶液中电解质浓度，mol/L；

　H——两颗粒间距离。

在 Stern 双电层模型中

$$\gamma=\frac{\exp\left(\frac{Ze\varphi}{2kT}\right)-1}{\exp\left(\frac{Ze\varphi}{2kT}\right)+1} \tag{4-8}$$

由图 4-6 可见双电层厚度是决定胶体颗粒的静电排斥稳定性的关键，同质颗粒之间的静电力始终为排斥作用。

② 异质颗粒间的静电相互作用

异质颗粒间的静电相互作用没有同质颗粒尤其是均分散同质颗粒那样的对称性（见图 4-7），颗粒表面电荷是否同号、表面电位大小的差异、颗粒大小的差异问题更为复杂。

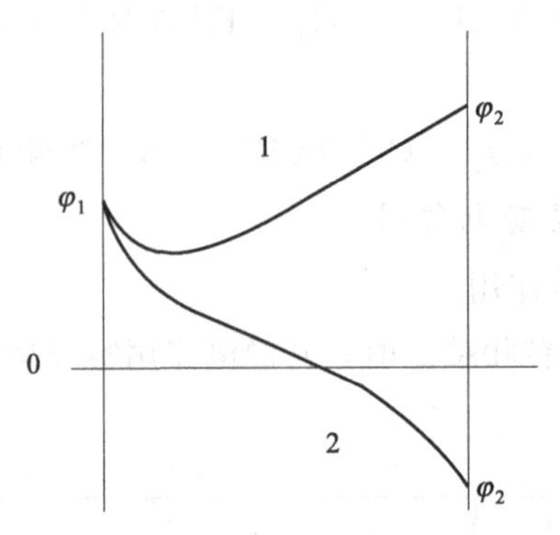

图 4-7 异质颗粒间的电位分布曲线

1—电荷同号；2—电荷异号

图 4-8 为 Fe_2O_3 和 Fe_3O_4 颗粒间静电相互作用能和颗粒间距离的关系示意图，在二者产生相互作用的距离范围内，随胶体颗粒间距离的减小，离子氛重叠，斥力开始起作用，即排斥占优，总位能为正值，到某一距离时，总位能出现一个峰值——静电排斥能垒。如越过此能垒，距离近到 6nm 时，位能迅速下降，吸引能随胶粒间距离的变小而激增，使引力占优，总位能下降为负值，意味着胶粒将发生聚集。即便是携带相同电荷的异质颗粒，只要两者电位差较大，静电相互作用也可能由斥力变为引力。

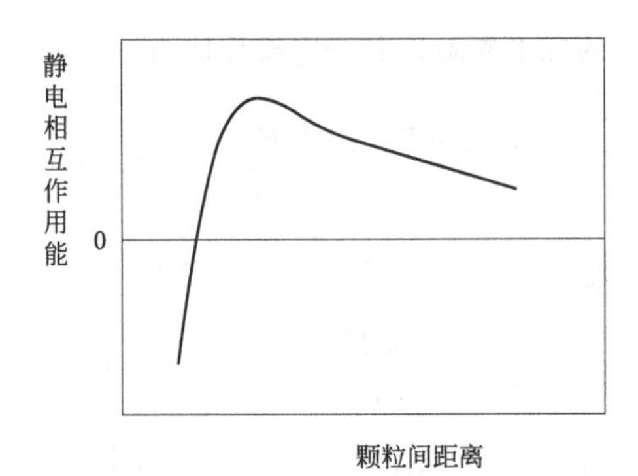

图 4-8 电位同号、颗粒间距离不同的静电相互作用能与颗粒间距离的关系

如前所述，（中性）聚合物在颗粒表面的吸附会引起 ζ 电位的变小，似乎屏蔽了表面电位，而实际上是使反离子与颗粒表面距离增大，外推距离约为吸附层厚度，相当于增大了双电层厚度，使颗粒静电排斥作用加大。这种作用的另一种解释是随后讲到的空间位阻作用。

(2) 颗粒在非水介质中的双电层静电作用

由双电层厚度的倒数 κ 的定义式可见，双电层的厚度受两个因素制约：离子浓度 c 和介质的介电常数 ε。在非水介质中，离子浓度 c 会很小，与水介质中相比要低很多；而非水介质中的介电常数 ε 与水介质的相差不多，仅在同一个数量级内变化。因而，非水介质下的 κ 值很小，双电层厚度大得多。

$$\kappa=\left(\frac{e^{2}\sum n_{i}^{0}Z_{i}^{2}}{\varepsilon kT}\right)^{\frac{1}{2}}=\left(\frac{e^{2}N_{A}\sum c_{i}^{0}Z_{i}^{2}}{\varepsilon kT}\right)^{\frac{1}{2}} \tag{4-9}$$

因此，在非水介质中，多数情况下可认为 $\kappa\to 0$，而忽略双电层，可用 ζ 电位代替 φ_0 或 φ_s。“双电层”的相互作用能可写为：

$$E_{el}=\frac{\varepsilon R^{2}\zeta^{2}}{L}\exp(-\kappa H) \tag{4-10}$$

式中，R 为颗粒半径；H 为两双电层间距离；L 为颗粒中心间距离，近似为颗粒直径与两双电层间距离之和。

胶体的稳定化是各类介质体系的基础问题，胶体科学与应用研究的发展也不断为新型胶体体系的应用提供新方案，如含有少量水的非水介质胶体体系的石油树脂的中和过滤工艺、非水介质中颗粒分散保护的措施等。而表面活性剂和聚合物的联用于纳米构筑体溶胶体系更是成为纳米材料制备中颗粒组装与分散-分形的控制关键策略。图 4-9 展示了非水介质体系中溶胶-凝胶法制备得到的 ZnO 单晶结构特征。

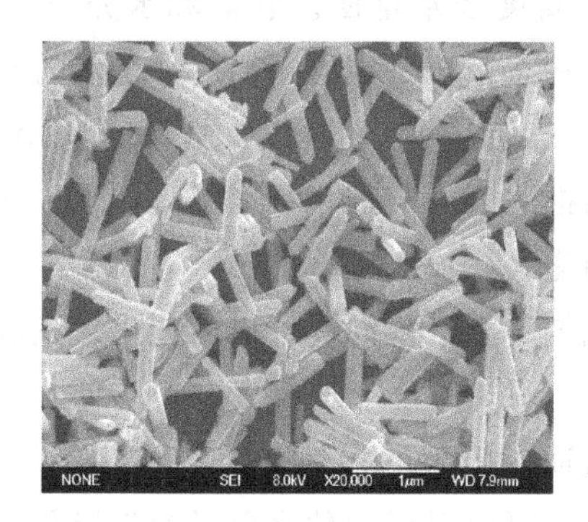

图 4-9　AMP-95 介质中制备的 ZnO 单晶的 SEM

4.3.2 空间位阻

除了提高胶体静电势垒实现胶体稳定化之外，还可以在胶粒的表面吸附或铆接可溶性的高分子吸附层。当胶体粒子相互靠近时，将产生一个有效的斥力，来削弱颗粒间的各种吸引力，阻止其进一步接触，使其保持在一个平衡的距离而不致形成团聚。这种稳定作用称为空间位阻作用。

用两种机理来解释高分子的稳定作用。一种是以统计力学为根据的“熵稳定作用”，也被称为体积限阈作用，如图 4-10(a) 所示。熵稳定作用理论假定两个吸附有高分子的颗粒靠近时，必然产生高分子层由“靠近到贯穿”的过程，从而引起粒子间高分子链熵减小或体积限制效应，高分子链丧失了自由度，这是热力学不允许的。热力学因素必然引入一个斥力项，使其分开。

另一种用来解释位阻稳定作用机理的理论是以聚合物溶液的统计学为根据的渗透斥力稳定理论，如图 4-10(b) 所示。渗透斥力稳定理论认为，“靠近到贯穿”过程引起粒子间高分子链局部浓度增加而产生“渗透效应”，伴随着去溶剂化，引起一个不利的焓效应。进而引起溶剂分子进入其间，将其分开。

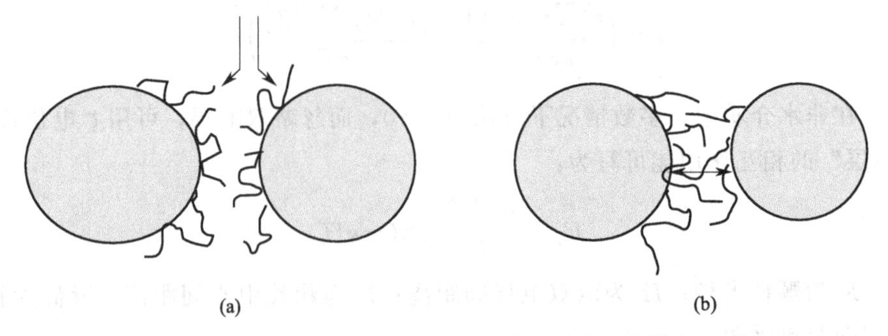

图 4-10 吸附有高分子的颗粒靠近时的两种效应

4.3.3 溶剂化作用——胶体所处的环境

首先，以常见的牛奶与高分子合成乳液为例来了解胶体粒子的溶剂化作用。牛奶本身就是一种生物颗粒的胶体粒子，几乎分不清它和水的“真实界面”，颗粒外层的蛋白质、氨基酸及脂肪中的—NH_2、—OH、—COOH 都是高度亲水基团。它们和水分子之间通过氢键作用而相互作用，并影响周边的水分子的排列状态；至一定的距离后才是水的本体状态，这种水的状态被称为水溶剂化。脱水后成奶粉，若使其再分散在水中，又变成溶剂化的。但是，我们注意到奶粉总不如鲜奶口感好。可以推测表面溶剂化程度不一样了。几乎所有的碳水化合物都和牛奶一样，会产生颗粒表面溶剂化。

高分子合成乳液的乳胶粒表面，通过乳化剂的亲水基同样可以溶剂化。我们也理解随意稀释高分子乳液，达到的效果也不令人满意。

无机颗粒表面通过自身所带的极性基团或通过吸附的极性基团，可以有类似的溶剂化。即便不含有如上极性基团，其表面极性、电荷也可以对周边的水分子产生极化作用，影响水分子的排列次序而产生溶剂化。

溶剂化的颗粒相互接近时会产生强大的排斥作用，这种作用也被称为溶剂化作用力。溶剂化结构如图 4-11 所示。

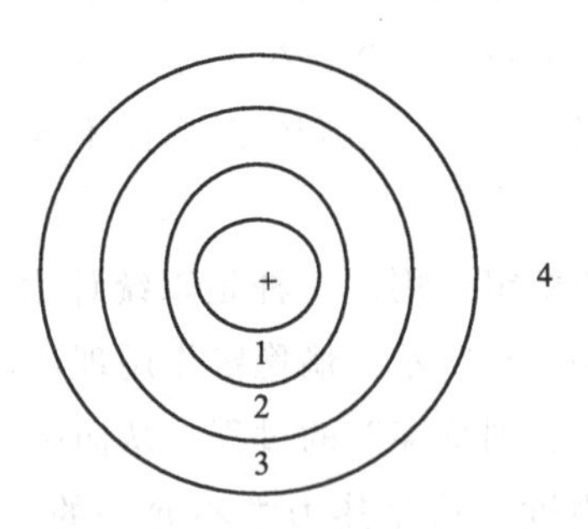

图 4-11 溶剂化结构

1—直接水化层；2—次生水化层；3—无序层；4—体相水

颗粒溶剂化作用能的理论与应用研究推动着胶体科学认知的不断深化，相关研究经验公式为实践应用提供了有益指导，如球形颗粒的溶剂化作用能为：

$$E_{rj}=\pi R h_0 E_{rj}^0 \exp\left(-\frac{H}{h_0}\right) \tag{4-11}$$

式中，E_{rj}^0 为溶剂化作用能量参数，与颗粒表面润湿性有关；R 为球形颗粒半径；H 为颗粒间作用距离；h_0 为衰减长度。更多物质的 E_{rj}^0、h_0 数据可参考相关书籍和资料。

由式(4-11)，对 $E_{rj}\sim H$ 指数函数关系作图（图 4-12），可以看出溶剂化作用能随颗粒间距离衰减的情况。

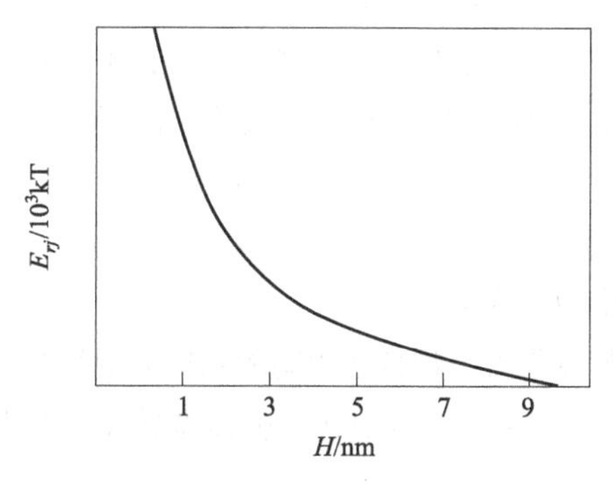

图 4-12　蒙脱石颗粒间溶剂化作用能与颗粒间作用距离的关系（$R=1\mu$m）

一个胶体体系形成后，其溶剂化作用处于暂时平衡的状态，即溶剂化的胶粒分散和溶剂化层的溶剂分子和溶剂本体的分子热运动都处于一定的有序状态。当进行稀释时，这些平衡即被扰动，胶体粒子不均分散与溶剂化层的破坏都可能引起胶粒的聚并。由溶胶制备薄膜材料也需要保持这种溶剂化平衡状态，稀释不利于成膜结构的稳定。水性涂料同样不可任意稀释。

胶体颗粒的溶剂化过程是一个热力学自发进行的润湿过程，搅拌仅是为了加速分散，促进溶剂化过程；同向搅拌是溶剂化颗粒向流体的“参加/加入”的过程，对颗粒的溶剂化层无破坏；但频繁的逆向搅拌会促使颗粒溶剂化层的碰撞，导致溶剂化层的破坏。这也解释了食品的料浆忌频繁逆向搅拌的原因。相反，洗衣机频繁的逆向搅拌的设计，是一个破坏污染颗粒溶剂化稳定，促使污染颗粒物聚集而实现洗涤的清洁过程。

机械搅拌（剪切）首先破坏的是颗粒的溶剂化层，提高胶体体系的机械稳定性需要胶粒形成更厚更强的溶剂化层。这也是非离子表面活性剂、水溶性聚合物/疏水改性的聚合物在颗粒表面的吸附后的第三个功能。

4.4　胶体稳定性的 DLVO 理论

前文主要介绍了颗粒的分散性与胶体的稳定性。材料化学亦需要考虑胶体粒子的聚并，这也是现代纳米材料与自组装技术的研究与应用基础。

4.4.1　DLVO 理论

在 20 世纪 40 年代，苏联学者德查金（Derjaguin）和朗道（Landau）与荷兰学者维伟

(Verwey) 和奥沃比克 (Overbeek) 分别提出各种形状粒子之间在不同情况下相互吸引能与双电层排斥能的计算方法，并据此对憎液胶体的稳定性进行了定量处理，得出了聚沉值与反离子价位之间的关系式，从理论上阐明了舒尔茨-哈代规则，这就是关于胶体稳定性的德查金-朗道和维伟-奥沃比克理论 (DLVO 理论)。DLVO 理论指出，胶体颗粒间存在着相互吸引力和相互排斥力，胶体的稳定性取决于这两种相互作用力的相对大小。胶体颗粒间排斥力视为双电层的斥力。

(1) 胶体颗粒间的引力——范德华力

两个胶体颗粒间的范德华力是组成胶粒的物质分子间存在的永久偶极相互作用（德拜力)、诱导偶极相互作用（诱导力)、瞬时偶极相互作用（色散力）之和，其表达式为：

$$E_{(x)}=-\frac{C}{x^6} \tag{4-12}$$

式中，C 为 London（伦敦）常数。

由此可见，两颗粒间的范德华力与颗粒间距离的六次方成反比。此时，我们仅引用四位科学家研究的结果，相关推导请参阅文献。DLVO 理论假定范德华作用具有非延迟性和加和性，得到如下关系：

球形与表面的范德华作用能为：$E_D=-\pi^2C\rho^2R/(6D)$ (4-13)

表面与表面的范德华作用能为：$E_D=-\pi C\rho^2/(12D^2)$ (4-14)

令 $A=\pi^2C\rho_1\rho_2$ 则有：

球形与表面的范德华作用能为：$E_D=-AR/(6D)$ (4-15)

表面与表面的范德华作用能为：$E_D=-A/(12\pi D^2)$ (4-16)

两个大小相等球的范德华作用能为：$E_D=-AR/(12D)$ (4-17)

式中，R 为球半径；D 为球-球、球-面间最小距离；ρ 为球体内分子密度；A 为哈默克 (Hamaker) 常数，它是粒子的物质属性，与其组成和性质（如极化率、密度、介电常数）有关，一般取值为 $10^{-20}\sim10^{-19}$J。

哈默克常数是粒子的物质属性，既可以用微观法计算，也可以通过宏观计算法计算，如采用反映哈默克常数宏观属性的光折射率、紫外吸收频率等进行分析计算。

(2) 胶体颗粒间的总相互作用势能

胶体颗粒间的总相互作用势能为引力势能和斥力势能之和：

$$E=E_D+V_{el} \tag{4-18}$$

颗粒间的总相互作用势能的示意图如图 4-13 所示。

① 当两颗粒相距很远时，颗粒之间无相互作用力，只有在一定距离范围内才产生相互作用，颗粒之间斥力以指数函数下降。在两颗粒靠近至一定距离时，引力可能是主要的，总势能曲线甚至可能出现一个较小的“第二极小值”。由此表明，胶体粒子并不总是相互排斥，粒子之间的引力也是维持整个胶体体系的稳定因素。

② 当两颗粒进一步靠近时，颗粒的双电层之间产生强大的斥力，总势能曲线迅速上升至一个最高点，出现一个峰值，称为势垒。越过这个势垒，总势能曲线迅速下降，即以引力为主导，颗粒的双电层破坏引起颗粒间的聚并（聚结)，总势能曲线出现一个最低峰。若粒

子进一步接触，间距为原子尺度时，即产生电子云间的相互作用，产生 Borm 斥力。

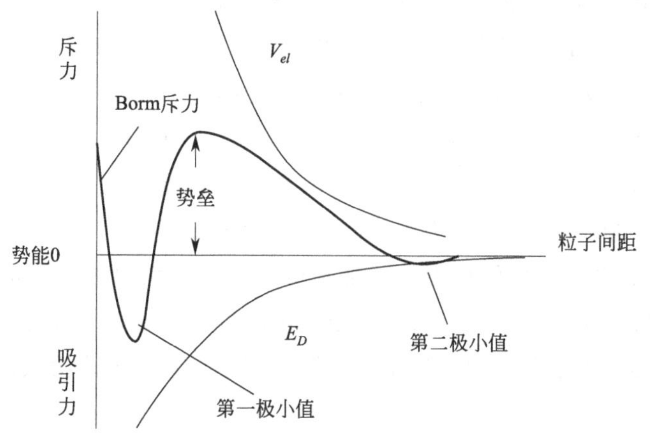

图 4-13 颗粒间的总相互作用势能示意图

③ 并不是所有的胶体体系都存在一个“第二极小值”。第二极小值常出现于粒子间较大距离的阶段，是总势能公式中引力项和斥力项之间复杂作用的结果。处于这一阶段的胶体可能是一个疏松的、可逆的絮凝。在一些相对较大的单分散粒子的体系中，第二极小值可能引起可见的“乳光”现象；胶粒间结构将类似于某种结晶规则的结构，在入射光的照射下，生成妙趣横生的斑彩图形。这一特性已应用于防伪标识印刷。第二极小值技术应用在材料上的研究已成为材料化学的热点和方向，如现代薄膜技术、光子晶体的有序性调控与功能材料的组装技术等。

4.4.2 凝结和絮凝

(1) 临界聚结（聚沉）浓度

前已述及，通过静电作用稳定的胶体，其稳定性取决于表面电荷的多少和双电层的厚度。依据表面的酸碱反应，可以通过调节 pH 值使其表面带有过量的正电荷或负电荷，实现表面电势的调节；其相关的离子（包括反离子）称为电势决定离子。如果加入其它电解质，如惰性离子，进入双电层中且与反离子同号的离子将会压缩双电层，引起 ζ 电位降低，势垒下降，使得胶体稳定性降低。

继续加入电解质或增大电解质浓度，将出现两种可能。一种是，若电解质浓度恰好使 ζ 电位降低至零（等电点），即双电层中的反离子全部被压入吸附层，势垒消失，胶体稳定性被破坏，胶粒发生快速聚结（尤其是加入高价金属离子）。此时的电解质浓度称为临界聚结（聚沉）浓度。另一种是，若加入电解质的浓度过大，不仅双电层中的反离子全部被压入吸附层，且与反离子同号的离子也进入吸附层，则胶粒又带电而且电性相反，称为电荷反转，ζ 电位异号。能否发生这种现象，主要取决于胶粒自身的组成及其布朗运动。

(2) 电解质对胶体聚沉的作用

各种离子压缩双电层的能力顺序即为聚沉能力次序。

① 反离子的价数起主要作用，价数越高，聚沉值越低，聚沉能力上升。

② 同价离子，感胶离子序如下：

正离子的聚沉能力为离子愈大，聚沉能力愈强，即有

$$H^{+}>Cs^{+}>Rd^{+}>NH_4^{+}>K^{+}>Na^{+}>Li^{+}$$

负离子的聚沉能力为离子愈大，聚沉能力愈弱，即有

$$F^{-}>Cl^{-}>Br^{-}>NO_3^{-}>I^{-}>OH^{-}$$

③ 反离子相同时，与胶粒带有相同电荷的离子价数愈高，聚沉能力愈弱（聚沉值愈大）。如：对带正电的胶粒，聚沉能力为 $Na_2SO_4>MgSO_4$。

④ 溶胶对高价反离子的吸附行为是不规则聚沉。当体系中加入少量电解质时，聚沉能力增加；随着电解质的进一步加入，胶粒吸附过量高价反离子，重新分散成溶胶，但胶粒电荷符号改变；当所加入电解质超过一定量后，沉淀不会重新分散成溶胶。

5 固液界面

5.1 液体对固体的润湿

在材料科学的研究中，液-固界面问题涉及众多领域，如湿化学法制备各种微纳米粉体、由粉体制备块体材料工艺中的成型与烧结、涂料的制备与涂装、材料的粘接、高分子材料与各种材料的复合、材料的腐蚀与防护等。

多数情况下，希望被研究的固体和液体对象具有良好的润湿作用；但某些情况下，希望所研究的固体表面不易被润湿或完全不润湿。在防水涂层材料研究中，既希望涂料与被涂装基面有良好的润湿性，以获得牢固的附着；又希望涂层的表面不被水或其它液体所润湿，以获得良好的防渗透、自洁、耐沾污性。

5.1.1 Young 方程和接触角

实际上，液体对固体的润湿涉及气、液、固三相界面。只要不是在真空状态下，所谓的固体表面实际是气-固界面。当向一固体表面滴一些液体时，有可能形成如图 5-1 所示的形状。

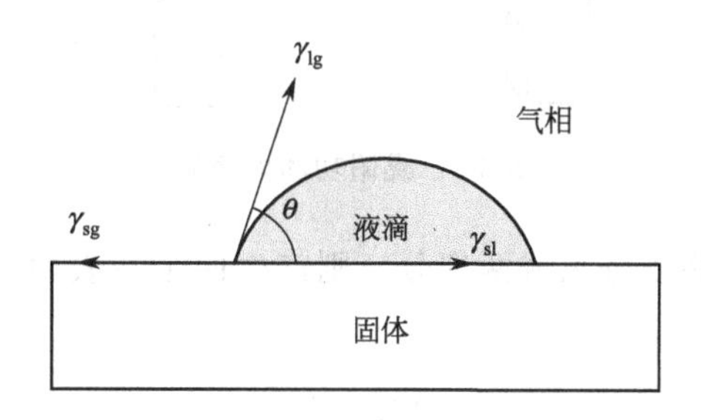

图 5-1 接触角

液滴的边缘即为气、固、液三相交界处。液滴能呈现一定的形状是由于同时受到气-固界面张力 γ_{sg}、气-液界面张力 γ_{lg}、液-固界面张力 γ_{sl} 三种力的作用。处于平衡态时，三相的交界处则为三种张力的合力为零的情况。在三相交界处，自液-固界面经过液体内部到气-

液界面的夹角称为接触角，以 θ 表示。若该固体表面为光滑的理想表面，则三种界面张力之间的关系为：

$$\gamma_{sg}=\gamma_{lg}\cos\theta+\gamma_{sl} \tag{5-1}$$

该式即为著名的液体对固体润湿（也称浸润）作用的 Young 方程。

接触角 θ 的大小可以作为润湿情况的判据。液滴在固体表面上的接触角与润湿的关系，可表述为：若 $\theta<90°$，则固体表面是亲水性的，即液体较易润湿固体表面，θ 角越小，表示固体表面润湿性能越好；$\theta=0°$，或不存在平衡接触角时，为铺展；若 $\theta>90°$，则固体表面是疏水性的，即液体不容易润湿固体表面，容易在表面上移动（图 5-2）。

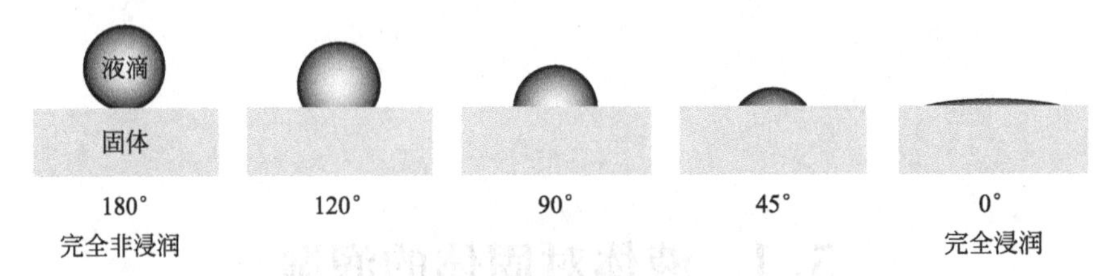

图 5-2　液滴在固体表面上的接触角与润湿的关系

5.1.2　润湿现象

（1）黏附润湿过程

为了深入了解这一过程，需要从热力学角度加以认识。

① 黏附功和内聚能　设有单位面积的两相 1、2，其自身的表面张力分别为 γ_1、γ_2。当两相黏附在一起时，其界面张力为 γ_{12}，如图 5-3 所示。若将结合（黏附）在一起的两相分离成独立的 α、β 相，则必须对其做功 W_a

$$W_a=\gamma_1+\gamma_2-\gamma_{12} \tag{5-2}$$

式中，W_a 为黏附功。

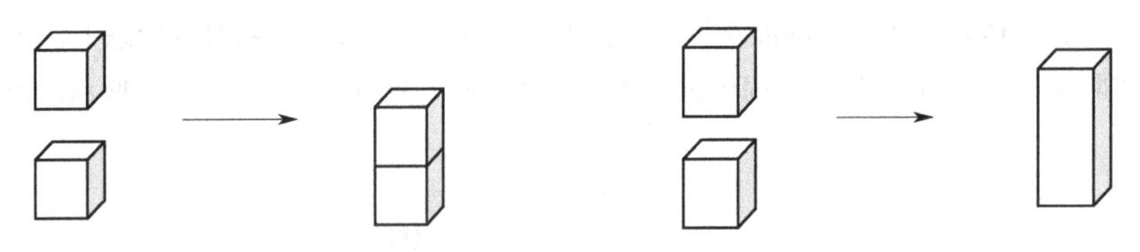

图 5-3　黏附功和内聚能

若将单位面积的均相物质分离成两部分，则产生两个新表面（界面），则必须做功，依式(5-2)，$\gamma_1=\gamma_2=\gamma$，$\gamma_{12}=0$，得

$$W_c=2\gamma \tag{5-3}$$

W_c 则称为内聚能。内聚能是表征物质分子间相互作用力的一个物理量。摩尔内聚能的（用 E_{coh} 表示）定义为：消除 1mol 物质全部分子间作用力时内能的增加量，即

$$E_{coh}=\Delta U=\Delta H-RT \tag{5-4}$$

② 黏附润湿　黏附润湿是指液体直接接触固体时，接触部分的液体的气-液界面和固体

的气-固界面改变为液-固界面的过程。涂料和胶黏剂往基面上的涂布、高分子树脂与无机材料的复合，均属于这种情况。黏附润湿的过程如图 5-4 所示。

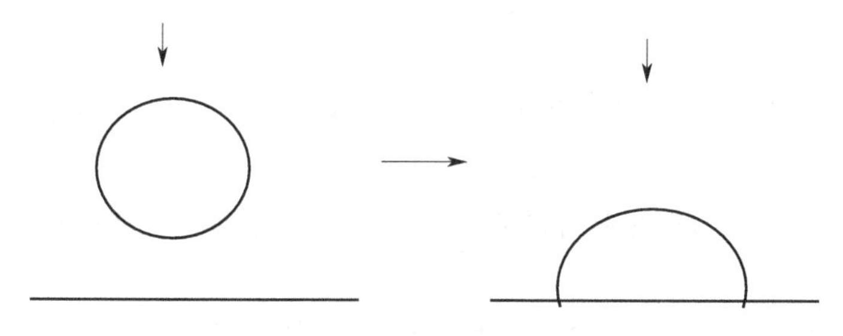

图 5-4　黏附润湿过程

用黏附功的概念来考察液体对固体的润湿，则有：

$$W_{sl}=\gamma_s+\gamma_l-\gamma_{sl} \tag{5-5}$$

式中，γ_s 应为固体处在真空中的表面张力，与 γ_{sg} 是有区别的，γ_{sg} 应为固体表面被液体蒸气饱和时的界面张力，二者关系为

$$\gamma_s-\gamma_{sg}=\pi \tag{5-6}$$

式中，π 为扩展压。

对于处于平衡状态的气-液-固三相体系，固体、液体表面都吸附了气体，则式(5-5) 可写为

$$W_{sl}=\gamma_{sg}+\gamma_{lg}-\gamma_{sl} \tag{5-7}$$

或

$$W_a=\gamma_{sg}+\gamma_{lg}-\gamma_{sl} \tag{5-8}$$

设液体黏附在单位面积的固体上，在等温等压条件下，该过程的吉布斯函数变为

$$\Delta G=\gamma_{sl}-\gamma_s-\gamma_{lg} \tag{5-9}$$

对照上式，显然

$$W_a=-\Delta G=\gamma_{sg}+\gamma_{lg}-\gamma_{sl} \tag{5-10}$$

根据热力学判据，黏附润湿过程能够自发进行时，$\Delta G<0$，即 $W_a>0$，W_a 越大，体系越稳定，液固黏附润湿性越好。

结合内聚能的定义，由上式可见：液体的内聚能越大，其表面张力越大，相对于越高表面能的固体，其黏附润湿性越好。这就为粘接、涂装涂饰和高分子材料复合体系的设计提供了思路。在涂装、粘接工艺中对基面的喷砂处理，在高分子复合材料制备工艺中对增强纤维的表面改性，都能获得更好的黏附润湿效果，提高黏附、接着、复合的力学强度。在合成树脂的分子设计与制备中，适当提高合成树脂内聚能，改善黏附润湿效果是很必要的。当然，合成树脂的分子设计往往还要考虑施工工艺的其它因素，采取其它后交联措施进一步提高力学强度。

(2) 浸湿过程

浸湿是将固体完全浸入到液体中的过程，如陶瓷、涂料、油墨等诸多行业中各种粉体料

浆的制备均属于这种情况。浸湿过程是将气-固界面变为液-固界面的过程，而液体表面在此过程中没有变化。在等温等压条件下，浸湿面积为单位面积时，过程的吉布斯函数变为

$$\Delta G=\gamma_{sl}-\gamma_{sg} \tag{5-11}$$

或

$$W_i=-\Delta G=\gamma_{sg}-\gamma_{sl} \tag{5-12}$$

式中，W_i 称为浸湿功，在润湿作用中又称为黏附张力，常用 A 表示。

即

$$A=W_i=\gamma_{sg}-\gamma_{sl} \tag{5-13}$$

显然，$W_i>0$ 可作为浸湿过程自发进行的判据，W_i 值越大，液体在固体表面上取代气体的能力越强。

多孔性固体的浸湿过程又称为渗透过程，与毛细现象有关。渗透过程的驱动力是由弯月面产生的附加压力 Δp，表示如下

$$\Delta p=\frac{2\gamma_{lg}\cos\theta}{r} \tag{5-14}$$

式中，r 为毛细管半径。当 $0°\leqslant\theta\leqslant90°$时，$\Delta p$ 向着气体一方，渗透过程自发进行。

(3) 铺展

铺展过程是液体在固体表面上自发流延，固液界面取代气固界面，同时扩大气液界面的过程。在等温等压条件下，铺展单位面积体系吉布斯函数变为

$$\Delta G=\gamma_{lg}+\gamma_{sl}-\gamma_{sg} \tag{5-15}$$

或

$$-\Delta G=\gamma_{sg}-\gamma_{lg}-\gamma_{sl}=S \tag{5-16}$$

式中，S 称为铺展系数，$S>0$ 是液体自发流延的条件。当 $S>0$ 时，只要有足够量的液体，液体就会连续不断地自动流延直至铺满固体表面，在固体表面形成液体的膜层。纯净的水在没有污染、完全干净的玻璃表面上自动形成水膜就属于这种情况。

(4) 三种润湿过程的比较

比较式(5-10)、式(5-12) 与式(5-16)，整理可得：

$$W_a= A+\gamma_{lg} \tag{5-17}$$

$$W_i=A \tag{5-18}$$

$$S= A-\gamma_{lg} \tag{5-19}$$

即三种润湿过程均与黏附张力 A 有关，A 值越大，对三种润湿过程越有利。对同一体系，有 $W_a>W_i>S$，只要 $S>0$，即能自动铺展，其它润湿过程均可自发进行。因为 S 最小，所以常用铺展系数 S 比较体系的润湿性能。

5.2 无机颗粒的分散-粗分散体系

涂料、胶黏剂中填料的分散，陶瓷料浆的制备（尤其是凝胶注模的料浆）等涉及的粉体分散体系都属于粗分散的胶体体系。

粉体的浸湿过程并非简单的气固界面转换成液固界面的问题，由浸湿方程似乎看不

出与气液界面有关。但实际上，粉体的空隙间、孔隙间吸附大量的空气，形成气泡；粉体越细、形状越复杂，气泡越严重（气泡越小、越多），有时看起来像一个球状的粉体团聚体被包裹在一个大的气泡中。因此，首先必须设法降低气泡的气液界面的张力 γ_{lg}，赶走气泡（尤其是多孔、深孔的粉体，必须赶走被封闭在毛细孔中的气体），才能使液体到达粉体的真实表面。

加入表面活性剂降低气液界面的张力 γ_{lg} 是使之“破泡”的有效手段。但从式(5-20)可见，加入表面活性剂，向孔隙渗透的驱动力将减小。这又是矛盾的。

$$\Delta p=\frac{2\gamma_{lg}\cos\theta}{r} \tag{5-20}$$

由浸湿方程可见，降低液固界面的张力（γ_{sl}）是改善浸湿的有效手段，如加入一种具有液固界面活性的助剂。

要获得稳定的分散体系，必须满足胶体稳定的两个机理。添加一定量的分散稳定助剂，可进一步提升粗分散体系的稳定性：渗透剂的添加可降低液固界面的张力；消泡剂的添加可降低气液界面的张力；分散剂的添加可降低液固界面的张力，增加空间位阻作用，增加双电层厚度；增稠剂的添加可提高稠度，抵抗重力、增大浮力以增大胶体稳定性。

5.3 超疏水表面

5.3.1 接触角滞后现象

Young 方程中的表面应当是理想的光滑、均匀表面，即 θ 也应是理想的光滑、均匀表面的平衡接触角。而实际上，固体表面并不是完全光滑的，往往具有一定的粗糙度或者化学组成并不均一，存在着接触角滞后现象，从而使 Young 方程并不完全适用。研究表明，增加疏水性表面的粗糙度能够进一步增强表面的疏水性能。这说明，固体表面的润湿性受表面粗糙度的影响很大。为此，Wenzel、Cassie 等引入了粗糙度概念，并提出了两种截然不同的经典假设来解释这种效应：Wenzel 模型和 Cassie-Baxter 模型。

(1) *前进角与后退角*

在用表面张力法测定接触角时，测试片插入（前进）液面时与拉出（后退）液面时所测得的接触角在多数情况下是不同的。前者称为前进角，后者称为后退角，前进角一般大于后退角。图 5-5 直观地表达了接触角的这一变化。在一平面上有一液滴，若用注射器向液滴中注入一些液体使液滴长大，液滴将有沿固体表面延伸接触的趋向，此时的接触角为前进角 θ_a。若欲从液滴中取出一些液体，液滴将缩小，此时的接触角为后退角 θ_r，其比前进角要小。这种前进角与后退角不相等的现象称为接触角滞后。

接触角滞后的实质是：前进角是液固界面取代气固界面的过程形成的，而后退角是气固界面取代液固界面过程形成的，二者所需克服的能垒是不同的。在一个斜坡表面上更容易观察到这种现象，如图 5-6 所示。假如没有接触角滞后，$\theta_a-\theta_r=0$，即 $\theta_a=\theta_r=\theta$，液滴将会滚动，从而间接说明接触角滞后的原因是液滴的前沿存在能垒。

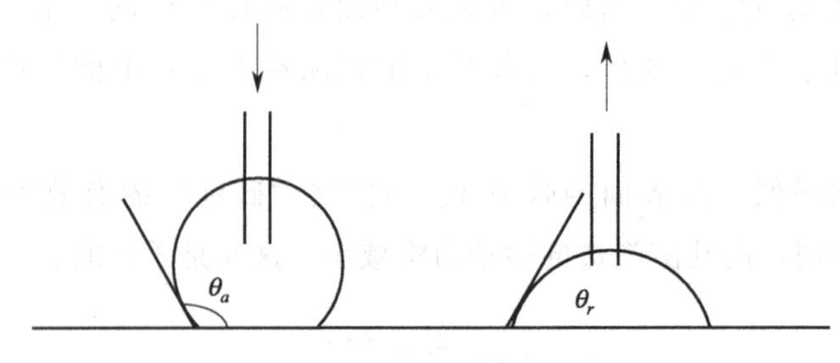

图 5-5　前进角与后退角

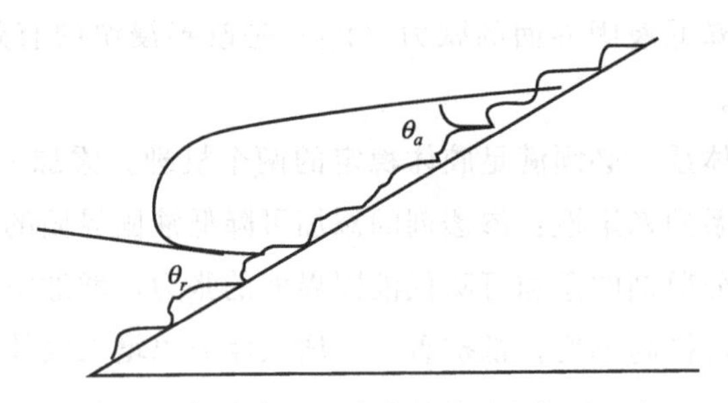

图 5-6　斜坡表面上液滴的前进角与后退角

(2) 由于表面粗糙性引起的滞后

前已叙及，固体表面总是凹凸不平的，这种粗糙性常用粗糙度 R_w 表示

$$R_w=A/A' \tag{5-21}$$

式中，A 为真实表面积；A'为表观表面积（视为理想光滑、均匀表面积）。

显然 $R_w=A/A'>1$，$R_w=1$ 的表面实际并不存在，对高度抛光的表面，$R_w\geqslant1.5$，实际粗糙表面 R_w 值更大。

早在 1936 年，Wenzel 就认识到粗糙度对润湿性的影响，提出了 Wenzel 模型。他认为粗糙表面上的液滴能够完全浸没并充满所接触表面的沟槽，是一种完全接触式润湿。其主要作用机理是通过增加表面粗糙度增加固体表面面积，实现疏水性能以几何级数的方式增强。他将 Young 方程用于粗糙表面体系，引入了表观接触角 θ_w，得到

$$R_w(\gamma_{sg}-\gamma_{sl})=\gamma_{lg}\cos\theta_w \tag{5-22}$$

式(5-22) 称为 Wenzel 方程，也可改写为

$$\cos\theta_w=R_w\cos\theta \tag{5-23}$$

式中，θ 为 Young 方程的接触角（理想表面）；θ_w 为表观接触角，又称 Wenzel 角。

上式表明，粗糙表面的 $\cos\theta_w$ 的绝对值总是比平滑表面的 $\cos\theta$ 大。$\theta<90°$，表面粗糙化将使接触角变小，更易被润湿，表面变得更亲水；$\theta>90°$，表面粗糙化将使接触角变大，更不易被润湿，表面变得更疏水。

但是，必须说明，Wenzel 方程有两个基本假设：第一，基底的表面粗糙度与液滴的大小相比可忽略不计；第二，基底表面的几何形状不影响其与液滴接触面积的大小。如果忽略这两条假设，该方程就可能得不出正确的结论。

(3) 由于表面的不均匀性与多相化产生的滞后

当固体表面不均匀或存在多相时，在相的交界处存在能垒，液滴的前沿往往停留在相的交界处。前进角往往反映表面能较低的区域，或者说反映占液滴亲和力弱的那部分固体表面的性质（挡）；后退角往往反映表面能较高的区域，或者说反映占液滴亲和力强的那部分固体表面的性质（拉）。

1944 年 Cassie 和 Baxter 进一步发展了 Young 方程，提出可以将粗糙不均匀的固体表面设想为一个复合表面，其表面液体润湿特性如图 5-7 所示。当固体表面的不均匀性或粗糙结构起伏达到一定程度时，空气就容易被润湿的液滴截留在固体表面的凹谷部位。对由两种润湿性不同的微区组成的复合表面 S_1、S_2（相），设其面积（组成）分数分别为 f_1、f_2，则有 Cassie-Baxter 方程

$$\cos\theta_c = f_1\cos\theta_1 + f_2\cos\theta_2 \tag{5-24}$$

式中，θ_c 为 Cassie 的接触角（复合表面表观接触角）；θ_1 为液体在 S_1 相微区上的真实接触角；θ_2 为液体在 S_2 相微区上的真实接触角。

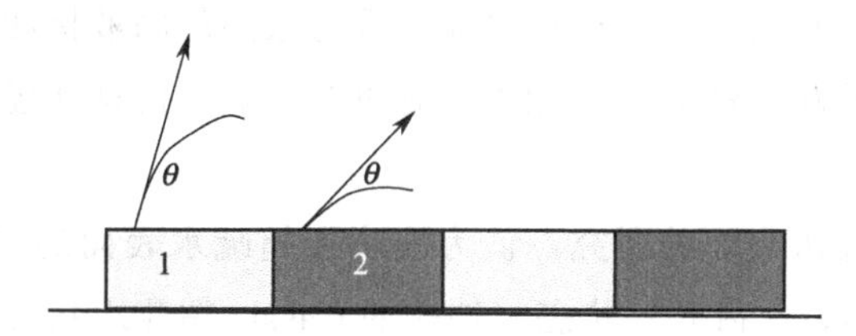

图 5-7　复合表面液体润湿特性示意图

S_1、S_2 可以是两种固相，如金属、陶瓷、天然矿物、高分子材料所构成的不同微相表面，也可以是表面污染引起的微相区域以及表面微孔、缝、洞中封闭的气体所形成的多相结构。θ_c 与 θ_a、θ_r 的关系近似为

$$\cos\theta_c = \frac{1}{2}(\cos\theta_a + \cos\theta_r) \tag{5-25}$$

则
$$\frac{1}{2}(\cos\theta_a + \cos\theta_r) = f_1\cos\theta_1 + f_2\cos\theta_2 \tag{5-26}$$

显然，前进角与后退角的相对大小与表面两种相的面积（组成）分数密切相关。

Cassie-Baxter 经典公式明确指出了液滴与粗糙表面接触时的表观接触角（θ_c）与固体体积分数（固体部分在接触区域所占份数 f）和材料本身表面特性（光滑平面材料的接触角 θ）的关系，见图 5-8。

目前，已知光滑平面所能达到的最大接触角约为 120°，根据 Cassie-Baxter 方程，若希望提高表面疏水性，物理纹理或者说一定的粗糙度就成为必要条件。实际上，我们很难精确测出液滴在粗糙表面的表观平衡接触角，往往液滴在粗糙表面上的接触角会在两个极限值之间波动。Cassie-Baxter 模型和 Wenzel 模型在解释疏水机理方面截然不同。Wenzel 模型认为

粗糙度使得固体表面面积增大，从而增强了疏水性。Cassie-Baxter模型认为空气被液滴截留在固体表面的凹谷部位，使得液滴像坐在气垫上，从而导致了材料表面的超疏水性。

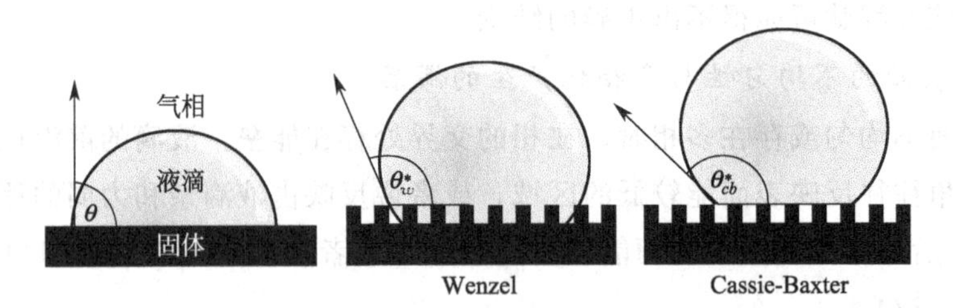

图 5-8　光滑平面上的液滴接触角和 Wenzel、Cassie-Baxter 模型

通过将接触角滞后最小化，可以得到具有极高疏水性的粗糙表面。尽管大部分实际表面都或多或少显示出接触角滞后现象，但也有例外。例如，研究发现，当表面粗糙结构的尺寸大约为 1～100nm 时，材料表面表现出较好的疏水性。此时，这些固体表面的表观接触角接近最稳定状态时的平衡值。此外，还发现一些生物的某些特殊部位存在微米/纳米表面，如壁虎的吸盘和蚊子的复眼，虽拥有一个较高的固液接触面积分数，但仍然可以维持表面的超疏水性（$150° < \theta_c < 180°$）。Cassie-Baxter 经典公式尚无法解释这一矛盾现象。还有研究发现，对疏水性表面，当将其物理粗糙结构尺寸降低至纳米级时，材料表面也呈现出超疏水性。所有这些实验数据反映出，除了材料表面纹理与液滴的固液接触面积分数外，物理纹理尺寸在决定宏观材料表面疏水性方面可能也有着重要影响，而这在经典表面润湿理论中尚未得到明确界定。

王树涛等通过对超疏水表面的研究，认为液滴在超疏水表面的状态可归纳为 5 种模型：Wenzel 状态、Cassie 状态、“荷叶”状态（特殊的 Cassie 超疏水状态）、Wenzel 和 Cassie 之间的转变状态、“壁虎”状态，如图 5-9 所示。研究表明，制备的超疏水 PS 纳米管具有一种不同于 Cassie 状态的新的疏水状态，其表面具有高黏附性，故称为“壁虎”状态。通常，

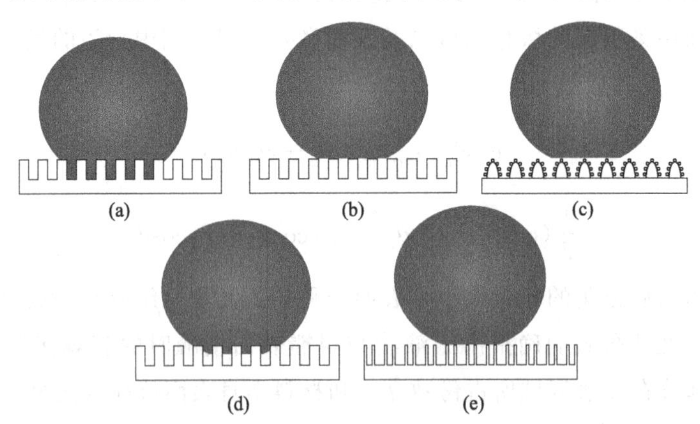

图 5-9　超疏水表面的状态

(a)—Wenzel 状态；(b)—Cassie 状态；(c)—“荷叶”状态（特殊的 Cassie 超疏水状态）；
(d)—Wenzel 和 Cassie 之间的转变状态；(e)—PS 纳米管表面的“壁虎”状态
（灰色部分为纳米管中被截获的空气囊）

Cassie状态下被截获的空气囊与外部开放区空气是连通的。而“壁虎”状态却同时存在两种空气囊：一种是与外部开放区相连通的空气囊，另一种是被截获在PS纳米管中的空气囊。对于这种表面上的水滴，封闭的空气使水滴获得了高静态接触角，而范德华力的存在赋予水与表面之间的高黏附力，此时与Cassie状态一致；但是，当水滴脱离时，PS纳米管内所封闭的空气体积将会突然变大，产生负压，从而导致PS纳米管表面上产生黏附力。研究者认为，封闭的空气，尤其是被封闭在纳米管中的空气囊，对黏附力的产生起着非常重要的作用。

5.3.2 超疏水表面的仿生设计

自然界中有许多植物叶片表面对各种液体（如水、油）展现出反润湿性，其中最具代表性的为荷叶表面。水滴在荷叶表面上呈椭圆形水珠滚动且不与叶面润湿，这一现象被称为“荷叶效应”。研究发现，荷叶表面由微米-纳米二级结构组成，如图5-10所示，表面上尺寸在1μm左右的乳状凸起呈规则排列，更精细的乳状凸起部分为生物蜡质。这一特殊结构启迪了超疏水表面的仿生设计思路。

(a) (b) (c) (d)

图5-10 荷叶表面的微相结构

(a)—荷叶表面的超疏水性；(b)～(d)—荷叶表面微相二级结构的SEM

由Young方程和铺展系数S的定义式，以及接触角滞后的分析讨论可见：当一种固体的表面能很低时，将使$S<0$，$\theta>90°$；若粗糙度进一步增大，使得$R_w \gg 1$，则接触角也进一步增大，$\theta \gg 90°$，即有可能得到超疏水表面。

根据Cassie-Baxter方程，当一个表面为两相复合表面，且两相微区尺度很小，前进角和后退角产生滞后的能垒间隔也越小，即有可能降低接触角滞后。当$\theta \gg 90°$，液滴在表面上接触角滞后更小时，越容易滚动而更不易润湿。前进角和后退角之差也被称为液体在该表面上的“滚动角”。研究表明，滚动角在10°以下且接触角大于150°，该表面为超疏表面。

Cassie 提出的“复合相”，也可以表述为由凸起部分的固体表面与凹下去并封闭有气囊微区的气体表面所共同组成的规则有序的粗糙表面，如图 5-11 所示。其中，a 为液体与固体的接触面（固相部分）的面积，b 为实际 s-g 面（气相部分）的面积。

图 5-11　液体在凹凸形 Cassie 表面上的示意图

则
$$f_a=\frac{a}{a+b}=f \qquad f_b=\frac{b}{a+b}$$

Cassie-Baxter 方程：
$$\cos\theta_c=f_1\cos\theta_1+f_2\cos\theta_2 \tag{5-27}$$

Cassie 假定水与空气的接触角为 180°，cos180°＝－1

则
$$\begin{aligned}\cos\theta_c&=f_a\cos\theta+(1-f_a)\cos180^\circ\\&=f\cos\theta+f-1\\&=f(\cos\theta+1)-1\end{aligned} \tag{5-28}$$

式中，θ 为 Young 接触角表观接触角。

对于高粗糙度表面，若 $f\to0$，即表面粗糙结构呈类纳米线阵列形态，则 $\cos\theta\to-1$，$\theta_c\to180^\circ$，将获得类荷叶表面的超疏水效应。

Johnson. Jr 和 Dettre 通过研究水滴在理想正弦曲率平面上的润湿形态，指出：当固体表面呈现为 Wenzel 态时，水在疏水性粗糙固体表面的接触角（此时 Young 接触角$\theta>90^\circ$）及接触角滞后均随表面粗糙度 R_w 增大而增大；当 R_w 增大到 1.7 以后，继续增大表面粗糙度，水的接触角继续增大（θ_0 增大），而接触角滞后却减小。即有：

$\theta>90^\circ$，$1<R_w<1.7$ 时，θ_0 增大，则（$\theta_a-\theta_r$）增大，此时为 Wenzel 态；

$\theta>90^\circ$，$R_w>1.7$ 时，θ_0 增大，则（$\theta_a-\theta_r$）减小，此时为 Cassie 态。

究其原因，随 R_w 增大，粗糙面上的空气组成加大，即在 $R_w=1.7$ 时，表面润湿性由 Wenzel 模型转变为 Cassie 模型。

至此，将低表面能的固体表面设计成凹凸有序，凹凸纵向较深，即粗糙结构尺寸很小且粗糙度更大的表面就可能产生超疏效应。图 5-11 所示的荷叶表面显然既是 Wenzel 表面，又是 Cassie 表面。受其结构启发，江雷等成功制得了一系列荷叶效应的仿生超疏表面，自此揭开微米/纳米二元协同仿生界面材料研究与应用的新篇章。

5.4　超亲水表面

5.4.1　超亲水表面的特征

对比分析 Young 方程和 Wenzel 方程，当 $\theta<90^\circ$时，增大表面粗糙度将使表观接触角变

小，更易润湿，即设计超亲水表面时也应当考虑增大表面粗糙度。这一点与超疏水表面的设计是一致的，但仅此不足以保证获得超亲水表面。

前文主要从热力学角度讨论了液体对固体润湿的三种情况，若同时参考 Young 方程，将固液界面间的黏附功与接触角联系起来，将 Young 方程代入黏附功定义式(5-7) 得

$$\begin{aligned} W_a &= W_{sl} = \gamma_{sg} + \gamma_{lg} - \gamma_{sl} \\ &= \gamma_{lg}(\cos\theta + 1) \end{aligned} \tag{5-29}$$

式中，θ 为 Young 方程的接触角，该式称为 Young-Dupre 方程。

同时有

$$A = W_i = \gamma_{lg}\cos\theta \tag{5-30}$$

$$S = \gamma_{lg}(\cos\theta - 1) \tag{5-31}$$

以 Young 方程的接触角为判据，若为全铺展润湿情况，$\theta \rightarrow 0°$

则有

$$W_a = W_{sl} = 2\gamma_{lg} \tag{5-32}$$

参照式(5-3)，得

$$W_a = W_{sl} = W_c$$

同时有

$$A = W_i = \gamma_{lg}$$

$$S \rightarrow 0$$

上式表明：液体在固体表面完全铺展时，液体对固体的黏附功等于液体的内聚能。处于全铺展状态时，固液分子之间的吸引力等于液体分子间的吸引力，其浸湿过程仅需克服液体分子之间的作用力，液体浸湿这样的表面相当于液体的流动。如何设计一个这样的固体表面，实现液体的全铺展呢？可以设想，倘若在固体表面诱导形成一层相同的液体分子，即在固体表面上形成一个由固体体相分子衍变到液体分子的过渡层，就有可能获得全铺展的超亲液表面。

5.4.2 TiO_2 薄膜光诱导超亲水表面

1997 年，R. Wang 等在 Nature 上报道了 TiO_2 表面具有光诱导超亲水特性，即在紫外光照射下，水与 TiO_2 表面的接触角由初始的数十度逐渐减小，最后达到或接近零度，呈超亲水状态；停止紫外光照射，接触角又逐步升高，倘若再经照射又会变成超亲水状态，如图 5-12 所示。

纳米 TiO_2 薄膜自身的高表面活性和高表面能使其本身具有良好的亲水性。同时因纳米 TiO_2 的高表面活性，容易吸附环境中的低表面能物质，以降低其表面能，故在通常状态下，TiO_2 薄膜的表面虽易被水这类液体润湿且接触角较小，但不能使接触角为零。紫外光照射诱导的超亲水性一般认为与其光催化特性有关。

(1) 纳米 TiO_2 的催化作用

① 纳米 TiO_2 薄膜，在紫外光照射前，因其表面活性吸附环境中的各种有机物、气体(H_2O，O_2，CO_2……) 使表面能降低，不显示超亲水性。

② 在紫外照射下，TiO_2 晶粒因吸收紫外光，紫外光的光子能量大于 TiO_2 禁带宽度，

产生光电子和空穴，它们都能在颗粒表面引起一系列的光化学反应：

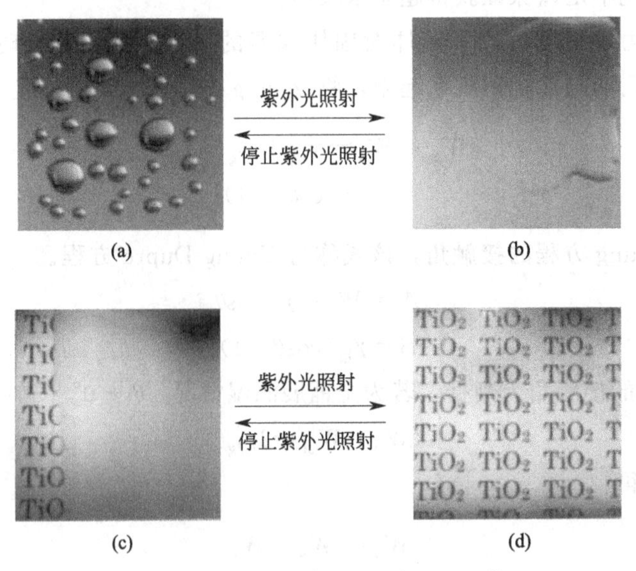

图 5-12　紫外光诱导超亲水 TiO_2 膜

$$TiO_2 + h\nu(E \geqslant E_g) \longrightarrow h^+ + e^-$$

（2）迁移到粒子表面的电子被吸附于 TiO_2 表面上的 O 或 Ti^{4+} 俘获（不可能向外界逃逸，以保持电中性）

$$e^- + O_2 \longrightarrow \cdot O_2^-\text{（自由基）}$$

$$\cdot O_2^- + H^+ \longrightarrow HO_2\cdot$$

$$2HO_2\cdot \longrightarrow O_2 + H_2O_2$$

$$H_2O_2 + \cdot O_2^- \longrightarrow \cdot OH + OH^- + O_2$$

$$e^- + Ti^{4+} \longrightarrow Ti^{3+}$$

表面上产生 $\cdot OH$ 自由基有极强的获得电子的能力，促进光催化氧化反应进行。

（3）h^+（空穴）通常被吸附在 TiO_2 表面的 OH^-、H_2O、桥氧俘获，也生成具有强氧化性的羟基自由基

$$OH^- + h^+ \longrightarrow \cdot OH$$

$$HO_2\cdot + h^+ \longrightarrow \cdot OH + H^+$$

$$4h^+ + O_2^{2-} \longrightarrow O_2\uparrow$$

羟基自由基具有极强的氧化能力，且无选择性，能氧化分解所吸附的多数有机污染物。同时，h^+ 与表面桥氧反应生成氧空位。空气中 H_2O 被氧空位吸附，进一步形成羟基负离子

$$H_2O \longrightarrow OH^- + H^+$$

H^+ 进一步与尚存的桥氧发生反应，形成更多的羟基（负离子）

$$2H^{+}+O_2^{2-} \longrightarrow 2 \cdot OH$$

表面桥氧浓度越高，产生的羟基越多，越有利于光催化氧化，有利于吸附 H_2O 成 H_2O 膜。在紫外光照条件下，TiO_2 膜表面实际上是通过 OH^- 吸附 H_2O 的。这种表面与水滴间的引力均是 H_2O 与 H_2O 之间的作用力，或者说 TiO_2 表面与 H_2O 之间没有明显的“界面”，失去了界面的含义，TiO_2/水界面被完全模糊了，这种 TiO_2/H_2O 界面可视为 H_2O/H_2O 界面，呈现超亲水效应。当没有紫外光照后 TiO_2 不具催化活性，各种污染物又产生实际的吸附，因而失去超亲水特性。

6 固体表界面

6.1 固体的表面特性

固体表面与液体表面各有其独特的物理与化学特征。不受干扰的大面积静止液体的表面总是水平如镜，这是因为液体的分子一方面可以自由流动，另一方面又受到液体内部分子的引力作用而自然排列成光滑的镜面。因为表面张力的影响，悬浮在空中的小液滴呈球形或近似球形。相对于液体表面，固体表面的特性复杂得多。固体一般均有结晶的趋势，固体分子不会像液体分子那样自由流动。固体的晶态除了本体相晶态之外，还有许多性能不同的表面晶态。同种固体物质，制备条件或加工条件不同，也会有不同的表面性质。

6.1.1 固体表面的不均一性

固体表面存在着几何不均一性。从宏观上看是很光滑的固体表面，从原子的微观水平上看，固体表面是凹凸不平的。固体不但有结晶趋势，还有不同程度的结晶，以金属材料和无机非金属材料的结晶最为明显，大部分高分子材料也有结晶结构。晶体表面因结晶不规整而有晶格缺陷、空位、位错等现象，这就导致固体表面的不均一性。

固体表面的表面能也具有不均一性，不同的表面位置，表面能可能相差很大，表面的吸附性能和催化活性也不尽相同。固体表面几乎总是被外来物质所污染，或者说总是吸附着外来物质，很难得到真正洁净的表面。这些吸附物质不仅影响着表面的化学性质，对表面摩擦、黏附或机械加工等机械物理性能也有影响。这些被吸附的外来原子或分子，在表面不同的位置上有不同的聚集状态，形成有序的或大多数是无规则的排列，这些都成为影响表面均一性的因素。实际上，在地球大气下的固体表面只是和气相接触并紧贴于纯固体上的过渡层而已。此过渡层是化学成分和聚集结构逐渐变化的表层，在不同层次的表层里，固体与气体的组成结构不同，而且在整个过渡层的表面上也是不均匀的。所以，严格地说固体表面只是一层被污染了的过渡层。

6.1.2 表面粗糙度

固体表面多是粗糙而非光滑的。有的固体在结晶时发生位错、裂纹与缺陷；有的固体在熔融冷却时表面发生凝固的收缩面呈现不均匀形态；有的固体表面与空气发生化学反应或吸附污染物质；更常见的是固体在生产和加工中形成的粗糙痕迹。基于以上原因，固体表面都普遍存在一定程度的粗糙度，几乎不存在原子级别的绝对光滑的表面。固体表面的形貌是固体表面的特征之一。

粗糙度可定义为：固体表面的微观不平度的定量尺度。粗糙度 R 可以表示为

$$R=\frac{\text{真实表面积}}{\text{几何表面积}} \tag{6-1}$$

固体表面粗糙度的定量表示有多种方法，如图 6-1 所示，xy 表示实际表面轮廓，AB 则是固体为绝对光滑时的相同体积的假想固体表面。用探针测量实际表面上不同点离开 AB 面的距离为h_i，就可以从式（6-2）求出平均高度 R_a。实际应用中，粗糙度也可使用表面轮廓的平均峰谷高度 R_a 来表示。

$$R_a=\frac{1}{n}\sum_{i=1}^{n}h_i \tag{6-2}$$

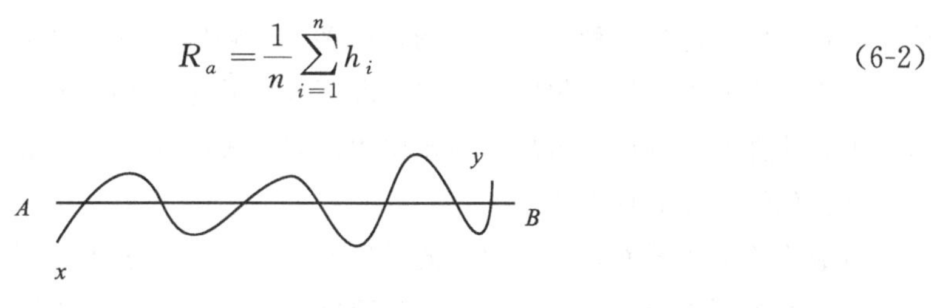

图 6-1 固体表面的切面轮廓示意图

6.1.3 固体表面的吸附性

固体表面的另一个显著特性是具有吸附其它物质的能力。固体表面因质点排列的周期重复性中断，使处于表面边界上的质点力场对称性破坏，表现出剩余的键力，称之为固体表面张力。非均一性固体表面的分子或原子具有剩余的力场，当气体分子趋近固体表面时，受到固体表面分子或原子的吸引，被拉到表面，在固体表面富集。这种吸附仅限于固体表面与固体孔隙中的内表面。如果被吸附物质深入到固体体相中，则称为吸收。吸附与吸收往往同时发生，很难区分。

根据吸附的本质，可将固体表面的吸附作用分为物理吸附和化学吸附。物理吸附的作用力是范德华力，因此物理吸附层可看作蒸气冷凝形成的液膜，物理吸附热的数值与液化热相似，一般在 40kJ/mol 以下。在化学吸附中，作用力与化合物中形成化学键的力相似，这种力比范德华力大很多，化学吸附热也与化学反应热相似，一般在 80～400kJ/mol。因为范德华力存在于任何分子之间，因此物理吸附没有选择性，只要条件合适，任何固体皆可吸附任何气体，吸附多少因吸附剂和吸附质种类不同而异。反之，化学吸附只有在特定的固气体系之间才能发生，有选择性。物理吸附的速度一般较快，而化学吸附像化学反应那样需要一定活化能，所以速度较慢。化学吸附时，固体表面与吸附质之间要形成化学键，所以化学吸附

总是单分子层的，而物理吸附可以是多分子层的。物理吸附的同时往往伴随着脱附，是可逆的。

6.2 固体在溶液中的吸附特性、吸附量和吸附等温线

前面讨论的“液体对固体的润湿”，模糊了两个问题：①没有特指液体是纯物质的液体，还是溶液；②没有详细考虑固液界面处物种的分布。而实际固体表面的润湿更为复杂。

6.2.1 固体在溶液中吸附的复杂性

总体来说，固体自溶液中吸附取决于各种物质间相互作用的竞争。在仅有一种溶剂和一种溶质的情况，其相互作用至少有三种：溶剂-吸附剂的相互作用、溶质-吸附剂的相互作用、溶剂-溶质的相互作用，这是最简单的体系。若体系中多一种溶剂，相互作用有六种，若不考虑两溶剂间的相互作用，还剩五种，但必须考虑两种溶剂同时对溶质的作用，所以物质间的相互作用还是六种。体系中物种越多，影响因素就越复杂。

应用吸附原理的领域很宽，许多情况下人们希望一种吸附剂对单一物质形成有效吸附，即吸附有选择性，例如，若想从海水中提取某一种物质，就只能借助于特殊吸附剂，这也是目前材料化学发展的热点之一。

就最简单的体系而言，如果溶质被溶剂简单地带到固体表面，即固体表面吸附的溶质和溶剂的比例等同于溶液本体。但这是不可能的，体系中不同物质之间的相互作用是不同的。

固液界面溶液吸附层浓度大于溶液本体浓度时，对溶质为正吸附；对溶剂为负吸附。固液界面溶液吸附层浓度小于溶液本体浓度时，对溶质为负吸附；对溶剂为正吸附。

6.2.2 固体自溶液中吸附的吸附量

固体对溶液的吸附要比对气体的吸附复杂。溶液至少由溶剂和溶质构成，两者都可能吸附到固体表面，但吸附量很可能不同。吸附量定义为，在一定温度下，达到吸附平衡时，单位质量吸附剂吸附溶质的物质的量。在不考虑对溶剂吸附量的情况下，又称为表观吸附量或表面过剩量。

$$\Gamma=\frac{x}{m}=\frac{(c_0-c)V}{m} \tag{6-3}$$

式中，Γ 为表观吸附量，mol/kg；m 为吸附剂的质量，g；c_0 为溶液初始浓度，mol/L；c 为达到吸附平衡后溶液的浓度，mol/L；V 为溶液体积，L。

6.2.3 液相双组分在固体表面的复合吸附等温线

任何由两种互溶的液体构成的液相，可将其中一种液体看成溶剂，另一种液体看成溶质。若将两种液体标注为 1、2，设吸附前两种液体物质的量分别为 n_1^0、n_2^0，则溶液总物质的量为：$n^0=n_1^0+n_2^0$；两物质的摩尔分数为 x_1^0、x_2^0，则有：$x_1^0+x_2^0=1$。

达到吸附平衡后，溶液本体中两物质的摩尔分数分别为 x_1 和 x_2，在单位质量吸附剂上两物质吸附的物质的量分别为 n_1^s 和 n_2^s，则可以导出固体吸附的表面过剩量

$$\Gamma=\frac{n^0 \Delta x_2}{m}=n_2^s x_1-n_1^s x_2 \tag{6-4}$$

因为上式同时考虑了对两种物质的吸附，若作 $\frac{n^0 \Delta x_2}{m} \sim x_2$ 关系图，即得复合吸附等温线。

复合吸附等温线有三种类型。

（1）U 形复合吸附等温线

勃姆石（又称软水铝石）γ-AlOOH 自苯-环己烷中对苯的吸附，如图 6-2 所示，表现为对苯完全正吸附。

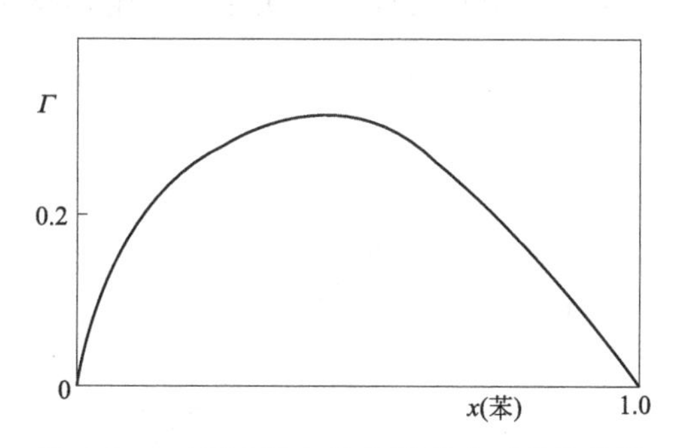

图 6-2　γ-AlOOH 自苯-环己烷中对苯的吸附

木炭自氯仿-四氯化碳中对氯仿的吸附，如图 6-3 所示，表现为对氯仿的负吸附。

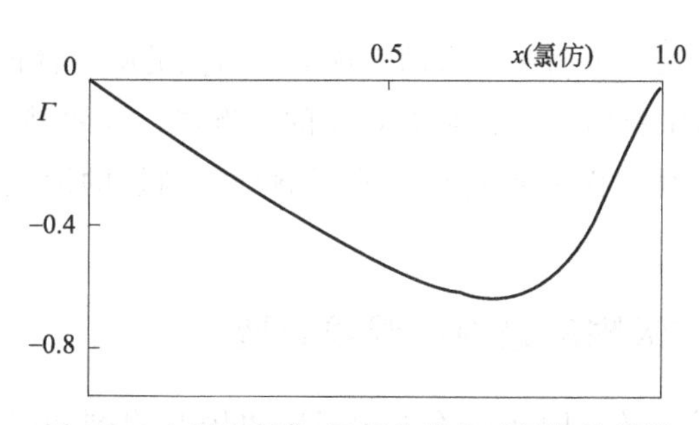

图 6-3　木炭自氯仿-四氯化碳中对氯仿的吸附

（2）S 形复合吸附等温线

活性炭自甲醇-苯中对甲醇的吸附特性如图 6-4 所示。

（3）直线形复合吸附等温线

微孔吸附剂自二元溶液中的吸附等温线呈线性特性。当吸附剂的微孔不允许二元溶液中某一组分进入时，其吸附等温线为线性的。此时，$n_1^s=0$，式（6-4）变为

$$\frac{n^0 \Delta x_2}{m}=n_2^s x_1=n_2^s(1-x_2)=n_2^s-n_2^s x_2 \tag{6-5}$$

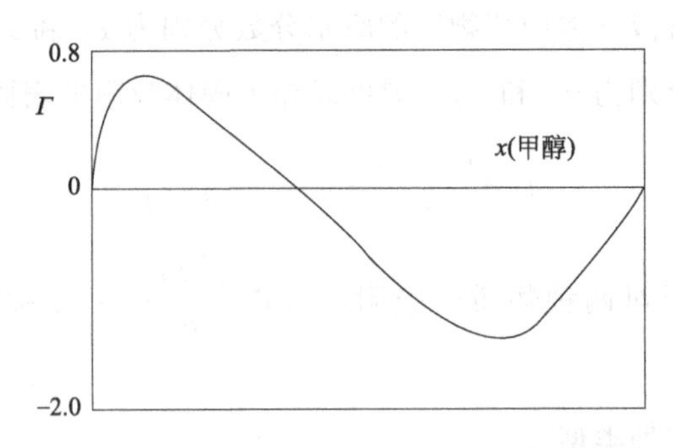

图 6-4　活性炭自甲醇-苯中对甲醇的吸附

作$\dfrac{n^0\Delta x_2}{m}\sim x_2$关系图，则得一直线。例如，5A 分子筛的孔径为 0.5nm，而苯分子的临界直径为 0.65nm，若以 5A 分子筛对正己烷-苯二元溶液吸附，吸附等温线如图 6-5 所示。

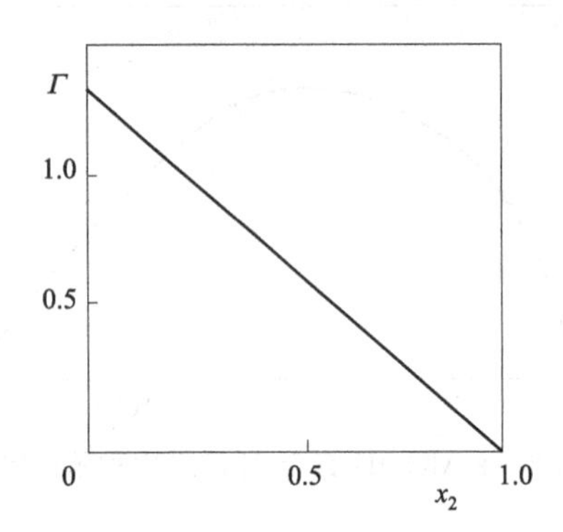

图 6-5　5A 分子筛对正己烷-苯二元溶液的吸附等温线

研究吸附剂对二元溶液的吸附不仅有助于优化吸附剂的吸附性能，而且对深入探讨混合溶剂中，尤其在非水介质中材料的制备是有意义的。例如，在水热/溶剂热法纳米材料的制备体系中，混合溶剂对材料表面的吸附也可能影响材料构筑的形貌，这有待于更为深入的研究。

6.2.4　固体自溶液中吸附的吸附等温线类型

与固气界面上的吸附一样，固体自溶液中吸附也因吸附剂和吸附质之间的相互作用强弱，有物理吸附和化学吸附之分、可逆吸附与不可逆吸附之分，其吸附机理、吸附类型更为复杂。

经典吸附类型，大致可分为四大类，如图 6-6 所示。

· L 类：符合 Langmuir 等温线，L1→L4，与固-气界面吸附的Ⅰ、Ⅱ、Ⅳ型类似，是最常见的等温线形式。一般出现于下述两种情况之一：

① 已吸附的分子呈水平排列；

② 若已吸附的分子呈垂直排列，则吸附质分子几乎不与溶剂发生竞争吸附。

· S 类：与固-气界面吸附的Ⅲ、Ⅴ相类似。其特点是在低浓度时吸附的溶质越多，溶质就越易吸附（吸附速率加快）；表明已吸附在吸附剂表面的吸附质分子促进了吸附，又称协同吸附。此种情况要求的条件如下：

① 吸附质分子内只有一个官能团；

② 分子间作用力适中，吸附层内的分子垂直排列紧密填充；

③ 溶剂分子对吸附剂强烈吸附，与吸附质发生竞争。即吸附质一旦挤掉已吸附的溶剂分子，随后的吸附质立即插队。

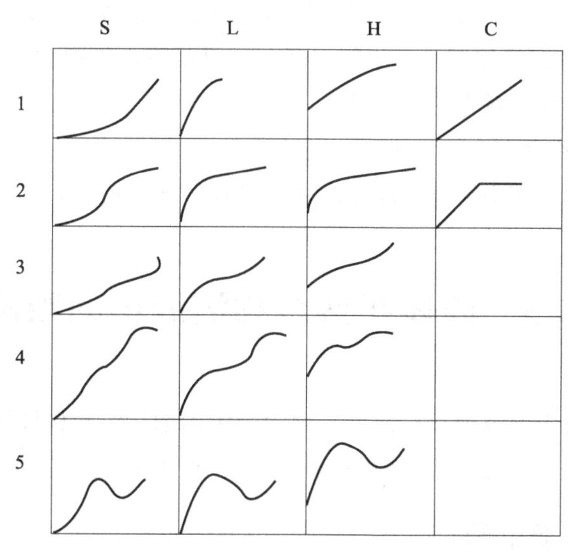

图 6-6　固体自溶液中吸附的各种吸附等温线类型

·H 类：是 L 型等温线的一种特例，为高亲和力类型的等温线，在极低吸附质浓度下即发生非常强烈的吸附，直至吸附质几乎完全被吸附。

常见于高分子吸附；离子型表面活性剂在极性表面的吸附。

·C 类：常见于微孔固体在溶液中的吸附。

6.2.5　影响固体自溶液中吸附的诸多因素

（1）溶质溶解度的影响

在一定温度下，固体自溶液中的吸附取决于吸附剂-溶剂、吸附剂-溶质、溶质-溶剂亲和力的竞争。在其它条件相同或相近的情况下，如吸附剂与溶剂相互作用相当，溶解度越小的溶质越容易被吸附（一般溶解度小的溶质处在饱和或过饱和状态，应呈极小的分子、离子团簇形式，团簇与吸附剂间的相互作用可能更为强烈）。

例：苯甲酸在四氯化碳、苯、乙醇中的溶解度分别为：$4.2g/cm^3$、$12.23g/cm^3$、$36.9g/cm^3$，硅胶在三种溶液中吸附苯甲酸量的次序从大到小为：四氯化碳、苯、乙醇。

在实体模板法制备核壳材料、粉体改性等实例中，异相成核也属于此类情况。

（2）温度的影响

固体自溶液中吸附是放热过程，故升高温度对吸附不利，但对溶质的溶解有利，总结果是在一定温度范围内升高温度，吸附量增加。例如，用活性炭作为吸附剂的吸附多在 50℃左右。

（3）吸附剂、溶质、溶剂的性质和相互作用

吸附现象一般也遵从相似相吸的基本规则：极性吸附剂易于吸附极性溶质，非极性吸附

剂易于吸附非极性溶质。参考前面溶解度的影响因素，可以得出一个基本规律：极性吸附剂在非极性溶剂中更易于吸附极性溶质；非极性吸附剂在极性溶剂中更易于吸附非极性溶质。

(4) 吸附剂的孔径结构

在暂不考虑吸附剂的其它性能的情况下，有必要强调的一点是：吸附剂在溶液中的吸附并不依赖于其比表面积，而是和吸附剂的孔径大小有关。这与气固界面的吸附是不同的。这也是在不同应用领域中设计与制备吸附剂的技术关键。在溶液中所用的吸附剂多为中孔/大孔的，用于特殊吸附-分离的领域，如生物（蛋白、氨基酸、生物 DNA）分离技术中，需要专门设计孔径可控的介孔材料作为吸附剂。

(5) 界面张力的影响

吸附是界面现象，界面张力越低的物质越容易在界面上被吸附。

6.3 固体在聚合物溶液中的吸附

固体在聚合物溶液中的吸附存在两大类型的吸附问题：①在极性溶剂中的吸附，尤其是在水溶液中的吸附；②在非极性溶剂中的吸附。前一种吸附更为普遍。

6.3.1 聚合物吸附质的特点

在水溶液体系中，聚合物吸附质的主要类型为水溶性聚合物、疏水改性的聚合物（如，接枝改性）、两亲聚合物、缩合物的大分子等。聚合物吸附质的高分子并不是严格意义上的聚合度很大的高分子，如橡胶、合成树脂等。

6.3.2 聚合物在吸附剂表面的形态

溶液中大分子在固体表面的吸附形态见图 6-7，具体如下所述。

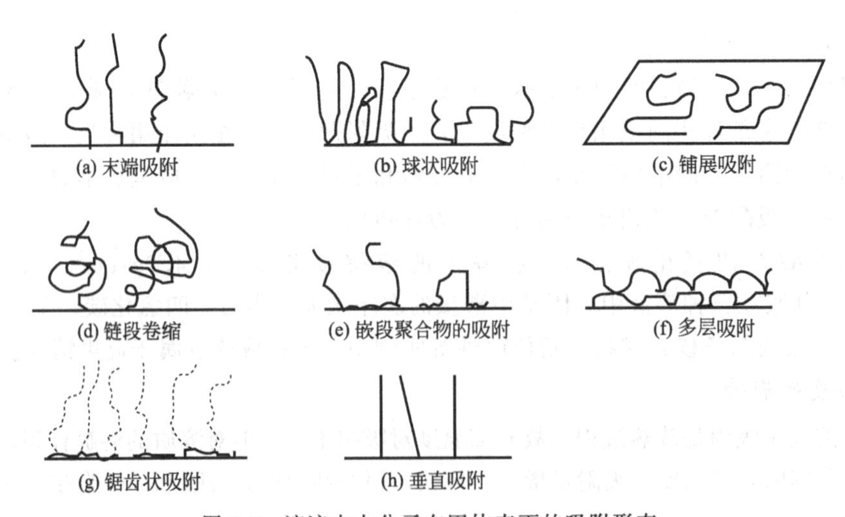

图 6-7　溶液中大分子在固体表面的吸附形态

(a) 末端吸附，用自由基聚合法的末端基往往有硫酸根、羟基等；

(b) 环状吸附，均聚物、聚合物中引入少量极性基的聚合较常见；

(c) 平躺（铺展）吸附，水溶性高分子均聚物的吸附；

(d) 球状吸附亲水改性的聚合物或微相分离疏水链段卷缩的情况；

(e) 嵌段聚合物的吸附；

(f) 多层吸附，C 的复层吸附；

(g) 接枝聚合物锯齿状吸附；

(h) 刚硬聚合物的垂直吸附。

6.3.3 聚合物吸附的特征

① 吸附亲和力大，吸附等温线属 H 形，表观上属 Langmuir 等温线。最初是平躺，随浓度增加，发生吸附位竞争，按平躺→小环、尾→大环、尾趋势发展，使吸附层变厚，直达一定值。吸附等温线型也由 H1→H4。

② 在不良溶剂中吸附量随分子量的增大而增加，在良溶剂中吸附量和分子量的关系不大。

③ 受温度影响很小。

④ 稀释溶剂不能使已吸附的分子有效解吸，但可被其它溶质置换，如低分子量的溶质或其它更易被吸附的高分子。

材料准备时的洗涤问题：在遇到使用表面活性剂和聚合物的情况下，不能理想地认为多洗几遍就能解决问题了，甚至在更换相近溶剂时也不能相信“完全地”洗掉了。

⑤ 吸附量随溶剂的溶解能力的下降而增加（前已述及，溶解度降低易吸附）。

⑥ 聚合物的吸附速度比低分子化合物慢。

6.3.4 吸附等温式

将气固界面的吸附等温式应用于溶液中的液固界面的吸附是可行的，可得到 Langmuir 一般式：

$$\theta=\frac{W}{W_S}=\frac{(Kc)^n}{[1+(Kc)^n]^{m/n}} \tag{6-6}$$

式中，W_S 为饱和吸附量；W 为单位质量吸附剂吸附量；θ 为被吸附分子在吸附剂表面的覆盖度；K 为 Langmuir 吸附平衡常数；c 为吸附平衡时溶液本体的浓度；m、n 为表征表面不均匀的常数，$n>0$，$m\leqslant 1$。

对聚合物吸附模型作简化处理时，同时考虑了聚合物、溶剂的吸附和解吸，假定聚合物分子吸附时有 ν 个链节直接与吸附剂表面接触，达到吸附平衡时则符合如下吸附平衡式：

$$\frac{\theta}{\nu(1-\theta)^{\nu}}=Kc \tag{6-7}$$

以上两式中若 $m=n=1$，$\nu=1$，两式均还原为均匀表面吸附的 Langmuir 式。

6.3.5 水溶性聚合物对材料表面改性

大分子化合物在固液界面的吸附在分散体系的稳定和絮凝作用中有广泛的应用，如对无机颗粒的分散和絮凝、高分子微球的保护、借助于聚合物吸附作用的无机物-无机物的表面改性、层层（Lay-by-Lay）量子点组装等。以聚电解质为吸附质，交替改变吸附层荷电性质可以增加复合体系稳定性。

6.4 表面活性剂在固液界面上的吸附

表面活性剂在固体表面的吸附在工业领域得到广泛应用。表面活性剂的吸附性能主要由两种因素决定：①表面活性剂和表面的相互作用；②表面活性剂的疏水性，即疏水作用。

6.4.1 吸附量

在分散体系中，测定表面活性剂的吸附性能通常是将固体吸附剂加于表面活性剂溶液中，达到吸附平衡后，分离固体后测量表面活性剂的浓度。其吸附量亦符合前述关系式（6-3）

$$\Gamma=\frac{x}{m}=\frac{(c_0-c)V}{m}$$

因表面活性剂溶液一般都是稀溶液，表观吸附量可近似看成真实吸附量。

宏观表面的表面活性剂的吸附可以通过椭圆偏振法测定。其测定原理为：椭圆偏振光在表面发生反射，可以测出偏振的变化，且变化主要依赖于表面吸附的分子，因此可以检测和测量表面活性剂的吸附量。椭圆偏光法的探测极限是 $0.1\mathrm{mg/m^2}$，这表示单层覆盖率的吸附可以被探测到，该方法可以用于测量吸附层的厚度和吸附层的折射率。

6.4.2 吸附等温线

如前所述，固体在溶液中的吸附比较复杂，是吸附剂、溶剂、吸附质间的相互作用的竞争反映。在不考虑环境因素（如温度）时，以仅含一种溶剂和一种溶质的最简体系为例，其相互作用至少有三个：溶剂-吸附剂的相互作用、溶质-吸附剂的相互作用、溶剂-溶质的相互作用。对表面活性剂的吸附而言，溶质-吸附剂的相互作用又可细分为：吸附剂-表面活性剂疏水基的相互作用和吸附剂-表面活性剂亲水基的相互作用；溶剂-溶质的相互作用也可细分为：溶剂-表面活性剂疏水基的相互作用和溶剂-表面活性剂亲水基的相互作用。其吸附等温线的形状则是这些相互作用竞争结果的直观表现。表面活性剂在固液界面的吸附等温线类型见示意图 6-8。

（1）S 型吸附等温线

如果吸附剂-表面活性剂疏水基的相互作用较强，表面活性剂在吸附剂表面平躺着至铺满。进一步提高表面活性剂浓度，吸附量增加缓慢，直到表面活性剂浓度较高时，吸附剂表面的表面活性剂分子姿态依“平躺→半卧→直立”顺序而变，吸附量才迅速增大，其吸附等温线呈形，如炭黑自庚烷中对正癸醇的吸附。

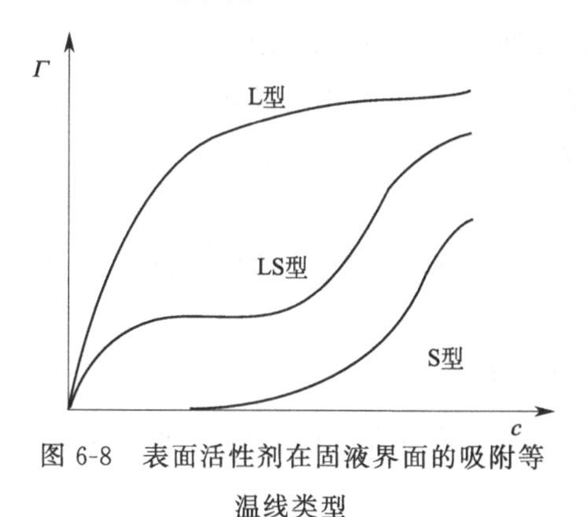

图 6-8　表面活性剂在固液界面的吸附等温线类型

如果吸附剂和溶剂间的相互作用较强，在表面活性剂浓度较小时，其在吸附剂上的吸附较难与溶剂竞争，直到其吸附量达到一定程度后才发生协同作用，促使吸附量迅速加大，其吸附等温线也为 S 型，如硅胶在水中对某些非离子型表面活性剂（如 TX-100）的吸附。

（2）L 型吸附等温线

如果吸附剂和溶剂间的相互作用远小于吸附剂和表面活性剂亲水基的相互作用，且与表面活性剂的疏水基相互作用不大的情况下，低表面活性剂浓度时，其被吸附在吸附剂表面，表面活性剂的疏水基可以在吸附剂表面平躺、或半卧、或直立，吸附量与浓度呈线性关系。表面活性剂增大到一定浓度，疏水基排列的自由度降低，允许更多的分子进入吸附位，此时吸附等温线出现曲线型转折。而后，吸附位的减少、疏水基的密排使吸附量增加缓慢。吸附等温线呈 L 型。多数无机物颗粒对表面活性剂的吸附属于这种情况，如，SDS @$BaSO_4$、OP-8（5）@$CaCO_3$ 等。如果吸附剂的吸附位是高亲和力的，还将会呈现图 6-6 中的 H 型等温线。

（3）LS 型吸附等温线

当表面活性剂在固体表面的吸附达到或接近饱和单分子层吸附时，再继续增加表面活性剂的浓度至大于 CMC 值，就有可能出现第二层吸附或者半胶束状态的吸附，吸附等温线再一次出现转折上升，直至逐步达到表面活性剂的双层有序排列，即再经一次转折，至饱和。整个吸附等温线相当于 L 型和 S 型的叠加。

实际上，有些情况还要复杂得多，当吸附剂仅以微弱的范德华力与表面活性剂发生相互作用，产生很弱的吸附，则不足以对抗表面活性剂分子间形成胶束的作用，已经吸附在固体表面的分子参与形成胶束而解吸，直至形成胶束吸附，吸附等温线有可能呈现为图 6-6 中的 L5 或 S5 的形状。

必须指出，发生多层吸附的等温线并非一定呈 LS 型。当表面活性剂疏水基疏水作用较强（尤其堆积参数 $R \to 1$）的时候，在表面活性剂浓度较高的情况下，第一层吸附的同时有可能立即进行第二层的排列，致使 LS 型的两个平台发生重叠，表观上仍然是 L 型或 S 型（此时，吸附等温线的平台要高）。

6.4.3　吸附剂的表面性质和吸附力

在提及吸附剂表面性质的时候，很容易想到以往公认的三种类型。

(1) 基本上为非极性或称疏水的表面

此类吸附剂材料中有代表性的为非极性合成树脂。

① 吸附力：色散力，在水溶液中吸附作用显著。

② 被吸附分子取向：疏水部分朝向吸附剂表面。

③ 对表面活性剂的吸附特点：亲水头取向于水中，烷基链由平躺→半卧→直立；表面活性剂浓度接近或达到 CMC 值时吸附量接近或达到饱和，一般不出现第二层；吸附等温线多属于 S 型（S1、S2 型）。

(2) 极性的但不具有明显离散电荷的表面

此类吸附剂材料中有代表性的为天然纤维（如棉花等）、合成高分子材料（如聚酯、聚酰胺、聚丙烯酸酯等）。

① 吸附力：色散力、偶极相互作用、氢键、某些酸碱相互作用。

② 被吸附分子取向：取决于吸附剂的极性大小，即吸附作用力是以色散力为主还是以其它力为主。在水溶液中，还与表面活性剂的 HLB 值有关。被吸附分子取向是复杂的相互作用竞争的体现。

③ 对表面活性剂的吸附特点：亲水基吸附于表面，吸附等温线的类型可能出现 S 型、L 型，也有可能出现 S1～S5、L1～L5 的各种 L、S 型。受外因条件影响较大，如 pH 值、离子强度、有无共溶剂等，这些条件发生微小变化，被吸附分子取向将改变方向。

(3) 具有离散电荷的表面

此类吸附剂材料包括：几乎所有的无机氧化物、应用于吸附分离技术的盐类（含氧酸盐和卤化物、硫化物等）、应用于吸附分离技术的合成树脂（如离子交换树脂）、高分子乳液、蛋白质等。

① 吸附力：静电力及各种可能的相互作用的组合。

② 被吸附分子取向和吸附作用机理：首先满足静电相互作用（包括三个阶段）。发生在 Stern 层。

· 初期阶段：离子交换，吸附剂表面反离子被表面活性剂分子取代，即上去一个下来一个。

· 第二阶段：离子配对吸附，表面活性剂与表面电荷配对，即只上不下。表面电荷减少，ζ 电位→0。

· 最后阶段：复层吸附，电荷翻转。

实际上，复层吸附在第二阶段就可以发生。

③ 吸附等温线：离子型表面活性剂的吸附等温线为 H 型。

④ 电解质浓度、pH 值的影响如下。

· 电解质浓度较高时，固体荷电表面的反离子高度束缚，双电层厚度缩小（约几纳米），表面活性剂分子与荷电表面的反离子的离子交换是唯一机理。吸附等温线几乎呈线性关系——C 型。

· 高价阳离子会增加阴离子表面活性剂在负电荷表面的吸附，产生“架桥”现象（鹊桥现象），形成较强的“表面-表面活性剂”相互作用。

· pH 值可影响氧化物表面的弱酸碱反应，进而影响其吸附作用；对 pH 值更为敏感的是带有弱酸碱基团的吸附剂表面，如纤维素、蛋白质、聚丙烯酸（酯）的表面。

6.4.4 吸附等温式

6.4.4.1 Evertt-Langmuir 吸附等温式

基于不同吸附模型，研究建立了多种溶液体系下的固体吸附等温式。早期有 Evertt 等导出的 Evertt-Langmuir 吸附等温式，和 Langmuir 处理固气界面吸附的方法类似，假定了一个理想体系：吸附是单分子层的；吸附剂表面是均匀的；溶剂分子和溶质分子在固液界面上占有相同的面积；溶液和吸附层都是理想的。于是得出如下吸附等温式：

$$\Gamma=\frac{\Gamma_m kc}{1+kc} \tag{6-8}$$

式中，Γ 为吸附量；Γ_m 为饱和吸附量；c 为达到吸附平衡时溶液中表面活性剂的浓度。

6.4.4.2 通用吸附等温式

1989 年我国化学家朱埗瑶等提出了表面活性剂在固液界面的两阶段吸附模型，并以此吸附模型为基础，导出了表面活性剂在固液界面的通用吸附等温式。

$$\Gamma=\frac{\Gamma_m k_1 c(1/n+k_2 c^{n-1})}{1+k_1 c(1+k_2 c^{n-1})} \tag{6-9}$$

式中，Γ 为吸附量；Γ_m 为饱和吸附量；n 为表面胶束聚集数；k_1 为第一阶段的吸附平衡常数；k_2 为第二阶段的吸附平衡常数。

k_1 为固体吸附位吸附表面活性剂分子达到或接近于单分子层吸附时的平衡常数，对应于典型的 LS 型等温线中的第一平台，平衡常数 k_1 可近似表达为：

$$k_1=\frac{\Gamma_1}{\Gamma_s c} \tag{6-10}$$

式中，Γ_1 为第一阶段吸附平衡时的吸附量；Γ_s 为第一阶段吸附平衡时空吸附位数。

第二阶段的吸附平衡，是由单分子层吸附到表面胶束或半胶束形式的吸附平衡，即［（$n-1$）单体＋吸附单体］@表面胶束，其平衡常数 k_2 可近似表达为：

$$k_2=\frac{\Gamma_{sm}}{\Gamma_1 c^{n-1}} \tag{6-11}$$

式中，Γ_{sm} 为表面胶束的吸附量。

通用吸附等温式的解析如下。

· 当 $k_2=0$，$n=1$，即不形成胶束时，式（6-9）简化为：

$$\Gamma=\frac{\Gamma_m k_1 c}{1+k_1 c} \tag{6-12}$$

此式即为 Evertt-Langmuir 吸附等温式，描述了 L 型吸附等温线。

· 当 $k_2\neq0$，而 $n>1$，且 $k_2 c^{n-1}\ll 1/n$ 时，则式（6-9）简化为：

$$\Gamma=\frac{(\Gamma_m/n)k_1 c}{1+k_1 c} \tag{6-13}$$

此式亦为 Langmuir 吸附等温式的形式，不过该式中的 Γ_m/n 相当于式（6-12）中的 Γ_m。该式描述了半胶束吸附且两平台叠加的情况。

· 当 $k_2 \neq 0$，而 $n>1$，且 $k_2c^{n-1} \gg 1/n$ 时，则式（6-9）简化为：

$$\Gamma=\frac{\Gamma_m k_1 k_2 c^n}{1+k_1 k_2 c^n} \tag{6-14}$$

此式可描述 S 型吸附等温线。

· 当 k_1 和 k_2 都足够大时，式（6-9）描述了 LS 型吸附等温线。

由以上几式可看出，当表面活性剂浓度 c 很大的时候，即趋于无穷吸附。这对研究吸附现象已无意义。此时，无穷吸附类似于刷涂，在工业润滑、摩擦、抛光等技术领域中却有着广泛的应用。

6.5 溶液中其它相互作用的吸附

以上所述的固-液界面的吸附现象，其相互作用主要涉及静电力、范德华力、氢键、疏水相互作用。这些吸附大都是可逆的，但也有些吸附现象涉及弱的化学键。化学键普遍强于范德华力，因而提高了吸附的选择性，此类吸附剂在吸附与分离上具有广阔的应用空间。然而，大多数键合作用很弱却又不可逆的。人们致力于寻找选择性高而又可逆的络合吸附。吸附能在 15～20kcal/mol 以下时，吸附是“可逆”的。

在烯烃等具有 π 电子化合物的吸附应用中，过渡金属离子的 d 轨道电子向 π 电子化合物的 π^* 反键轨道提供电子，产生的“d-π^*”络合而引起吸附。因此，将多电子过渡金属的盐负载于沸石、分子筛等载体上，构成络合吸附的活性点，通过“d-π^*”络合吸附 π 电子化合物。

（1）多电子过渡金属的电子层结构和成键特征

以 Ag^+-CH_2═CH_2 的“d-π^*”络合为例

Ag^+ 的电子层：$4d^{10}5s^0$　　4d（$d_{xy}\,d_{xz}\,d_{yz}\,d_{x^2-y^2}\,d_{z^2}$）

CH_2═CH_2 的 π 键的分子轨道：$\pi(2p)^2\pi(2p)^{*0}$

络合成键如下。

① CH_2═CH_2 的 $\pi(2p)^2 \longrightarrow Ag^+$ 的 $5s^0$；

$\pi\ (2p)^2 \rightarrow 5s^0$—称为：σ 给予键

② 同时 CH_2═CH_2 的 $\pi(2p)^{*0}$ 接受 Ag^+ 的 $4d_{yz}$ 轨道电子（吸附剂 Ag^+ 对吸附质 CH_2═CH_2 的电子反馈）；

$\pi(2p)^{*0} \leftarrow 4d_{yz}$—称为：d-$\pi^*$ 反馈键

③ Ag^+ 的 $4d_{z^2}$ 参与 $4d_{yz}$ 轨道上电子再分布。

（2）金属离子对特定结构的 π 电子化合物的选择性

已报道的 π 络合吸附体系，如乙烯/Ag（及卤化物）-沸石、噻吩/Ag-沸石、噻吩/CuCl、

CO/CuCl、苯/(Cu^+、Pd^{2+}、Ag^+、Au^+、Pt^{4+}卤化物）等表现出明显的选择吸附性。

6.6 溶液中界面活性剂在介观尺度下的界面吸附

本节以介孔材料 MCM-41 的合成为例说明表面活性剂对固体表面形成过程的修饰和“模板”作用。MCM-41 的合成方法为典型的水热自组装合成，过程可分为两个阶段：首先利用有机两亲性分子与可聚合无机单体分子或齐聚物（无机源）在高压水热条件下自组装生成无机物和有机物的液晶组织态结构相，此结构相应具有纳米尺寸的晶格常数；其后，采用高温热处理或化学方法去除有机两亲性分子，所留下的空间即构成介孔孔道。合成 MCM-41 所使用的两亲性分子可以是阳离子型、阴离子型以及非离子型表面活性剂，其中最为普遍的是通式为$[C_nH_{2n+1}(CH_3)_3N^+X^-]$的季铵盐型阳离子表面活性剂，式中 $n=8\sim22$，X=Cl、Br，常用的有十六烷基三甲基氯化铵（或溴化铵）、十二烷基三甲基氯化铵（或溴化铵）。选用不同脂肪链长的表面活性剂实现对分子筛孔径的调节已成为 MCM-41 分子筛可控合成的主要特色。无机源的单体或齐聚物可以是在水热条件下聚合成无机陶瓷或玻璃等凝聚态物质的无机分子、金属有机化合物与硅溶胶，常用的有正硅酸乙酯、钛酸丁酯等。

关于 MCM-41 的合成机理，目前仍未有统一的认识，较有代表性的几种观点如下。

（1）液晶模板机理

基于表面活性剂胶束自组装行为，Beck 等提出表面活性剂的自组装液晶可以作为模板来支撑无机陶瓷或玻璃凝聚态材料的生长。如图 6-9 所示，液晶模板可以有两类形成方式：①表面活性剂，如 CTAB，先形成由棒状胶束到六方排列胶束的液晶模板，而无机源分子被吸附、填充在棒状胶束外表面形成的孔隙间，然后在水热条件下聚合固化，形成高度有序的有机-无机杂化纳米复合结构；②表面活性剂首先形成球形胶束，然后加入无机源体，在水热条件下球形胶束向高度有序的有机-无机杂化纳米复合结构发展。水热合成后的高度有序的有机-无机杂化纳米复合结构再经焙烧或化学法去除表面活性剂，即可得到高度有序的介孔材料。

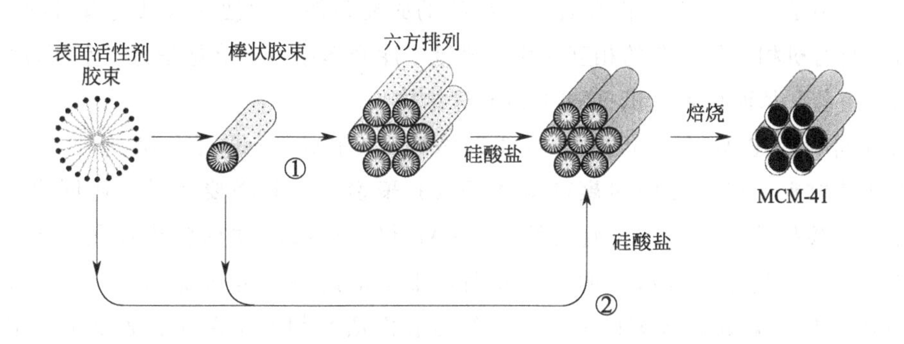

图 6-9 有序介孔材料形成的液晶模板机制

液晶模板理论虽然直观，但过于简单。首先，将表面活性剂堆积的“液晶”视为刚性模板是不恰当的，表面活性剂的堆积参数仅能预示其在特定溶剂（如纯水）中的堆积情况，一旦体系中某一因素（如温度、离子强度等）发生变化，其“液晶”状态将发生变化。其次，形成这种六方排列液晶预示表面活性剂的浓度较大。事实上，小角中子散射实验已证实，在浓度为1%（质量分数）的低浓度和室温条件下，表面活性剂CTAB就可以得到有机-无机的长程有序结构。这一点无法用液晶模板理论解释。

(2) *层状中间相六方相转化理论*

1993年A. Monnier用XRD分析跟踪MCM-41的形成过程，发现在一定条件下，溶液中首先形成的是层状相，然后层状相开始减少并出现六方相，最后完全转变为六方相。由此提出MCM-41形成的三个基本要点。

第一，溶液中三个以上的硅酸离子［$Si(OH)_3O^-$］缩聚形成的多聚硅酸离子（齐聚物）比单个硅酸离子更容易与表面活性剂的阳离子活性头发生相互作用，因此在反应开始时表面活性剂和硅酸盐的有机-无机界面迅速被齐聚物所充满，其数量恰与表面活性剂阳离子活性头的离子电荷相匹配。

第二，界面上硅酸的浓度高于液相中的浓度，且其负电荷被表面活性剂阳离子活性头离子电荷所屏蔽，所以缩聚反应优先发生在界面处。随聚合反应的进行，界面处齐聚物浓度增大，进一步增强界面处与表面活性剂的相互作用。

上述两个过程即为沉积、聚合过程，前者较快后者较慢，因而在MCM-41的初期生长阶段，无机相主要是大量带负电荷的多硅酸齐聚物，与表面活性剂一起形成层状液晶相。

第三，在随后硅酸缩聚的过程中，无机相中硅酸的聚合度逐渐变大，带负电的$\equiv Si-O^-$密度下降。根据电荷匹配原则，也将导致界面处与负电荷相补偿的阳离子密度降低；同时孔壁厚度开始变薄，以保持胶束单胞与无机聚合物的体积比为一常数。这就促使液晶相转变为六方相。这一机理也可参照传统的表面活性剂/水双相体系理论模型，从热力学角度加以解释。

(3) *无机-有机分子协同自组装理论*

实验表明，在硅酸盐不能单独凝聚，且表面活性剂也不能单独形成液晶相结构的情况下，也可以制得MCM-41介孔材料。由此，A. Firouzi提出的协同自组装理论：有序的有机模板阵列并不是生成无机-有机介观有序结构的必要条件，即便在很低的有机导向剂浓度下，无机相与有机相之间复杂的相互作用（氢键、库仑作用力、范德华力、空间位阻等）产生的协同自组装，从而得到无机-有机介观有序结构。

按照协同自组装理论，低表面活性剂浓度（CTAB质量百分数为1%）条件下，MCM-41介孔材料形成过程中多聚硅酸离子（齐聚物）为非必要条件。协同自组装理论认为：在无硅酸盐的情况下，表面活性剂CTAB仅以分散的球形胶束存在，不会形成高度有序的凝聚态。当加入可水解的硅酸盐后，带负电的各种硅酸盐离子，无论是单硅酸离子［$Si(OH)_3O^-$］，还是多聚硅酸离子，都与表面活性剂的阳离子活性头相互作用形成沉淀。

当表面活性剂阳离子活性头电荷被中和和屏蔽，表面活性剂活性头面积（a_0）减小，表面活性剂阳离子活性头之间的排斥能降低。从表面活性剂堆积参数的角度来考虑，活性头面积（a_0）的减小将导致堆积参数（R）的增大，形成无机-有机层状相。这与离子型表面活性剂中加入反电荷离子形成层状相结构的情况一致。

在随后的硅酸盐离子不断聚合的过程中，带负电的≡Si—O$^-$密度下降，表面活性剂阳离子活性头相互排斥作用增强，转而导致表面活性剂阳离子头面积的增大，堆积参数降低，无机-有机层状相逐渐消失，转变成无机-有机六方相。

上述三种 MCM-41 合成机理的先后提出是对事物本质认识的进步，所谓的“软模板”不过是有机两性亲分子和无机物共存的另一种堆砌方式而已，或者称为有机-无机杂化凝胶更为合适。

6.7 固体在电解质溶液中的吸附——离子的吸附

6.7.1 晶体对溶液中离子的吸附

溶液中的晶体，特别是在溶液中生长的晶体，对离子的吸附作用是由表面弛豫现象产生的，以静电作用为主，与组成晶体的相关离子浓度有关。如以硝酸银制备卤化银（AgX），当 X^- 过量时，晶体表面选择吸附 X^- 而带负电；当硝酸银过量，则优先选择吸附 Ag^+ 而带正电，即对晶格结构相同或相近的离子具有选择性。溶液中若有可生成难溶盐的离子或难电离化合物的离子时，它们可在晶体表面优先吸附。离子晶体的延生和附生与晶体表面吸附有关。

6.7.2 离子交换树脂

(1) 吸附-洗脱

电解质可以分子状态在固液界面上吸附，但大多数情况以离子形式被吸附，电解质的吸附主要有两种形式——静电力、树脂负载基团反离子（可交换离子）的交换。故依据树脂负载官能团类型的不同，其离子交换性能有阴阳之分、电荷强弱之分。

① 阳离子树脂

负载官能团：$—SO_3^- \cdot Na^+$ 型，为强酸性阳离子树脂，常用于贮存或交换高价金属离子，如用于软化水去除 Ca^{2+}、Mg^{2+}，废水处理去除 Cr^{3+} 及其它重金属离子。离子交换式如下：

$$(P)—(SO_3^- \cdot Na^+)_2 + Ca^{2+} \longrightarrow (P)—SO_3^- \cdot Ca^{2+} + Na^+$$

用于制备纯水（去离子水）时，需先转变为氢型 $(P)—SO_3^- \cdot H^+$。

强酸性阳离子树脂的载体材料：P(S/DVB)-二乙烯基苯交联苯乙烯共聚物。

负载官能团：—COOH 型，为弱酸性阳离子树脂，常以聚丙烯酸（酯）树脂为载体。

② 阴离子树脂

强碱性阴离子树脂多为季铵盐型，如 $—CH_2—N^+(CH_3)_3 \cdot OH^-$，$—CH_2—N^+(CH_3)_3 \cdot Cl^-$；弱碱性阴离子树脂多为仲铵盐型 $—CH_2—N^+H_2— \cdot Cl^-$，$—CH_2—NH—$（自由基）。

(2) 树脂的孔结构与表面特征

适用于离子交换树脂的高分子微珠，其珠径大小 20～60 目；分形结构-微球（0.01～15μm），球间空隙形成介孔、微孔结构；交联度 5%～20%。交联度的大小取决于要求的机械强度、比表面积。

(3) 离子的交换能力

交换吸附的平衡常数 K 的大小反映了离子交换过程的趋势，有时也用 ΔG 的值来表示交换能力大小。离子交换剂的基本特性称为交换容量或交换能力，通常用 mmol/g 表示。

• $—SO_3^- \cdot Na^+$ 型的交换能力：

不同价态：$Fe^{3+} > Al^{3+} > Ca^{2+} > Na^+$；

同价态：$Tl^+ > Ag^+ > Cs^+ > Rb^+ > K^+ > NH_4^+ > Na^+ > H^+ > Li^+$；

$Ba^{2+} > Pb^{2+} > Sr^{2+} > Ca^{2+} > Ni^{2+} > Cd^{2+} > Cu^{2+} > Zn^{2+} > Mg^{2+} > Mn^{2+}$

• —COOH 型的交换能力：

$$H^+ > Fe^{3+} > Al^{3+} > Ca^{2+} > Mg^{2+} > K^+ > Na^+$$

• 阴离子交换树脂，季铵盐型（强碱性）的交换能力

$$SO_4^{2-} > NO_3^- > Cl^- > OH^- > F^- > HCO_3^- > HSiO_3^-$$

• 阴离子交换树脂（弱碱性）的交换能力

$$OH^- > SO_4^{2-} > NO_3^- > Cl^- > HCO_3^- > HSiO_3^-$$

(4) 洗脱与转型

考虑成本、环保、用途等因素，实际上不需达到交换平衡就应进行再生。制备去离子水，转型采用 HCl；洗脱采用 NaOH。制备软化水或处理废水，转型、洗脱均可用 NaCl。

6.7.3 黏土、沸石和分子筛

(1) 黏土

天然的层状硅铝酸盐（膨润土、蒙脱土、高岭石等)、硅氧四面体和铝氧八面体［(1+1)、(2+1) 型］层间吸附可交换阳离子，具有广泛的应用。因其具有良好的吸水膨胀性，可以用于有机改性，亦可用于插层新材料的制备。

(2) 沸石

沸石，犹如天然的精巧艺术品构筑，首先硅氧四面体和铝氧八面体构成四元环、六元环、八元环、十二元环；再以之构成各种笼（空穴)，如 α 笼、β 笼、γ 笼、立方体笼、六角柱笼、八角柱笼、八面沸石笼；最后，由各种笼构筑完成沸石。

(3) 分子筛

仿照天然沸石合成分子筛，A 型有 α 笼、β 笼，由四棱柱（立方体笼）连接；X 型有 β 笼，由六棱柱（六角柱笼）连接；Y 型为十二元环式大管道结构。

7 高分子材料的表面与界面

7.1 高分子表面张力与表面能

7.1.1 高分子表面张力

(1) 高分子的表面张力

小分子液体表面张力的处理方法同样适用于高分子液体或处于玻璃化转变温度 T_g 以上的高分子熔体。

对于液体，表面张力等于比表面吉布斯函数（表面自由能）：

$$G_s=\gamma=\left(\frac{\delta W_R}{dA}\right)=\left(\frac{dG}{dA}\right)_{T,p} \tag{7-1}$$

单位变换：$J/m^2=N\cdot m/m^2=N/m$。

(2) 高分子表面张力和温度的关系

大多数液体的表面张力随温度的升高而下降，具有一般线性经验关系

$$\gamma=\gamma_0(1-bT) \tag{7-2}$$

式中，b 为温度系数；T 为热力学温度。

此外，还有 Guggenheim 提出的经验式：

$$\gamma=\gamma_0\left(1-\frac{T}{T_c}\right)^n \tag{7-3}$$

式中，T_c 为液体的临界温度；n 为经验常数，对有机液体取值 11/9。

(3) 相变对表面张力的影响

① 高分子晶体的相变

高分子晶体的相变属一级相变，即高分子晶体转化为熔体，此时表面张力变化不连续（突变）如图 7-1 所示。

对一级相变，两相自由能相等，而两相的一级偏微商（表面张力）不相等：

$$(\Delta G_{cm})_{T,p}=G_c-G_m=0 \tag{7-4}$$

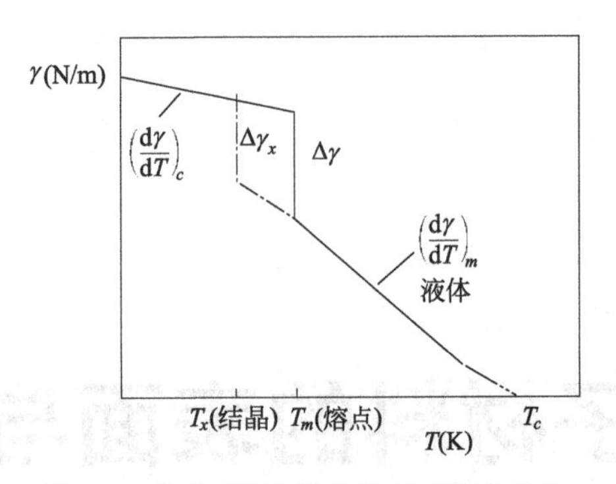

图 7-1 熔化/结晶相变的表面张力变化

$$\left(\frac{\partial \Delta G_{cm}}{\partial A}\right)_{T,p}=\left(\frac{\partial G_c}{\partial A}\right)_{T,p}-\left(\frac{\partial G_m}{\partial A}\right)_{T,p}=\gamma_c-\gamma_m\neq 0 \tag{7-5}$$

二级偏微商（表面张力随温度变化的斜率-温度系数）也不相等。

$$\left(\frac{\partial^2 \Delta G_{cm}}{\partial A \partial T}\right)_p=\left(\frac{\partial \gamma_m}{\partial T}\right)_p-\left(\frac{\partial \gamma_c}{\partial T}\right)_p\neq 0 \tag{7-6}$$

式中，G_c 为结晶体的自由能；G_m 为熔体的自由能；γ_c 为结晶体的表面张力；γ_m 为熔体的表面张力。

② 高分子玻璃态/橡胶态转变

高分子玻璃态/橡胶态的转变属二级相变，此时表面张力不发生突变，如图 7-2 所示。

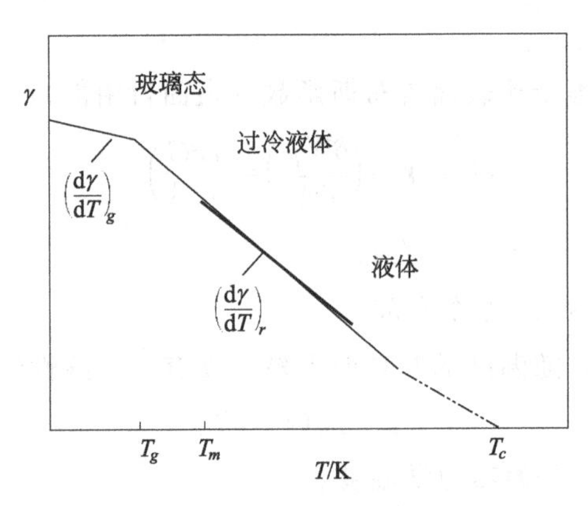

图 7-2 高分子玻璃态/橡胶态转变过程的表面张力变化

高分子由玻璃态向橡胶态转变的自由能变化为：

$$\Delta G_{gr}=G_g-G_r \tag{7-7}$$

因玻璃态的转变为二级相变，故两相自由能相等，两相的一级偏微商（表面张力）也相等，而自由能的二级偏微商（表面张力随温度变化的斜率-温度系数）不相等。

$$(\Delta G_{gr})_{T,p}=0 \tag{7-8}$$

$$\left(\frac{\partial \Delta G_{gr}}{\partial A}\right)_{T,p}=\left(\frac{\partial G_g}{\partial A}\right)_{T,p}-\left(\frac{\partial G_r}{\partial A}\right)_{T,p}=\gamma_g-\gamma_r=0 \tag{7-9}$$

$$\left(\frac{\partial^2 \Delta G_{gr}}{\partial A \partial T}\right)_p=\left(\frac{\partial \gamma_g}{\partial T}\right)_p-\left(\frac{\partial \gamma_r}{\partial T}\right)_p\neq 0 \tag{7-10}$$

(4) 高分子表面张力与分子量的关系

对高分子的玻璃化转变温度、热容、比热、热膨胀系数、折光率等性能（本体性能）的研究表明，这些性质通常与高分子的分子量的倒数呈线性关系：

$$X_B = X_{B,\infty} - \frac{K_B}{M_n} \tag{7-11}$$

式中，X_B 为本体的某一物理性质；$X_{B,\infty}$ 为分子量无穷大时本体的某一物理性质；K_B 为常数；M_n 为数均分子量。

上述的关系对高分子的表面性质不适用。为此不少人为之努力，Dette 和 Johnson 发现 $1/\gamma$ 对 $1/M_n$ 作图呈线性关系，而后 Wu 等提出了涵盖更为普遍的关系式：

$$\frac{1}{\gamma^n} = \frac{1}{\gamma_\infty^n} + K_s \frac{1}{M_n} \tag{7-12}$$

式中，n 为一正常数；K_s 为一正常数，对大部分高聚物取值 8，过氧化物取值 32.67。

用此方程处理正链烷、全氟链烷、聚二甲基硅氧烷（PDMS）、聚异丁二烯（PIB）等实验数据得到很好的直线，如图 7-3～图 7-5 所示。

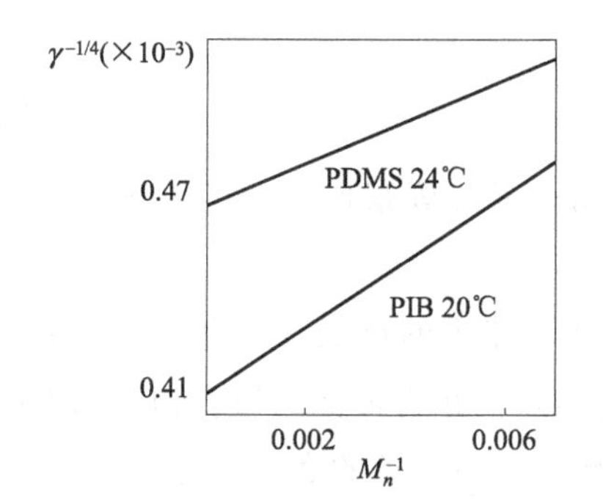

图 7-3 PIB、PDMS 的 $\gamma^{-1/4} \sim M_n^{-1}$ 关系图

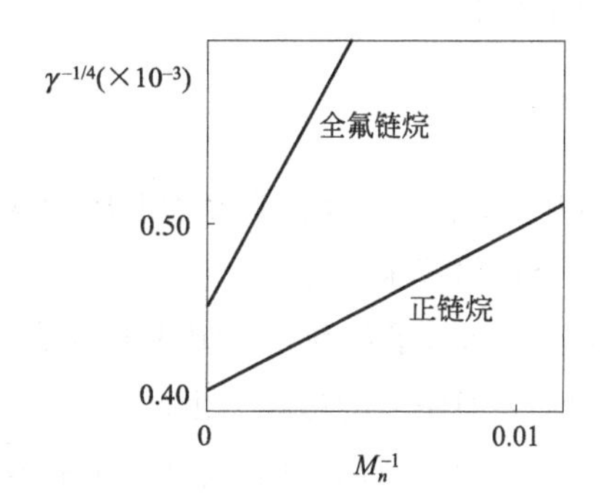

图 7-4 全氟链烷、正链烷的 $\gamma^{-1/4} \sim M_n^{-1}$ 关系图

Legrand 和 Gaines 提出的关系式为：

$$\gamma = \gamma_\infty - \frac{K_e}{M_n^{2/3}} \tag{7-13}$$

用该式同样处理正链烷、全氟链烷、聚二甲基硅氧烷（PDMS）、聚异丁二烯（PIB）实验数据，其结果如图 7-5 所示。

上述这些经验公式都有一定的局限性，因为都不可能全面考虑到高分子结构的多样性，特别是复杂的带有极性基团的聚合物很难准确地表达。一个典型的例外是聚乙二醇和聚丙二醇，它们的表面张力和分子量无关，显然与端羟基之间的氢键作用有关。

(5) 高分子表面张力与密度、分子结构的关系

Souheng Wu 提出的高分子表面张力和密度的关系如式（7-14）：

$$\gamma = \gamma_0 \rho^n \tag{7-14}$$

式中，γ_0 为与温度无关的常数，$\gamma_0 = (P/M)^n$，代入上式即得到：

$$\gamma = (P/V_m)^n \tag{7-15}$$

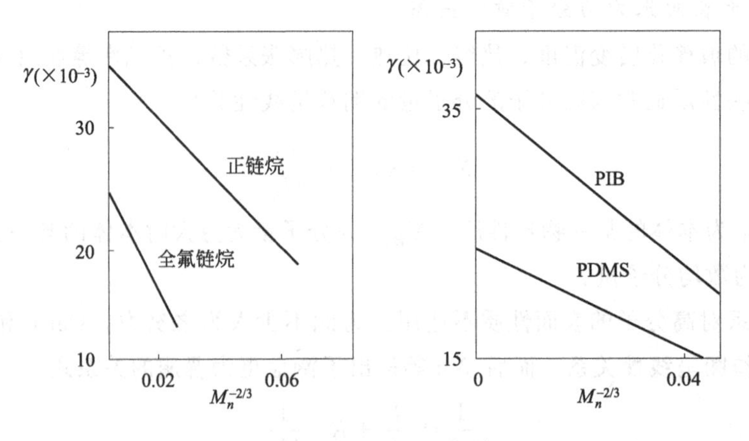

图 7-5　几种高分子的 $\gamma \sim M_n^{-2/3}$ 关系图

所以 $P=V_m\gamma^{1/n}$，P 称为等张比容，其单位为：$(cm^3/mol)\times(mN/m^2)^{1/n}$。

式中，n 为 Macleod 指数，对小分子化合物为 4，对高聚物也可近似取 4。等张比容具有严格的加和性：

$$P=\sum_i P_i \tag{7-16}$$

式中，P_i 为组成物质分子的原子或原子团及结构因素的等张比容，可用来估算组成明确的聚合物的等张比容。

表 7-1 列举了各种化学组成的链节和基团对材料表面张力的贡献，更直接地看出聚合物结构对其表面张力的影响。由此可见，全氟碳聚合物是表面张力最低的聚合物（如聚四氟乙烯），对聚合物进行有机硅改性和氟碳改性都能有效地降低高分子的表面张力。

表 7-1　某些高分子表面组成链节或基团的表面张力

链节或基团	表面张力 γ/(mN/m)	链节或基团	表面张力 γ/(mN/m)
碳氢		氟碳	
$—CH_3$（结晶）	23.0	$—CF_3$	14.5
$—CH_3$（单层）	30.5	$—CF_2H$	26.5
$—CH_2—$	35.9	$—CF_3$ 和 $—CF_2—$	17.0
$—CH_2—$和$—CH—$	43.0	$—CF_2—$	22.6
硅氧烷		$—CH_2CF_3—$	22.5
$—O—Si(CH_3)_2—O—$	19.8	$—CF_2—CFH—$	29.5
$—O—Si(CH_3)$（苯环）$—O—$	26.1	$—CF_2—CH_2—$	36.5
碳氯			
$—CHCl—CH_2—$	43.8		
$—CCl_2—CH_2—$	45.2		
$=CCl_2$	49.5		

客观地说，高分子材料的应用同时催生了高分子材料的表面技术，许多情况下，高分子

材料的表面已不再是本体结构的延续。一个小闹钟便宜到几块钱，你会发现其中几乎找不到几个金属件。就连家庭装修用的换气扇大概也只有线圈、磁铁和电机的轴是金属的，连轴承也找不到了，最多只能找到一个小小的钢珠。多数情况下，这些材料的应用都与高分子表面的设计和改性有关。而这一切又都和有机硅、氟碳化学的发展密切相关。

(6) *表面形态（表面形成的历史）对表面张力的影响*

前已述及，相变对表面张力是有影响的。晶体的密度通常大于无定形体的密度，由式(7-14) 和图 7-1 可见，某一高分子的晶体和无定形体的表面张力相差甚大，晶体的表面张力远大于无定形体的表面张力。

通常高分子熔体冷却固化时，由于高分子链段的环境（如空气中）响应性不同，与结晶不相适应的链段或受结晶部分的排挤，倾向于向表面分布。因而，此时得到表面为无定形的表面，而本体结晶颇丰。若使高分子熔体在具有可诱使其结晶的活性中心的表面上冷却固化，则可得到结晶度颇丰的高分子表面，此时得到具有较高的表面张力的表面。

7.1.2 高分子表面能

固体聚合物的表面能是计算聚合物表面与其它物质间相互作用的重要参数，与聚合物的黏合、吸附、涂层、印刷、摩擦及生物相容性等性质密切相关，表面能的检测对确定高分子材料的表面性质具有重要意义。这里，介绍一种通过测量接触角计算高分子材料表面能的方法。

Young 方程描述了固、液、气三相体系中固体表面能 γ_S（即前面提到的气固界面的表面张力 γ_{sg}）、液体表面能 γ_L（即气液界面的表面张力 γ_{lg}）、固液界面的相互作用自由能（表面张力）γ_{SL} 以及平衡接触角（θ）之间的关系，即：

$$\gamma_S - \gamma_{SL} = \gamma_L \cos\theta \tag{7-17}$$

固体或液体的表面能可分为 Lifshitz-van′der Waals 分量 γ^{LW} 和 Lewis acid-base 分量 γ^{AB}，其中 γ^{AB} 又可分为 Lewis 酸分量 γ^+ 和 Lewis 碱分量 γ^-。由此，固体的表面能 γ_S 及液体的表面能 γ_L 可分别表示为：

$$\gamma_S = \gamma_S^{LW} + \gamma_S^{AB} = \gamma_S^{LW} + 2\sqrt{\gamma_S^+ \gamma_S^-} \tag{7-18}$$

$$\gamma_L = \gamma_L^{LW} + \gamma_L^{AB} = \gamma_L^{LW} + 2\sqrt{\gamma_L^+ \gamma_L^-} \tag{7-19}$$

固液界面相互作用自由能与固体和液体各自的表面能的关系可表示为：

$$\gamma_{SL} = \left(\sqrt{\gamma_S^{LW}} - \sqrt{\gamma_L^{LW}}\right)^2 + 2\left(\sqrt{\gamma_S^+ \gamma_S^-} + \sqrt{\gamma_L^+ \gamma_L^-} - \sqrt{\gamma_S^+ \gamma_L^-} - \sqrt{\gamma_S^- \gamma_L^+}\right) \tag{7-20}$$

将式 (7-18) ～式 (7-20) 代入式 (7-17)，得到固体表面能、液体表面能与二者平衡接触角的关系为：

$$\left(\gamma_L^{LW} + 2\sqrt{\gamma_L^+ \gamma_L^-}\right)(1 - \cos\theta) = 2\left(\sqrt{\gamma_S^{LW} \gamma_L^{LW}} + \sqrt{\gamma_S^+ \gamma_L^-} + \sqrt{\gamma_S^- \gamma_L^+}\right) \tag{7-21}$$

因此，通过测定固体表面与已知 γ_L^{LW}、γ_L^+ 和 γ_L^- 的 3 种液体之间的接触角，利用式(7-18) 就可得到固体的表面能参数（γ_S^{LW}、γ_S^+ 和 γ_S^-）。通常，实验中选用已知 γ_L^{LW}、γ_L^+ 和 γ_L^- 的检测液体如二次蒸馏水、甘油、甲酰胺、二碘甲烷和乙二醇，这些液体的表面能参数见表 7-2。用此种接触角测量方法确定的聚丙烯（PP）、聚乙烯（PE）、聚氯乙烯（PVC）、聚苯乙烯（PS）、聚对苯二甲酸乙二醇酯（PET）、聚（丙烯腈-丁二烯-苯乙烯）接枝共聚物（ABS）和聚碳酸酯（PC）这 7 种高分子树脂材料的表面能参数，如表 7-3 所示。这 7 种高分子树脂可以分为极性和非极性两大类，测得的相关表面能参数与高分子树脂自身的材料特性一致。PP 和 PE 属于非极性树脂，表面能较低，只存在 Lifshitz-van′der Waals 分量；在极性树脂中，PS、ABS、PC 和 PET 表面具有明显的 Lewis 碱特征，PS 表面接近单极性表面（Lewis 碱）；PVC 表面表现出一定的两性特征，除 Lewis 碱特征之外，其表面带有较大的 Lewis 酸分量。

表 7-2　检测液体的表面能参数　　mJ/m²

检测液体	γ_L	γ_L^{LW}	γ_L^+	γ_L^-
二次蒸馏水	72.8	21.8	25.5	25.5
甘油	64.0	34.0	3.92	57.4
甲酰胺	58.0	39.0	2.28	39.6
二碘甲烷	50.8	50.8	0	0
乙二醇	48.0	29.0	1.92	47.0

表 7-3　七种高分子树脂的表面能参数　　mJ/m²

高分子树脂	γ_S	γ_S^{LW}	γ_S^+	γ_S^-
PP	32.19	32.19	0	0
PE	33.71	33.71	0	0
PS	37.03±0.01	36.58	0.010±0.001	5.07±0.01
ABS	44.18±0.01	43.12	0.059±0.001	4.76±0.01
PC	45.17±0.01	44.02	0.068±0.001	4.85±0.01
PET	50.05±0.01	46.81	0.60	4.38±0.01
PVC	48.33	43.41	1.73±0.01	3.50±0.01

7.2　聚合物材料表面改性

7.2.1　聚合物表面等离子改性与等离子聚合

7.2.1.1　等离子体概述

冰升温至 0℃变成水，继续升温至 100℃，水就会沸腾成为水蒸气。当温度由低到高增加时，物质将依次经历固体、液体和气体三种状态。在特定条件下温度进一步升高时，气体中的原子、分子将出现电离状态，形成电子、离子组成的体系。而等离子体就是由这种大量带电粒子，包括电子、正离子、负离子、中性原子或分子组成的体系。等离子体由于存在自由电子和其它带电粒子而表现出新的特征，进而区别于固、液、气态，作为物质的一种独立形态存在，所以把等离子体称为物质第四态。等离子体广泛存在于宇宙空间，从电离层到宇宙深空几乎都是电离状态（宇宙空间有99%是等离子体）。自然现象中的闪电、极光就是用肉眼能见到的等离子体。

等离子体中存在电子、离子和中性粒子（包括不带电荷的粒子，如原子、分子及原子团）三种粒子。若电子、离子、中性粒子的温度分别记为T_e、T_i、T_n，当这三种粒子的温度近似相近（即$T_e \approx T_i \approx T_n$）时，此时的热平衡等离子体称为热等离子体，也称高温等离子体。平常我们在生产和生活中经常见到的大气电弧、电火花和火焰等都属于热等离子体，温度高达几千度，而宇宙中的太阳、行星等也属于热等离子体，温度高达上万度甚至十几万度。在实际的热等离子体发生装置中，阴极和阳极间的电弧放电作用使得工作气体发生电离，输出的等离子体呈喷射状，可用作等离子体射流、等离子体喷焰等。

低温等离子体放电过程中虽然电子温度很高，但重粒子（原子核）温度很低，整个体系呈现低温状态，所以称为低温等离子体，也叫非平衡态等离子体；当电子的温度和重粒子温度差不多时，就是前面提到的处于平衡态的高温等离子体。低温等离子体反应主要靠电子动能来激发，实际上电子动能一般为1～10eV，若折算成温度（1eV相当于1160K），则电子温度高达10^4～10^5K，而原子和离子的温度只有300～400K，相当于27.85～127.85℃。因其操作温度低，低温等离子体可用于聚合物的表面处理。

低温等离子体中能量的传递方式大致如下，电子从电场中获得能量，通过碰撞将能量转化为分子的内能和动能，进而分子被激发，与此同时，部分分子被电离，这些活化了的粒子相互碰撞从而引起一系列复杂的物理化学反应。正因为等离子中富含的大量活性粒子，如离子、电子、激发态的原子和分子及自由基等，等离子体技术可以通过化学反应处理材料表面改性和引发聚合过程。等离子状态下，各种化学反应都是在高激发态下进行的，与经典的化学反应不同，此时较稳定的惰性气体也具有很强的化学活泼性。

低温等离子体用于聚合物的表面处理主要有辉光放电、电晕放电、射频放电和微波等。低温等离子体对聚合物表面改性时，一方面产生具有足够高能量的活性粒子，使反应物分子激发、电离或断键，另一方面较低的温度不会使被处理材料热解或烧蚀，不影响聚合物本体的性质，仅仅对表面层（<10nm）进行改性。因此，电晕放电和辉光放电被广泛应用于高分子材料的表面处理。

7.2.1.2 电晕放电

电晕放电又称电火花处理，是气体介质在不均匀电场中的局部自持放电。电晕放电的基本原理是，在大气压下，在曲率半径很小的尖端电极间施加电压，在电极附近形成高能电磁场，当局部电场强度超过气体的电离场强度时，气体就会发生电离和激励，从而使尖端附近的空气或其它气体离子化，进而产生电晕放电。

电晕放电的极性由具有小曲率半径电极的极性所决定。如果曲率半径小的尖端电极带正电，则发生正电晕放电，反之发生负电晕放电。另外，按提供的电压类型分类，电晕放电可以分为直流电晕、交流电晕和高频电晕。按出现电晕电极的数目分类，可以分为单极电晕、双极电晕和多极电晕。

电晕处理可以在空气中进行，也可以在密闭容器中，常压下充入不同工作气体，然后进行电晕处理。无论工作气体是惰性气体介质还是反应性气体介质，电晕处理都会引起聚合物表面的化学基团变化。对于惰性气体介质，材料表面分子链的断裂和重组是形成化学基团的主要原因；对于空气介质，会在材料表面引入羧基、羰基和羟基等含氧基团；而对乙烯等可聚合气体介质，材料表面则可以发生聚合反应，进而生成接枝链。一系列检测方法，如红外光谱、光电子能谱等都可以用来跟踪检测材料表面的化学组成变化。

工业上应用的薄膜电晕处理工艺，如图 7-6 所示。包装和印刷用的塑料薄膜，主要用电晕放电进行预处理，处理后的薄膜表面极性增大，表面张力提高，聚乙烯的表面张力可达到 40mN/m，提高了薄膜的黏附性和可印刷性。

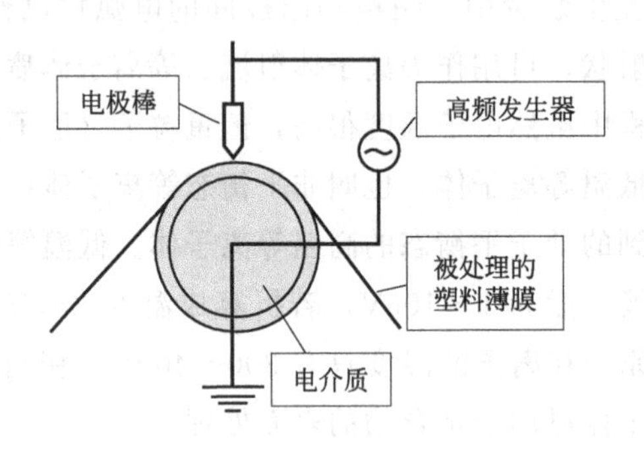

图 7-6　工业上应用的薄膜电晕处理工艺

电晕放电处理具有速度快、效果好、处理时间短、不需要真空系统、操作简单、无处理液污染等优点。电晕放电最早用于聚烯烃的表面处理，后来逐渐扩大到含氟聚合物、热塑性纤维和织物等材料的表面处理。电晕放电对处理金属表面也是有效的，经在空气中电晕处理后，铝和钛的表面的粘接强度与使用常规化学处理后的强度相当。利用电晕放电还可以进行静电除尘、污水处理、空气净化等。

7.2.1.3　辉光放电

辉光放电属于低气压放电，工作压力一般都低于 1.3kPa（10Torr，1Torr＝133.322Pa），其构造是在封闭的容器内放置两个平行的电极板，利用电子将中性原子和分子激发，当粒子由激发态回到基态时会以光的形式释放出能量。容器中可以充入不同的工作气体，如非聚合性气体，Ar、H_2、O_2、N_2、空气等，也可充入有机气体。每种气体都有其典型的辉光放电颜色，若实验时发现等离子的颜色异常，通常代表气体的纯度有问题，或是漏气所致，此时应立即查明原因并处理。荧光灯的发光也是辉光放电的一种。

从工业应用角度来说，连续化的工艺不但能提高工作效率，还能减少劳动力、降低劳动强度。如图 7-7 所示，在此工艺过程中，无论是电晕放电、介质阻挡放电等离子体（DBD），还是大气压均匀辉光放电等离子体（OAUGDP），都可以在等离子体边界上提供活性粒子来对工件表面进行处理。在此连续工艺中，等离子体源处于密封环境中。这是为了在不用空气做气体介质时控制工作气体的环境，同时可以阻止紫外辐射、臭氧或者生成的其它活性粒子的外泄，以免引起安全问题。另外，低压等离子体连续处理工艺中，需要多组和多极的真空系统来维持真空度，导致投资和操作成本增加。

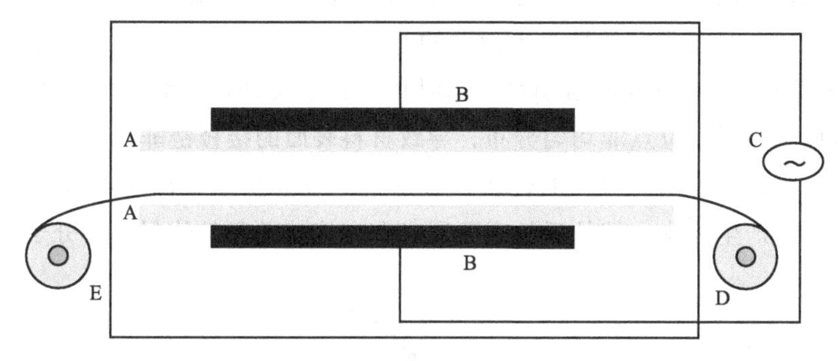

图 7-7　常压辉光放电等离子体连续处理装置

A—基片；B—电极；C—高频发生器；D、E—织物

高分子材料表面可通过等离子体处理、等离子体聚合及等离子体接枝技术进行表面改性。其中，等离子体聚合是将高分子材料暴露于聚合性气体中，表面聚合一层较薄的聚合物膜，无论是饱和分子还是不饱和分子均可以发生等离子体聚合。等离子体接枝则有不同的方式，样品表面经等离子体处理后产生自由基，然后与不饱和单体接触，引发接枝聚合。还可以通过表面上生成的过氧基团的热分解引发单体的接枝聚合，常用的单体如苯乙烯、丙烯酰胺、丙烯酸等。

通过等离子体改性，可以改变材料表面的性质，进而改善塑料的黏结强度，棉、毛等天然纤维的色牢度、耐磨性、丝纺性、浸润性等加工性能。等离子体也可用于材料表面杀菌，改善生物材料的亲水性、透气性及血液相容性。

7.2.1.4　等离子体处理效果的退化效应

低温等离子体可有效地对高聚物表面进行改性。但是其处理效果会随时间的延长而减退，这一现象称为退化效应。这是因为聚合物大分子的骨架、侧链和侧基在一定条件下具有流动性，能够在应力下屈服，这一点与其它刚性材料，如陶瓷、金属等材料表现不同。

聚丙烯（PP）经等离子体处理后，其表面对水的接触角随存放时间而变大。这种现象可能是因为，等离子体改性 PP 聚合物表面时，将极性基团引入表面，而这些极性基团是连接在分子链上的，它随分子链的运动从表面移入基体内，因此表现出表面浸润性随时间的推移而衰减。目前尚不清楚衰减速度、衰减程度与哪些因素有关。图 7-8 是在空气中，用等离子体改性的回收聚丙烯（r-PP）与水的接触角随时间变化的情况。可以看到，将 r-PP 用等离子体进行处理，立即测试时接触角为 45.6°，室温下在空气中放置 2 小时后，接触角上升为 58.4°，其退化速度比较明显。

7.2.2　聚合物表面接枝改性

通过聚合物表面接枝改性，可将新的大分子以共价键链接到基体的表面，进而引入新的表面聚合物层，赋予表面新性能。根据接枝方法以及单体、基体材料等的不同，表面接枝改性主要有四种类型，如图 7-9 所示。

如图 7-9（a）所示为接枝链均匀覆盖情况，是一种理想的接枝表面。此时，接枝表面性质由接枝链控制，而接枝链在溶剂中的伸展与收缩程度可通过选用不同溶剂来控制。在实际的接枝改性中，还会存在其它的接枝表面结构，如图 7-9（b）所示，接枝链相互间发生交联反应，进一步削弱了接枝链的活动性，同时也增强了接枝链的稳定性；如图 7-9（c）所示，因材料表面上的活性位点非均匀分布，导致材料表面的接枝链非均匀分布，部分表面并未覆盖接枝链，仍保留着基体材料的性质；如图 7-9（d）所示，由于在接枝过程中，接枝单体或溶剂使材料产生溶胀，接枝后的表面同时含有接枝链和基体材料的分子链。

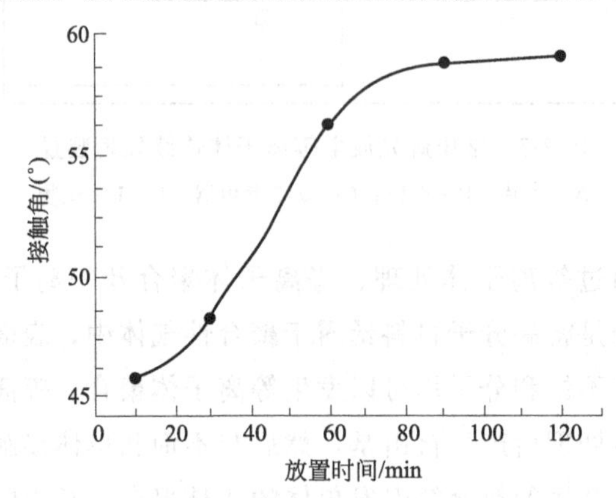

图 7-8　等离子体处理后的回收聚丙烯（r-PP）与水的接触角和放置时间关系

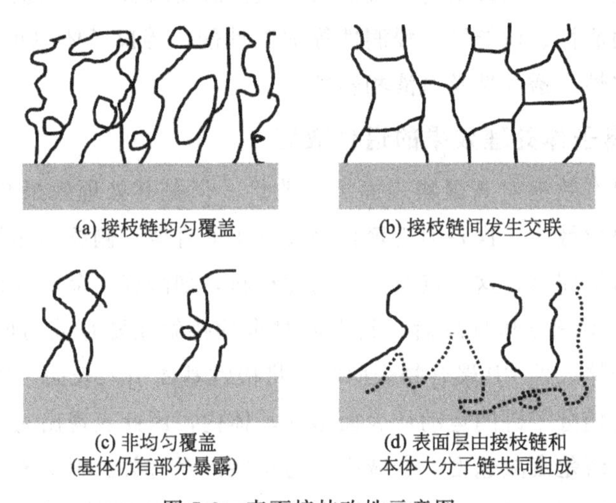

图 7-9　表面接枝改性示意图

能通过材料本身所带的官能团，直接与周围环境中的大分子进行化学键联的聚合物很少。因此，只有表面具有活性基团，基体才能进行表面接枝，这是表面接枝的前提条件。通过前面提及的等离子体表面改性方法（包括辉光放电、电晕放电等）以及化学或辐射等方法，可实现在材料表面引入活性位点。一旦在表面上生成活性位点，就可以进一步接枝上大分子链。接枝大分子链有两种方式：一种是偶合方式，也被称作“grafting-to”模式（自上而下的方式），即末端官能化的大分子接枝到聚合物材料表面；另一种是表面的活性位点引发环境中的单体聚合，形成接枝链，称作“grafting-from”模式（自下而上的方式），如图 7-10 所示。

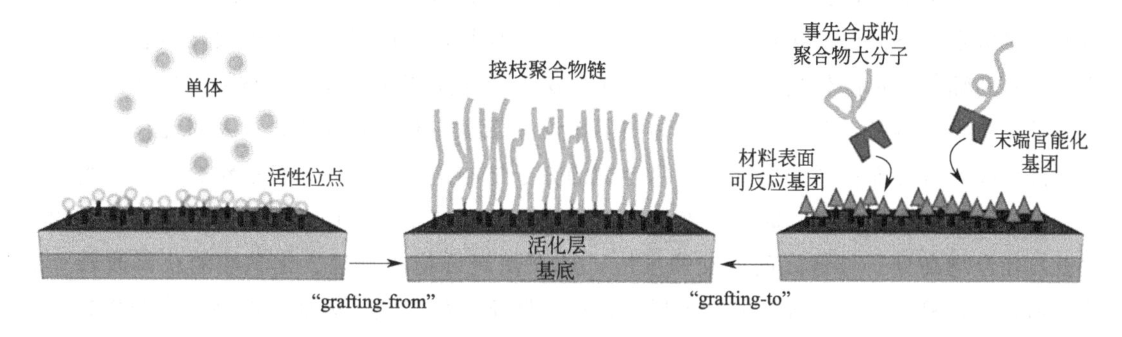

图 7-10 表面接枝链的形成方式——“grafting-to”和“grafting-from”模式

如果聚合物材料表面本身带有可参与反应的活性官能团，则该活性官能团能够和周围其它组分直接结合，比如说水溶性大分子，这样就可以通过化学偶合的方式实现表面改性，聚合物层层组装方法就属于这一类方法（具体内容见下一节内容）。当聚合物表面不存在具有反应活性的基团时，要进行接枝就需要先生成活性基团。因此，表面活化的目的就是生成活性位点，这些位点再通过自由基来引发单体聚合到表面形成接枝链。

7.2.2.1 化学引发

自身带有官能团的聚合物的表面接枝可以通过许多方法来诱发接枝聚合，这是最简单、直接的方法。当然，这种方法需要有适宜的官能团才能实现，所以这一技术仅限于天然聚合物以及极少的合成大分子。比如，羊毛上的蛋白质官能团胱氨酸上的双硫键（—SS—）断裂后，生成的活性中心可以引发进一步的表面接枝。我们日常生活中的“烫发”，就是通过头发胱氨酸中—SS—键的断开与重新结合来实现的。天然聚合物——胶原蛋白，是一种适合化学引发接枝的聚合物。铈离子、过硫酸钾以及类似的氧化还原体系可以使胶原蛋白生成活性中心，活性中心再引发乙烯基单体的接枝共聚合。另一类天然聚合物——多糖，因其自身带有官能团，可以与氧化还原体系反应直接生成活性中心进而引发接枝聚合，例如：纤维素、淀粉、木质素等天然聚合物，可通过硝酸铈铵来引发丙烯酸、丙烯酰胺在其表面发生接枝聚合。通过这种方法，可以制备出高吸水性树脂。

对于人工合成的聚合物，少数几种材料适宜采用化学引发接枝反应。比如聚乙烯醇（PVA）、聚甲基丙烯酸羟乙酯（PHEMA），因含有大量的羟基，能够用铈离子处理，发生如下反应：

$$—CH_2OH + Ce^{4+} \longrightarrow —CH_2O \cdot Ce^{3+} + H^+$$

除了以上采用化学方法引发活性中心以外，用的更多的方法是采用辐射、等离子体、紫外光等方式来引发接枝聚合。

7.2.2.2 辐射接枝

高能辐射能使聚合物链骨架断裂，产生若干个活性位点，即形成自由基，进而可以引发一系列的化学反应。可用于处理聚合物的高能辐射有电磁辐射（X 射线、γ 射线）和带电粒子（β 粒子、电子）等。由于辐射能穿透基材，辐射接枝反应可以限制在聚合物表面或在指定厚度内进行，也可以在聚合物内部发生，但这将影响到材料的本体性能。

聚合物的辐射改性方法主要包括：①辐射接枝。接枝可发生在任何聚合物和单体之间，因由射线引发，不需要向接枝体系加入引发剂等添加物，可以得到较纯的接枝聚合物，同时还可以起到辐射消毒的作用。因此，辐射接枝法广泛应用于医用高分子材料的生产，优质均相离子交换膜的制备，改善纤维和织物的阻燃性、亲水性和染色性能，以及对无机材料进行辐射接枝改性等方面；②辐射交联。聚合物的分子链与链之间缺乏紧密的结合力，使得材料在经受外力及环境温度影响时产生变形或发生破坏，限制了其应用。辐射交联就是指利用辐射引发聚合物高分子长链之间的交联反应，从而使聚合物的物理、化学性能获得改善。通常，辐射交联只发生在聚合物的无定形区，结晶区不发生交联，因此半结晶类聚合物具有记忆功能，并且辐射交联后双键含量明显减少。辐射交联广泛应用于电线电缆的交联、橡胶硫化、发泡材料的制备、热收缩材料的加工及涂料固化等方面；③辐射降解。聚合物的辐射降解是聚合物在高能辐射下，其主链断裂、分子量降低，结果使聚合物在溶剂中的溶解度增加，而相应的热稳定性、机械性能降低。聚合物辐射降解是无规律降解，主链断裂呈无规分布。现阶段，辐射降解已应用于聚合物材料的循环再利用、废料处理及分子量调节等方面。

聚四氟乙烯（PTFE）、聚氟乙烯（PVF）等材料表面含有大量的氟原子，表面能低，这样的表面不易采用化学引发修饰其它官能团。但是，通过辐射接枝可以将磺酸基、羧基引入 PTFE、PE、PVF 等材料表面，可制成阳离子交换膜、阴离子交换膜。由于高能辐射的穿透力强，会使材料的本体性能受到影响，并且高能辐射需要特殊的装置，限制了其在大规模生产中的应用。

7.2.2.3 光接枝

光接枝通过紫外光的照射引发聚合物表面接枝反应。绝大多数聚合物不吸收波长范围为 300～400nm 的紫外光，而该波长的光却能有选择性地激发光引发剂（如芳香族酮类），故在紫外光照射下处于基材表面的引发剂能引发单体的接枝反应，对基体本身的性能无影响。此法工艺过程简单，反应迅速，不影响材料的本体性能，近年来发展较快。

生成表面自由基是光接枝聚合得以顺利进行的必要条件。根据表面自由基产生方式的不同，光接枝过程可以分为含光敏基团的聚合物分解、自由基链转移、羰基化合物的光还原、过氧基团热裂解四类。

(1) 含光敏基团的聚合物分解

对于一些含光活性基团（如羰基），特别是侧链含有光敏基团的聚合物，当紫外光照射其表面时会发生 NorrishⅠ型反应，羰基吸收紫外光后被激发，羰基的 α 键容易发生均裂，产生 1 个表面自由基和 1 个游离的自由基，这些自由基可引发乙烯基单体聚合，生成接枝聚合物。溶液中的羰基和烷基自由基则可以引发单体均聚物的生成，其反应机理见图 7-11。

适用于此方法的聚合物不多，主要是聚砜和聚醚砜（PES）类聚合物常用。这类聚合物主链上都含有光敏基团——砜基（$-SO_2-$），在短波紫外光照射下（波长小于 300nm），主链发生断裂，产生两种链自由基，这些自由基可以引发单体接枝聚合，分别生成接枝聚合物和单体均聚物。冯翠平等用紫外光接枝聚合的方法将丙烯酸（AA）接枝到磺化聚醚砜（SPES）微孔膜上，得到具有 pH 敏感性的分离膜。光照时间增加，SPES 的光敏基团经化

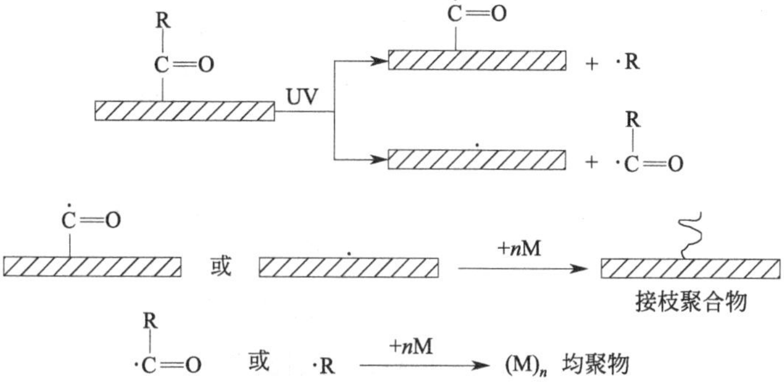

图 7-11 含光敏基团聚合物的光接枝聚合反应机理

学键断裂生成表面自由基的数目增多，与之结合的 AA 单体的数目也会增加；丙烯酸的浓度增大，与 SPES 上的光敏基团经化学键断裂生成的表面自由基接触的概率增大，结合的机会相应增加，这两者的共同作用使得接枝率明显增大。但光照时间过长，由于紫外光效应和热效应，SPES 膜会发生明显变形；单体浓度过大，均聚现象随之严重，这些都直接影响接枝效果。所以，应严格控制光照时间和单体浓度，以期得到具有不同接枝率和不同接枝链长的接枝膜。其反应机理如图 7-12 所示。

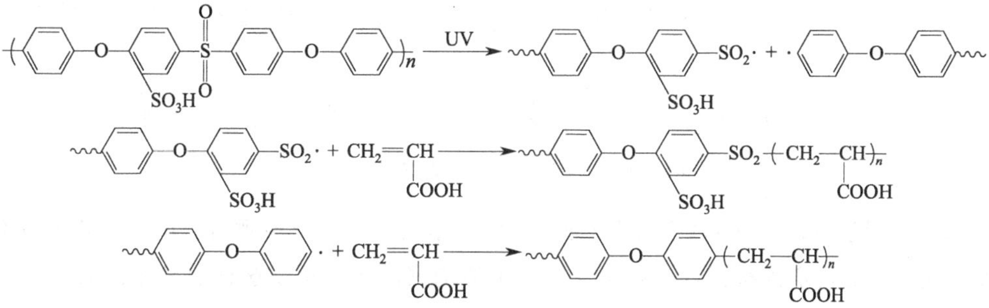

图 7-12 紫外光接枝改性 SPES 微孔膜机理

(2) 自由基链转移

自由基链转移利用自由基向聚合物的转移，在聚合物表面上产生自由基，进一步引发接枝反应。安息香类光敏剂是一类常用的光敏剂（以安息香双甲醚为例），当受到紫外光照射时发生均裂，发生 Norrish Ⅰ型反应，产生两个自由基（R·），如图 7-13 所示。当这两个自由基活性足够强时，就会引发聚合反应。但是，当单体浓度很低时，两种自由基均会向聚合物表面链转移，产生表面自由基，引发烯类单体的接枝聚合反应。但当单体浓度很高时，自由基也能引发单体自身聚合，生成均聚物。所以，要实现有效的表面接枝，应当控制单体浓度和表面自由基浓度。

(3) 羰基化合物的光还原

芳香酮及其衍生物类光敏剂受到紫外光照射后，被激发到单线态（S^*），然后又迅速通过系间窜跃到稳定的三线态（T^*）。如果有供氢体存在，则发生光还原反应，光敏剂分子

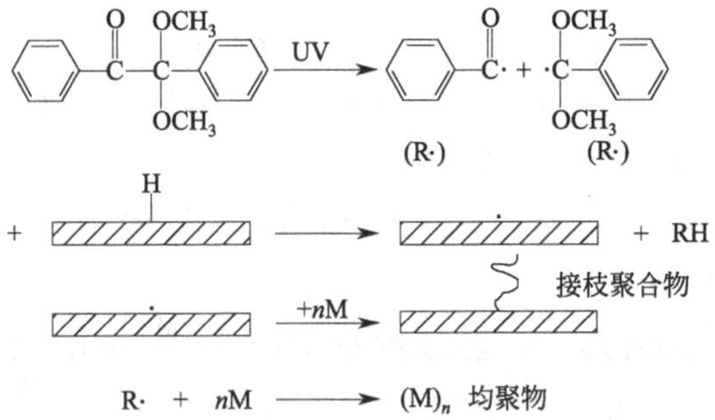

图 7-13　自由基链转移引发接枝

的羰基夺取氢而被还原成羟基，供氢体成为烷基自由基，当供氢体是聚合物表面时，就会形成表面自由基，这些表面自由基与单体反应，生成接枝聚合物。以二苯甲酮（BP）为例，其引发机理如图 7-14 所示。

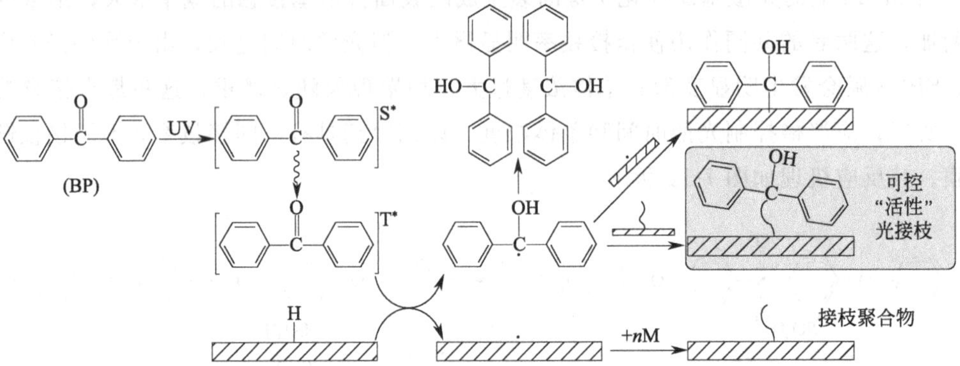

图 7-14　二苯甲酮引发接枝反应原理

二苯甲酮提氢后，自身转变为半频哪醇自由基。由于生成的半频哪醇自由基的芳环与单电子的共轭作用，使之稳定性很强，一般不会引发单体均聚反应，所以这种引发方式的接枝效率很高。另外，半频哪醇自由基可以和表面自由基结合，也可以与接枝增长链结合，使自由基休眠；当紫外光或热再次激发时，重新生成自由基，引发接枝聚合反应，因此具有“可控”特性。

该体系的特点：①光还原反应定量进行，即一个 BP 分子可以夺取一个 H 原子，生成一个表面自由基，容易控制；②表面自由基的活性远远高于半频哪醇自由基，因此接枝效率高；③因为引发接枝聚合反应的自由基源于光敏剂，而供氢体可以是所有有机材料，故该方法可用于几乎所有的聚合物材料的表面接枝聚合反应。

（4）过氧基团热裂解

采用预照射或者加热、等离子体处理等方法，先在聚合物的表面生成过氧基团，然后通过紫外光照射使过氧基团热裂解产生氧自由基，引发单体的接枝聚合反应，见图 7-15。这种方式在聚合时不需要光引发剂，简单方便，但是不容易控制氧化深度。Neoh 等将等离子体技术和紫外照射接枝技术相结合，首先将聚酰亚胺（PI）膜用 Ar 等离子体预处理，在 PI 表面引入过氧基团，在无需使用光引发剂和光敏剂的条件下，采用紫外光照射的方法成功将甲基丙烯酸二甲氨基乙酯（DMAEMA）接枝到 PI 膜材料上。用 DMAEMA 接枝后的 PI 膜进一步活化后，可作为基体用于化学镀铜。

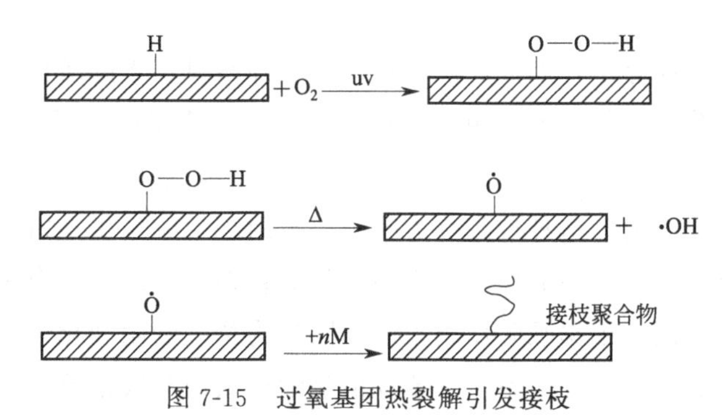

图 7-15 过氧基团热裂解引发接枝

由于紫外光的能量比高能辐射低，所以该方法所需的时间较长，且对紫外光敏感的材料不适合用此种方法改性。实际应用中常加入光敏剂，促进过氧基团的生成。

7.3 高分子膜在表面及界面的组装

高分子膜的形成与两个因素有关：①高分子固体的结晶性；②链段/基团的表面能。高分子膜的形成遵守一个基本的原则，即低表面能链段向表面分布。

(1) 在空气中的凝固或成膜

① 熔体的冷却固化 结晶性强的高分子，不利于结晶的无定形链段在表面富集，固化后的表面呈低表面能链段/基团富集。

② 溶液中的高分子成膜 对单一溶剂的溶液，随溶剂挥发成膜，低表面能链段/基团在表面富集。对混合溶剂，若两溶剂的溶解度相差较大，表面可能产生组装而粗糙，低表面能链段/基团在表面富集，可能产生更低表面能的表面。这也是高分子膜材料的制备方法之一。

③ 高分子水乳液的成膜 高分子水乳液的成膜是高分子微球的堆积过程，包括球的堆积、排列以及毛细管水通道的形成。

高分子水乳液的成膜与温度有关。若温度低于成膜温度，不能形成连续膜，温度高于成膜温度时，表面活性剂向表面迁移且吸附在表面，温度更高时（高于高分子的 T_g），高分子球熔融，成膜同于熔体的冷却固化。显然，高分子乳液的成膜温度和 T_g 不是等同的概念。当温度高于成膜温度而低于 T_g 时，呈微球的黏结状态，部分水性油墨、涂料处于这种状态。

高分子乳液形成的膜表面可通过侧链烷基的长短来调节。

(2) 高分子在溶液中组装成膜

高分子在溶液中组装成膜的过程是通过高分子在表面/界面的吸附过程来完成的，这个过程可以是自发的，也可以人为加以控制。嵌段共聚物囊泡/胶束组装就是在溶液中通过自组装实现的，而层层组装的聚合物膜则是人为地在基底表面通过层层组装来实现的。其中，层层组装聚合物膜的构筑与功能化也是超分子科学研究中的一个热点。

7.3.1 表界面吸附概要

固体表面能吸附气体分子，如活性炭吸附、分子筛富氧、水的净化、表面活性剂、油的乳化、催化剂的应用等。当气相或液相中的粒子（分子、原子或离子）碰撞在固体表面时，由于它们之间的相互作用，使一些粒子停留在固体表面上，造成这些粒子在固体表面的浓度比在气相或液相中的浓度大，这种现象称为吸附。吸附现象的发生是由于在相界面处，异相分子之间的作用力与同相分子间的作用力不同，从而存在剩余的自由力场。

固体表面的吸附作用，根据吸附作用力的不同分为物理吸附和化学吸附。物理吸附是吸附质分子在吸附剂表面上的一种吸附，主要凭借吸附剂表面与吸附质分子间的范德华力的作用。它的特点：无选择性，在任何表面上都能发生；可以吸附多层分子层；吸附热低；吸附速度快，也容易发生脱附过程。化学吸附中，固体表面原子与吸附分子间形成化学键，在吸附过程中发生电子转移或共有、原子重排以及化学键的断裂与形成等过程，在吸附剂固体与第一层吸附物质之间形成化合物。一些聚电解质，特别是聚阳离子，很容易通过物理的或化学的方式吸附到某些基底上而在其表面引入电荷。

一些可用于表面修饰的聚阳离子的分子结构如图 7-16 所示。聚胺类物质是一类由于含有易于质子化的氨基而容易诱导出正电荷的聚阳离子，它们可以通过氨基上的氮原子与金的复合而牢固地吸附于金表面上，从而使金表面带上正电荷。将已用 H_2O_2/H_2SO_4 处理过的干净的石英表面用碱液（如 NH_3 的水溶液）对表面的硅羟基做去质子处理，可以使其表面很容易吸附上一层聚阳离子。但是，仅用 H_2O_2/H_2SO_4 处理过的干净的石英也可以直接吸附含有氨基的聚电解质，如枝化的聚乙烯亚胺（bPEI）和线性的聚乙烯亚胺（PEI）。由于硅羟基的 pK_a 约为 7，α-氨基的 pK_a 在 10～11 之间，这决定了硅羟基和氨基不可能在同一 pH 值下带相反的电荷，由此推测 bPEI 和 PEI 在石英表面的吸附的推动力不可能是静电作用。据此，有人推测是氨基和硅羟基之间的氢键在起作用。然而聚二烯丙基二甲基氯化铵（PDDA）和聚丙烯酰氧乙基三甲基溴化铵虽然没有自由氨基，却都能容易地吸附于用酸处理过的石英上，这一结果就不能再用氢键解释了，仍是一个亟待回答的问题。PEI 和 PDDA 是两种最常用的在基片表面引入正电荷的聚合物，它们可以用在石英、玻璃、硅、金和 ITO 等绝大多数基底的表面，通过吸附而引入电荷。

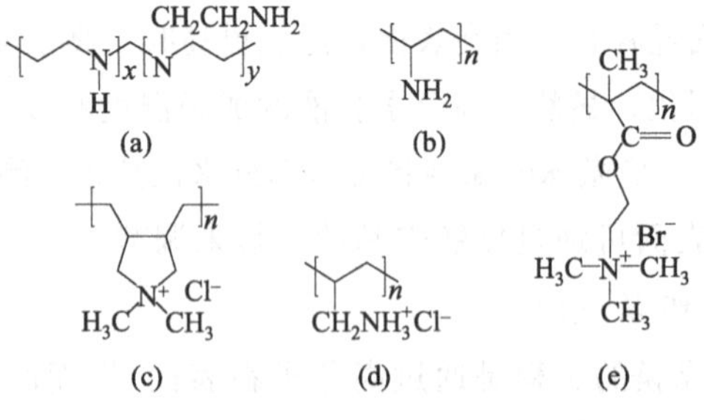

图 7-16　几种聚阳离子的分子结构式

(a) bPEI；(b) PEI；(c) PDDA；(d) 聚丙烯胺盐酸盐（PAH）；

(e) 聚丙烯酰氧乙基三甲基溴化铵

7.3.2 层层组装技术与成膜推动力

层层组装聚合物膜的制备是基于分子的界面组装来实现的，早在 1966 年，Iler 等将表面带有电荷的固体基片在带相反电荷的胶体微粒溶液中交替沉积而获得胶体微粒超薄膜。当时，带相反电荷的物质之间的以静电相互作用为推动力制备超薄膜的技术并没有引起人们的注意。直到 1991 年 Decher 等重新提出静电交替沉积这一技术，并将其应用于聚电解质和有机小分子的超薄膜的制备中，这种由带相反电荷的物质在液固界面通过静电作用交替沉积形成多层超薄膜的技术才真正引起人们的注意。以聚阳离子和聚阴离子在带正电荷的基片上的交替沉积为例，超薄膜的制备过程如图 7-17 所示，可描述如下：①将带正电荷的基片先浸入聚阴离子溶液中，静置一段时间后取出，由于静电作用，基片上会吸附一层聚阴离子，此时，基片表面所带的电荷由于聚阴离子的吸附而变为负电荷；②用水冲洗基片表面，去掉物理吸附的聚阴离子，并将沉积有一层聚阴离子的基片干燥；③将上述基片转移至聚阳离子溶液中，基片表面便会吸附一层聚阳离子，表面所带电荷变为正电荷；④水洗，干燥。这样便完成了聚阳离子和聚阴离子组装的一个循环。重复①至④的操作便可得到多层的聚阳离子/聚阴离子超薄膜。

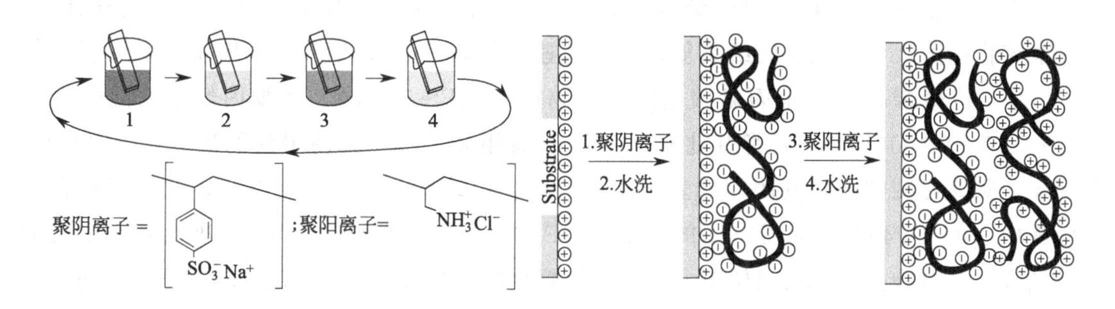

图 7-17 基于静电相互作用组装（聚阳离子/聚阴离子）超薄膜的制备过程

这种层层组装技术构筑的超薄膜的有序度不如 LB 膜高，但与其它超薄膜的制备技术相比较，它仍具有许多优点：①超薄膜的制备方法简单，只需将离子化的基片交替浸入带相反电荷的聚电解质溶液中，静置一段时间即可，整个过程不需要复杂的仪器设备；②成膜物质丰富，适用于静电沉积技术来制备超薄膜的物质不局限于聚电解质，带电荷的有机小分子、有机/无机微粒、生物分子（如蛋白质、DNA、细菌、酶）等带有电荷的物质都有可能通过静电沉积技术来获得超薄膜；③静电沉积技术的成膜不受基底大小、形状和种类的限制，且由于相邻层间靠静电力维系，所获得的超薄膜具有良好的稳定性；④单层膜的厚度在几个埃至几个纳米范围内，是一种很好的制备纳米超薄膜材料的方法。单层膜的厚度可以通过调节溶液参数，如溶液的离子强度、浓度、pH 值，以及膜的沉积时间而在纳米范围内进行调控；⑤特别适用于制备复合超薄膜。将相关的构筑基元按照一定顺序进行组装，可自由地控制复合超薄膜的结构与功能。

经过近 30 年的发展，层层组装技术得到了极大发展。可以用静电组装技术制备聚合物膜的物质的种类和数量很多，如含有寡电荷的有机染料分子、各种结构的聚电解质、尺寸为纳米和微米的有机和无机微粒、带有电荷的无机物（如黏土、杂多酸）、生物大分子（如酶、蛋白质、DNA、某些细菌）等。同时，借鉴静电组装技术的经验，科学家们又发展了基于其它分子间作用力的聚合物膜层层组装技术，如氢键、配位键、分子识别、给/受体的电荷转移作用力、疏水-疏水相互作用等。组装方法也由经典的溶液浸泡法，发展到交替旋涂法、喷涂法、电沉积法以及复合膜层层组装方法。

层层组装聚合物膜，常用的驱动力包括静电力、氢键、配位键、共价键等。通过不同成膜驱动力制备的层层组装复合膜的组装动力学、结构及功能各具特色。

（1）静电作用与氢键作用

静电作用是自然界中普遍存在的一种作用力，也是最常用的成膜驱动力。聚电解质、蛋白质、DNA、病毒、酶、脂质体、含有寡电荷的有机分子、无机纳米粒子等都可以基于静电相互作用构筑层层组装复合膜，实现复合膜的生物、光学、电学等功能。影响静电层层组装膜结构的因素包括溶剂、溶液的 pH 值与离子强度、沉积物质的种类和浓度等因素。

由于氢键具有方向性和选择性，已成为自组装的重要驱动力之一。氢键不但可以在水溶液中形成，也可以在有机溶剂中形成。氢键作用的这些特点使得不溶于水的物质进行层层组装成为可能。1997 年，张希等首先利用溶解于甲醇的聚 4-乙烯基吡啶（P4VP）与聚丙烯酸（PAA）之间的氢键作用制备层层组装复合膜，将层层组装膜的构筑从水溶液拓展到了有机溶剂。随后，多种带有氢键给体/受体的聚合物构筑基元被用于制备氢键层层组装复合膜。利用氢键作用力，可实现层层组装复合膜的快速构筑，其过程如图 7-18 所示。采用层层组装的方法，将聚苯乙烯-*b*-聚丙烯酸嵌段共聚物胶束（PS-*b*-PAA）和聚丙烯酸的混合溶液（PS-*b*-PAA&PAA）同聚 4-乙烯基吡啶（P4VP）交替组装，由于聚丙烯酸的羧基（—COOH）和聚 4-乙烯基吡啶的吡啶基团间的氢键作用，成功构筑聚合物多层复合膜。此多层膜在酸性溶液中，由于 P4VP 的吡啶基团的质子化，PAA 的羧基基团与 P4VP 的吡啶基团之间的氢键消失，聚合物多层膜层间作用力消失，使聚合物链段发生运动和重排，形成微/纳复合的蜂巢状结构，表现出抗反射性能。

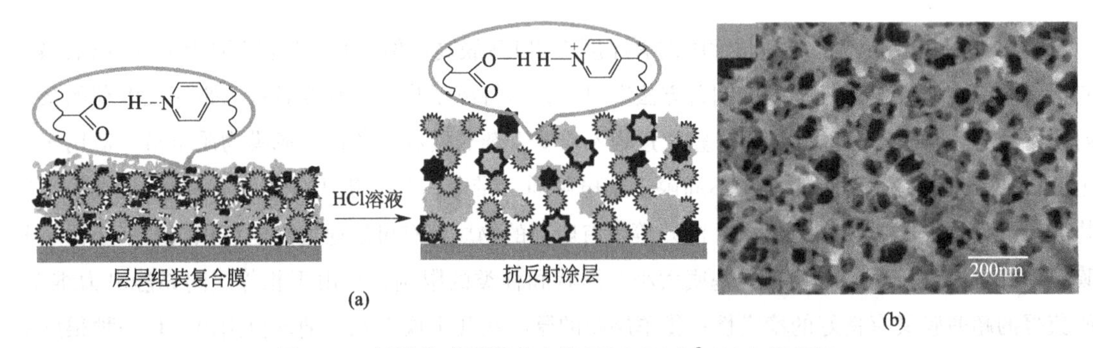

图 7-18　氢键为成膜驱动力的 PS-*b*-PAA&PAA/P4VP
层层组装复合膜制备过程（a）与制备的复合膜的表面 SEM 形貌图（b）

（2）配位键作用

配位键是一种特殊的共价键，其键能强于静电力和氢键，因此基于配位作用制备的层层组装复合膜具有良好的稳定性。有机物小分子与金属离子的配位键层层组装可以快速地制备金属有机高分子复合膜。Wöll 等利用三甲基-1,3,5-苯三甲酸（BTC）与 Cu^{2+} 交替沉积，在修饰有—COOH 基团的基底上制得 $Cu_2BTC(H_2O)_n$ 金属有机骨架材料，如图 7-19(a) 所示。Wöll 等还通过对基底上的—COOH 基团的图案化，实现了 $Cu_2BTC(H_2O)_n$ 金属有机骨架材料在特定的区域进行沉积[图 7-19(b)]。金属有机骨架材料是近十年来发展迅速的一种金属有机高分子，由于其具有三维的孔状结构，在催化、储能和分离等方面都有潜在的应用前景。

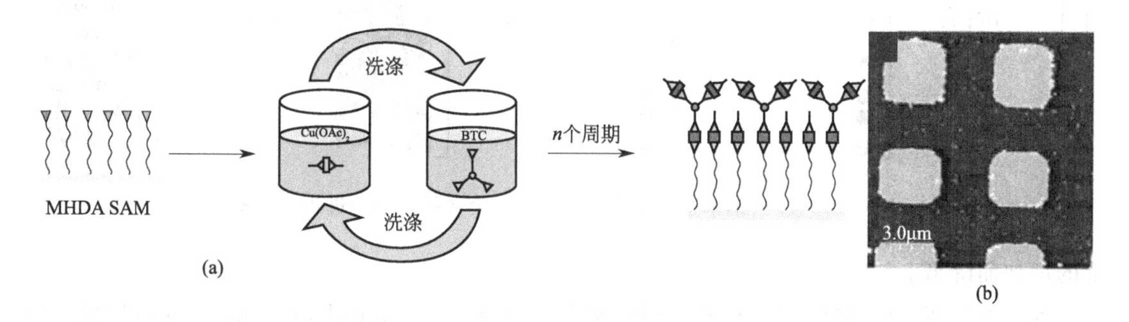

图 7-19 (a) 基于配位键层层组装 $Cu_2BTC(H_2O)_n$ 复合膜过程（MHDA SAM 指 16-巯基十六酸单分子层）；(b) 图案化的 $Cu_2BTC(H_2O)_n$ 复合膜的表面 AFM 图

(3) 共价键作用

基于静电力、氢键等可逆弱相互作用力制备的层层组装复合膜在高热、强酸、强碱和高离子强度等环境下的稳定性欠佳，在一定程度上限制了层层组装技术的应用。共价键具有比静电力、氢键等作用力更强的稳定性，因此利用共价键制备层层组装复合膜可以有效地提高膜的稳定性。Patil 等利用壳聚糖（ACHI）上的氨基和戊二醛（Glutaraldehyde）生成亚胺键的反应在三聚氰胺-甲醛胶体粒子（MF）上制备了由壳聚糖组成的层层组装复合膜。由于共价键作用力具有良好的稳定性，可以在不破坏层层组装复合膜的前提下在 NaOH 溶液中溶去 MF 胶体粒子得到壳聚糖微胶囊。

采用层层组装的方法，基于共价键可构筑金/银纳米杂化复合膜，并进一步用氯金酸溶解银组分的方法制备出多孔金超薄膜。采用硼氢化钠还原的方法制备出柠檬酸根稳定的金溶胶和银溶胶，通过双硫醇——1,5-戊二硫醇作为交联剂，实现了金、银纳米粒子的交替组装。成膜驱动力是 1,5-戊二硫醇的硫醇键（—SH）与金、银纳米粒子之间形成的稳定的共价键。组装的金/银纳米杂化复合膜中的银组分再用氯金酸（$HAuCl_4$）氧化溶去，最终得到多孔的金薄膜，如图 7-20 所示。这种方法也可用于其它金属多孔薄膜的制备。

7.3.3 嵌段共聚物囊泡/胶束的组装

聚合物囊泡呈空心球结构，它们通常具有一层疏水的壁（membrane），壁的内外两侧是亲水的壳层（corona）。与两亲性小分子的分子量相比，聚合物的分子量要大几个数量级。大分子量的疏水链段使得聚合物囊泡的壁厚明显大于脂质体囊泡的壁厚。此外，研究表明囊泡壁中的聚合物链段是相互缠结的，如图 7-21 所示。这些原因使得共聚物囊泡拥有较好的稳定性和机械性能。另外，它们的膜流动性和渗透性低于脂质体囊泡，且随着疏水链段分子

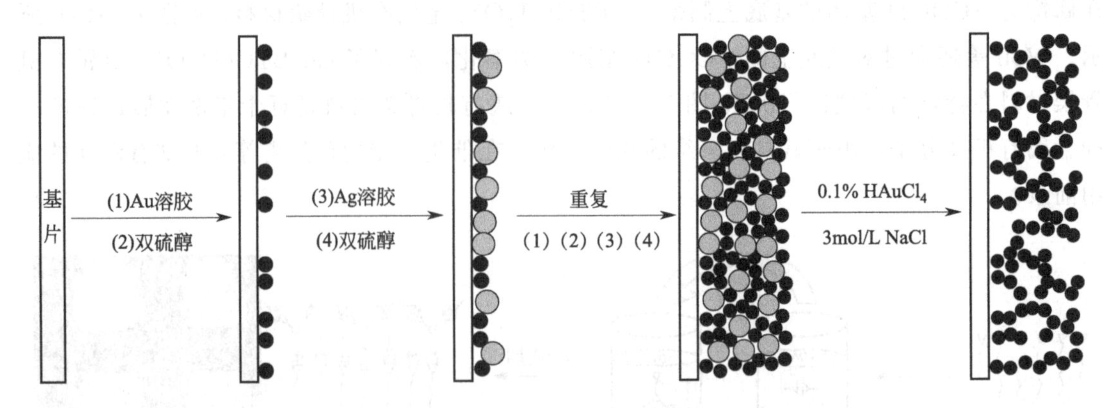

图 7-20　金/银纳米杂化复合膜和多孔的金薄膜的制备过程示意图

量的增加而降低。

如图 7-21 所示，囊泡中，疏水的壁由聚氧化丁烯（polybutylene oxide）链段构成，壁的内外两侧是亲水的聚氧化乙烯（polyethylene oxide，PEO）链段。

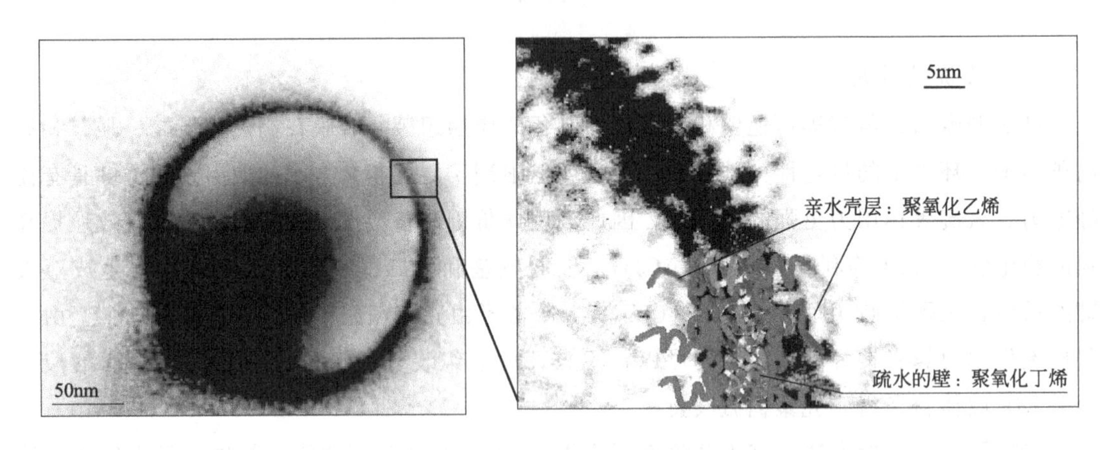

图 7-21　不同放大倍率下的（聚氧化乙烯/聚氧化丁烯）嵌段共聚物囊泡的透射电子显微镜照片

由于上述独特的结构和物化性能，聚合物囊泡自 1995 年首次发现以来就吸引了人们极大的研究兴趣。人们已经合成了许多可用于囊泡研究的双亲性嵌段共聚物。这些嵌段共聚物的疏水链段通常由聚苯乙烯、聚异戊二烯、聚丁二烯、聚硅氧烷、聚环氧丙烷和聚环氧丁烷等构成，亲水链段通常由聚乙烯醇、聚氧化乙烯、聚乙烯吡咯烷酮等构成，当然也有一些其它组成。

嵌段共聚物胶束（polymeric micelles）也是由合成的两亲性嵌段共聚物形成的，胶束是在相应的溶剂中自组装形成的一种热力学稳定的胶体溶液。胶束与前面提到的囊泡的主要区别为，胶束为实心壳核结构，外层亲溶剂，内层疏溶剂，而囊泡为空心结构。形成囊泡还是胶束，主要受分子结构（包括亲、疏水链段的组成、链长、离子基团）、浓度、溶剂、温度等影响。聚合物胶束作为药物载体，具有较好的稳定性，可增加难溶性药物的溶解度，使药物靶向肿瘤部位并缓慢释放，降低不良反应，提高药物生物利用度等优点，也是一种优良的载药系统。

利用聚合物囊泡空腔内与囊泡外的物质交换，可以在囊泡空腔内实现化学反应，此囊泡可用作纳米反应器。例如，Meier 和 Hunziker 等在 ABA 型三嵌段共聚物囊泡壁内嵌入一种孔蛋白——细菌 ompF 孔蛋白，这种蛋白具有 pH 响应性，在低 pH（4～6.5）环境中能够形成通道，使得水溶性物质进入囊泡空腔，如图 7-22 所示。同时，他们在囊泡空腔内装载了 pH 响应的酶——酸性磷酸酯酶。在溶液 pH 值达到 4～6.5 的情况下，可溶性的非荧光分子通过打开的蛋白通道进入囊泡空腔，经过空腔中酸性磷酸酯酶的催化反应形成不溶于水的荧光物质，实现了聚合物囊泡的纳米反应器功能。

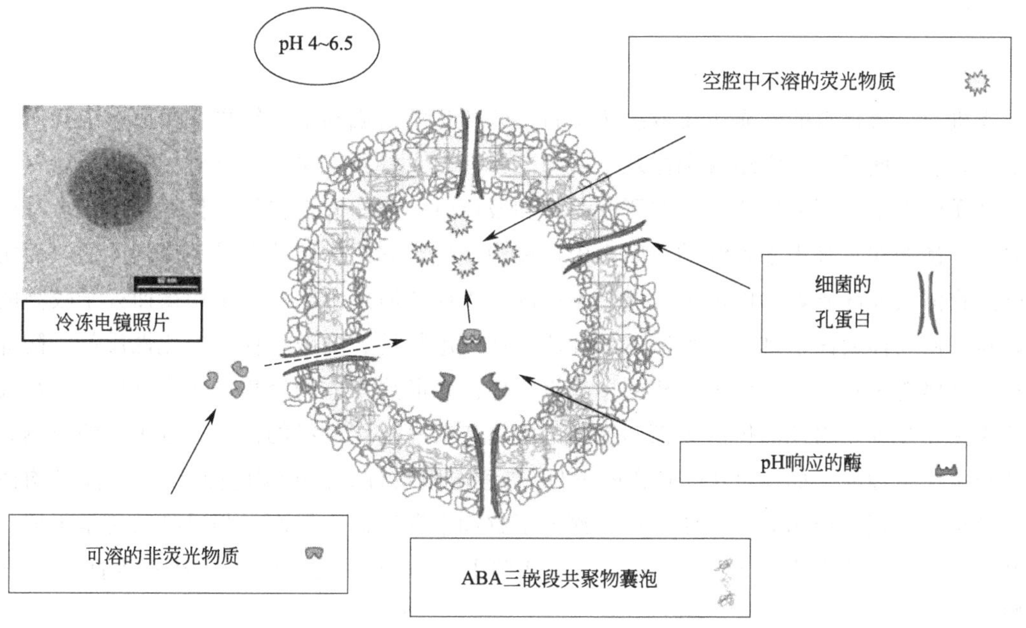

图 7-22　聚合物囊泡纳米反应器（pH 响应的聚合物囊泡反应器在一定的 pH 值下将水溶性非荧光分子转变为疏水的荧光物质）

8 无机非金属材料的表界面

无机非金属材料的性质主要取决于材料整体的化学组成和微观结构。然而，现代研究方法表明，表界面区的化学组成和微观结构与总体有较大差异，这种差异对无机非金属材料的表面性质产生了显著的影响。如在研究晶体和玻璃时，我们假定物体中任意一个质点（原子或离子）都处在三维无限连续的空间之中，周围环境对它的作用情况是完全相同的，而实际上处在物体表面的质点和内部的质点是不同的，表面的质点由于受力不均衡而处于较高的能阶，这就使物体表面呈现一系列特殊的性质，如气敏特性、湿敏特性、催化性质等。陶瓷是无机非金属粉末在一定条件下形成的多晶聚集体。多晶聚集体的聚集方式依靠单个晶粒表面态的聚集和晶界，因此晶体的表面和晶界的结构特征对陶瓷材料的性质有着重要的影响，有时甚至是决定性的。如 $BaTiO_3$ 陶瓷的 PTC 热敏电阻特性、ZnO 陶瓷的压敏特性等均由晶界特性决定。正确选用研究方法，可以深入了解和掌握表面、界面、相界处的化学组成、化学环境、晶相分布与其它微观结构。在此基础上可以有的放矢地进行材料改性和开发新材料。

8.1 陶瓷的表界面

8.1.1 陶瓷表界面的结构

8.1.1.1 表面结构

理论上理想的表面是结构完整的二维点阵平面。不考虑晶体内部周期性势场在晶体表面中断的影响，不考虑表面原子的热运动、热扩散、热缺陷等，不考虑外界对表面的物理-化学作用，认为体内原子与表面原子完全一样，如图 8-1 所示。

实际晶体中，由于表面处原子周期性排列突然中断，形成了附加表面能，表面原子的排列与内部有明显的差别。为减小表面能，原子排列必须进行相应的调整，调整有两种方式：一种是自行调整，经过 4～6 层后，原子的排列与体内非常接近，晶格常数差已小于 0.01nm；另一种是靠外来因素调整，表面能减小，系统稳定。图 8-2 为几种清洁表面结构，图中（a)、(b）和（c）为自行调整，(d）和（e）是靠外来因素调整，(f）为晶体表面经常

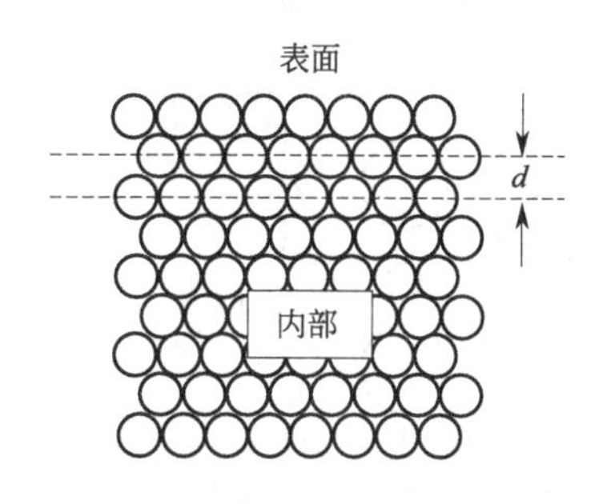

图 8-1　理想表面示意图

存在的台阶。这里的清洁表面是指不存在任何吸附、催化反应、杂质扩散等物理-化学效应的表面。

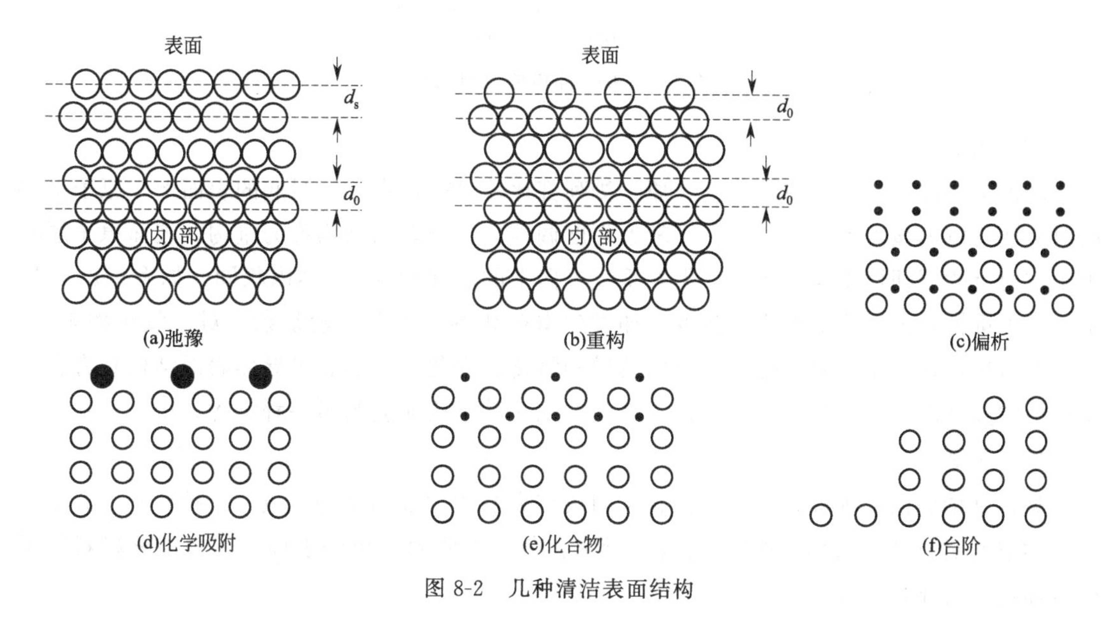

图 8-2　几种清洁表面结构

（1） 弛豫

弛豫指表面层之间以及表面和体内原子层之间的垂直间距 d_s 和体内原子层间距 d_0 相比，有所膨胀或压缩的现象，可能涉及几个原子层，但晶胞结构基本不变，如图 8-2(a) 所示。

离子晶体的主要作用力是库仑静电力，是一种长程作用，因此表面容易发生弛豫，弛豫的结果是产生表面电偶极矩。例如，NaCl 晶体的表面弛豫如图 8-3 所示，在表面处离子排列发生变化，体积大的负离子间的排斥作用，使 Cl^- 向外移动，体积小的 Na^+ 则被拉向内部，同时负离子易被极化，屏蔽正离子电场外露外移，结果原处于同一层的 Na^+ 和 Cl^- 分成相距为 0.02 nm 的两个亚层，但晶胞结构基本没有变化，形成了弛豫。在 NaCl 晶体中，阳离子从（100）面缩进去，在表面形成 0.02 nm 厚度的双电层。

弛豫主要发生在垂直表面方向，又称为纵向弛豫，弛豫时的晶格常数变化将取决于材料的特征和晶相。弛豫不仅发生在表面一层，而且会延伸到一定范围，如 NaCl（100）面的离子极化是发生在距表面5层的范围。弛豫过程保留了平行于表面的原子排列对称性。

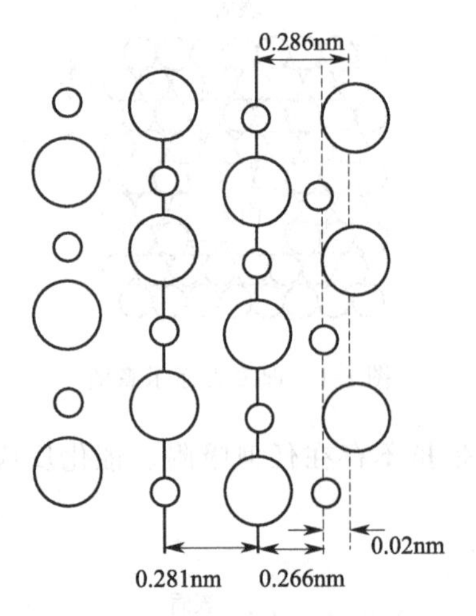

图 8-3 NaCl晶体的表面弛豫

(2) 重构

许多半导体、少数金属的表面，原子排列都比较复杂，在平行衬底的表面上，原子平移的对称性与体内显著不同，原子作了较大幅度调整，这种表面结构称为重构。表面原子层在水平方向上的周期性不同于体内，但在垂直方向上的层间距 d_0 与体内相同，如图 8-2(b)所示。发生重构是由于价键发生了畸变，如发生退杂化等，情况比较复杂。对于氧化物表面，一般都出现重构现象，是非化学计量的诱导和氧化态变化造成的。半导体表面结构具有各自稳定性的温度范围，温度太高或太低，表面会从一种结构转变为另一种结构。

(3) 偏析

偏析是指表面或界面附近薄层内化学组成偏离晶体内部的平均组成，某种原子、离子或化合物浓度明显高于内部，如图 8-2(c) 所示。杂质由体内偏析到表面，使多组分材料体系的表面组成与体内不同。

(4) 化学吸附

固体表面存在大量的具有不饱和键的原子或离子，能吸引外来的原子、离子和分子，产生吸附。在清洁表面上有来自体内扩散到表面的杂质和来自表面周围空间吸附在表面上的质点所构成的表面。吸附表面按吸附位置不同可分为四种：顶吸附、桥吸附、填充吸附、中心吸附。二氧化硅是陶瓷的主要成分，这类氧化物在低温下断裂时，其新面并不沿任何指定的结晶学方向，而是破坏了大量的 Si—O 键，在表面形成具有不饱和键的 Si^{4+} 和 O^{2-}，这种高能、高活性的表面可以迅速地从空气中吸附氧和水，形成能量较低的表面。

(5) 化合物

有些碳化物陶瓷，如碳化硅在空气中易氧化，表面形成二氧化硅膜，它阻止了内部进一步氧化。单晶硅表面也很容易氧化产生二氧化硅膜，情况与图 8-2 (e) 相似。

(6) 台阶

表面不是平面，由规则或不规则台阶组成，如图 8-2(f) 所示。

8.1.1.2 晶界

表面是指凝聚相与气相之间的分界面，界面是凝聚相之间的分界面，即结构、组成不同的凝聚相之间的分界面，而晶界是指陶瓷体经高温烧结后形成的晶粒与晶粒之间的边界。晶界上两晶粒的取向有差异，两晶粒都力图使晶界上的质点排列符合自己的取向，达到平衡时，晶界上的原子就形成某种过渡的排列方式。如果陶瓷中不存在气孔，陶瓷多晶体可以看成由晶粒及晶界组成。晶界的形状、性质对材料的各种性能（电学性能、光学性能、磁学性能及机械性能）都有巨大的影响。因此，了解晶界的结构及其性质是极其重要的。

晶界的结构有两种不同的分类方法。第一种分类是按相邻晶粒取向差别角度，分为小角度晶界和大角度晶界。图 8-4 是小角度晶界的示意图，图中 θ 角是倾斜角，通常是 2°～3°。由图可见，小角度晶界可以看成由一系列刃形位错排列而成。为了填补相邻两个晶粒取向之间的偏差，使原子的排列尽量接近原来的完整晶格，每隔几行就插入一片原子，这样小角度晶界就成为一系列平行排列的刃位错。如果原子间距为 b，则每隔 $h=b/\theta$，就可以插入一片原子，因此小角度晶界上位错的间距应当是 h。图 8-4(b) 是小角度晶界的另一种可能结构。当两个相邻晶粒取向差别角度超过 15°时为大角度倾斜晶界，大角度晶界是由多晶体中晶粒完全无序排列形成的。在这种晶界中，原子的排列近于无序。图 8-5 是大角度晶界的示意图。

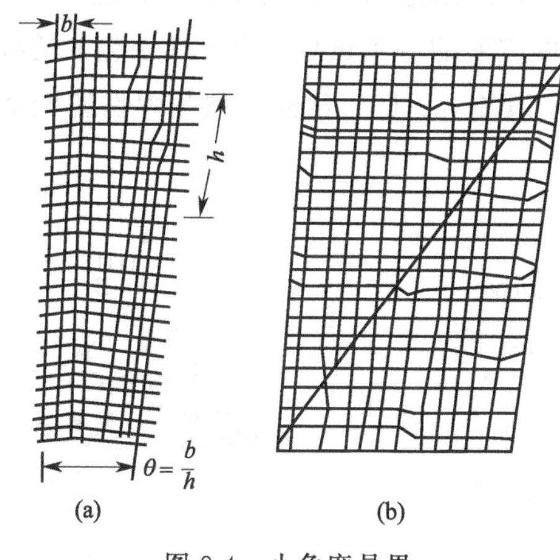

图 8-4　小角度晶界

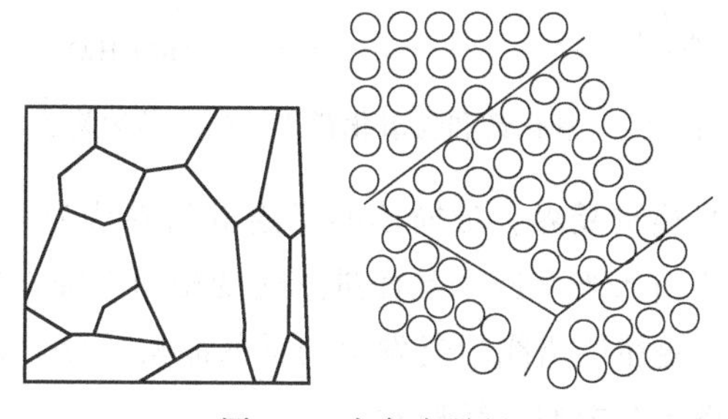

图 8-5　大角度晶界

另外一种晶界结构，是共格晶界，界面两边相邻晶粒的原子成一一对应的相互匹配关系。界面上的原子为相邻两个晶体所共有，如图 8-6 所示。相邻晶粒的面间距差不多时，可完全共格；面间距相差较大时，出现部分共格。在这种共格晶界两边的原子，作镜像对称排列，实际上是一种双晶。当金属镁在空气中燃烧生成氧化镁时，就会出现这种双晶。

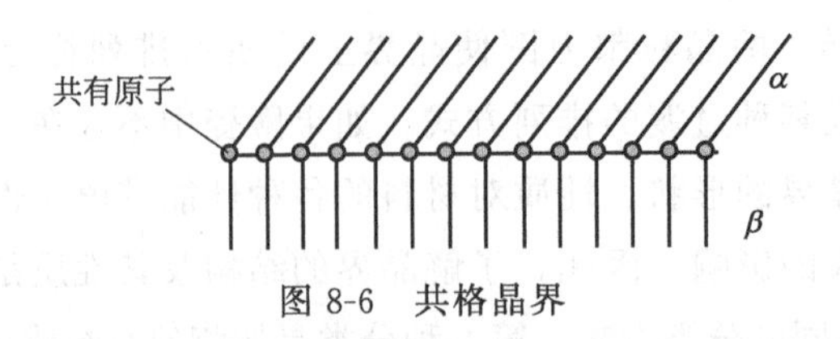

图 8-6　共格晶界

另一种分类是根据晶界两边原子排列的连贯性来划分的，分为连贯晶界、半连贯晶界和非连贯晶界三种。如果晶界两侧的晶体具有非常相似的结构和类似的取向，越过界面的原子面是连续的，那么这种晶界即为连贯晶界。如，当 $Mg(OH)_2$ 热分解生成 MgO 时就生成连贯晶界。在这种氧化物的生成过程中，氧的密堆积晶面是由与其相似的氢氧晶面演化来的，见图 8-7。因为当从原来的 $Mg(OH)_2$ 结构的区域转变到 MgO 结构的区域时，阳离子晶面是连续的。可是，两个类型的区域中的面间距 c_1 和 c_2 是不同的。晶面间距的不相配度用 $(c_2-c_1)/c_1=\delta$ 来定义。两个区域的晶面间隔不同，为了保持晶面的连续，必须有其中的一个相或两个相发生弹性应变，或通过引入位错而达到。这样两个相的相邻区域的尺寸大小才能一致。不相配度 δ 是弹性应变的一个量度。由于弹性应变的存在，系统的能量增大。系统弹性应变能与 $c\delta^2$ 成比例，其中，c 是一常数。系统弹性应变能与结构不对称性 δ 的关系如图 8-8 所示。

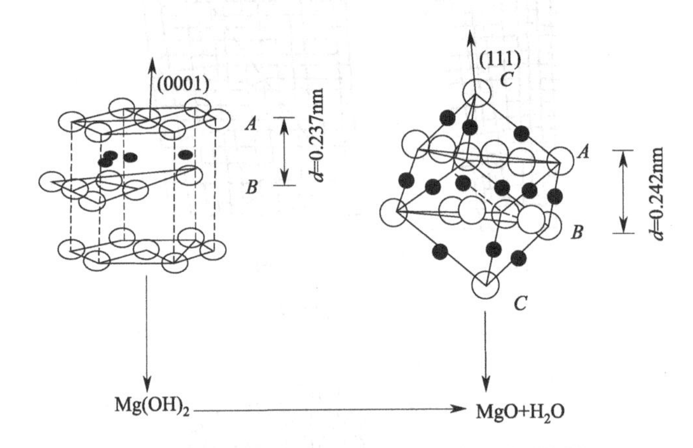

图 8-7　氧化镁和氢氧化镁之间的结晶学关系

另一种类型的晶界叫半连贯晶界。最简单的半连贯晶界认为只有晶面间距 c_1 小的一个相发生应变，弹性应变由于引入半个原子晶面进入应变相而下降，这样就生成界面位错，如图 8-9 所示。位错的引入，使在位错线附近发生局部的晶格畸变，显然晶体的能量也增加。

晶界能与 δ 的关系如图 8-8 中的虚线所示。

① 当不相配度较小时（$\delta<0.05$），两晶粒的晶面间距相差不大，以共格相界存在能量最低。

一般，当 $\delta<0.05$ 时，形成共格相界；当 $0.05\leqslant\delta\leqslant0.25$ 时，可形成半共格相界；当

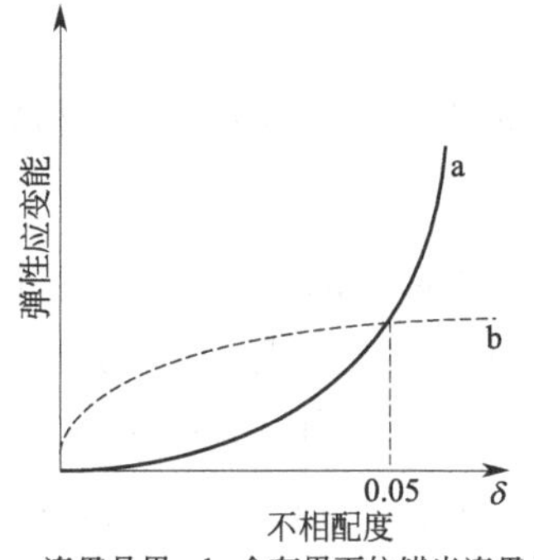

a 连贯晶界；b 含有界面位错半连贯晶界

图 8-8 系统的弹性应变能与两个相邻晶相的结构不相配度的函数关系

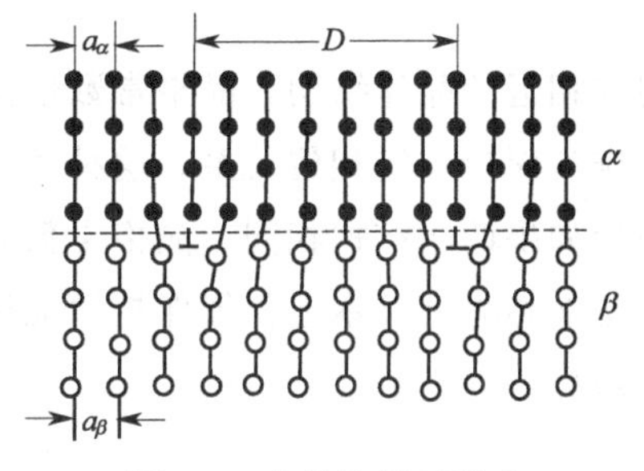

图 8-9 半共格界面示意

$\delta>0.25$ 时，形成非共格相界。

② 当不相配度增加到一定程度（$\delta>0.05$），在同样的不相配度 δ 下，引入界面位错所引起的能量增加要比结构的弹性变形小。若再以共格相连，所产生的弹性应变能将大于引入晶界位错所引起的能量。以半共格相界相连比共格相界能量更低，因而以半共格相界相连。

③ 当不相配度进一步增加时，晶界引入位错不能无限制增加，这时晶粒以非共格相界相连，晶界质点的排列趋于无序状态。

非连贯晶界的晶体结构相差很大，或是晶体结构相同，但晶粒之间取向相差很大，如图 8-10 所示。由于杂乱无章，非连贯晶界的能量难以估计，用烧结方法得到的陶瓷多晶体绝大多数具有这样的典型结构。

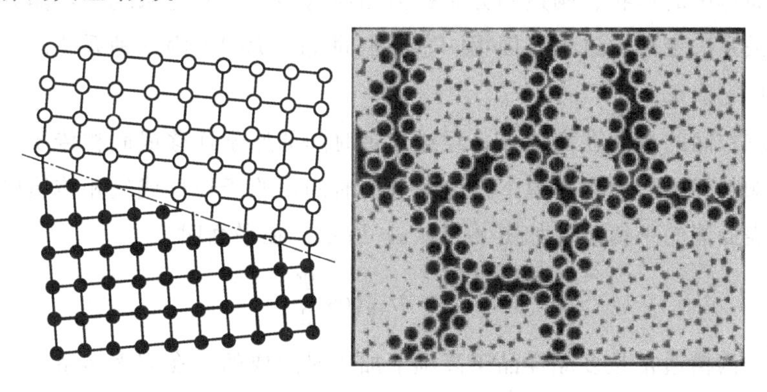

图 8-10 非连贯晶界示意

8.1.1.3 相界

在热力学平衡条件下，不同相间的交界区称为相界。相界有以下几种。

(1) 非共格相界

两相不同时，相界两侧晶体结构不同，晶格常数不同，即原子排列方式不同，没有固定的相位关系。这种相界里必然有一个过渡区。原子排列方式复杂。如 $\alpha\text{-}Fe_2O_3$ 和 $\gamma\text{-}Fe_2O_3$ 相界，靠近 $\alpha\text{-}Fe_2O_3$ 处原子排列接近刚玉结构，靠近 $\gamma\text{-}Fe_2O_3$ 处原子排列接近尖晶石结构，中间逐步变形。更多情况是杂质在晶界的偏析会使过渡区形成一个新晶界相，它不同于 $\alpha\text{-}Fe_2O_3$ 相和 $\gamma\text{-}Fe_2O_3$ 相。

通过上述讨论可知，不同晶体结构的相界称为非共格相界，相界处原子排列复杂，同时有杂质空位等缺陷。

(2) 共格相界

如果相界处两相具有相同或相近的晶体结构，晶格常数也比较接近，那么相界面的原子通过一定变形，使两侧的原子排列保持一定相位关系，这种相界称为共格相界。

相界面附近的原子变形是指如果两相结构相同，晶格常数大的相在相界处稍作收缩，晶格常数小的稍作扩张，其结果是在相界处基本上仍能保持原晶体结构，但相界处产生弹性附加形变能，它是相界能的主要部分。

(3) 准共格相界

两相具有相同或相近的晶体结构，但晶格常数或晶向的偏差小于10%，这时靠交界处的原子变形来形成相界，会产生过大的弹性畸变，使相界不稳定。但在界面上形成有规则的位错，界面能会变低，这种相界称为准共格相界。当一种材料的晶格常数大于另一种材料时，相界面上位错会平行排列，称为失配位错。位错间距 D 为：

$$D=ab/(b-a) \tag{8-1}$$

如果 a、b 差别很大，D 就很小，失配位错密度大，畸变能也大，这时会感生出其它类型位错和缺陷，有时能使相界处开裂。

在超晶格材料中和异质外延生长时容易出现这种失配位错。

8.1.1.4 晶界构形

晶界在多面体中的形状、构造和分布称为晶界构形。在陶瓷系统中，晶界的形状是由表面张力的相互关系决定的，这里有固-固-气、固-固-液、固-固-固三种系统。

(1) 固-固-气系统

两个固体颗粒间的界面在高压下，经过充足时间的原子迁移或固相传质，体系能达到平衡。两个固体颗粒间的界面在高温下经过充分的时间使原子迁移或气相传质以后也能达到平衡。晶界能和表面能的平衡条件如图 8-11 (a) 所示。在平衡时：

$$\gamma_{ss}=2\gamma_{sg}\cos\frac{\Psi}{2} \tag{8-2}$$

这种类型的沟槽通常是多晶样品于高温下加热时形成的，在许多体系中曾观察到热腐蚀现象。通过测量热蚀角 Ψ 可以确定晶界能与表面能之比。

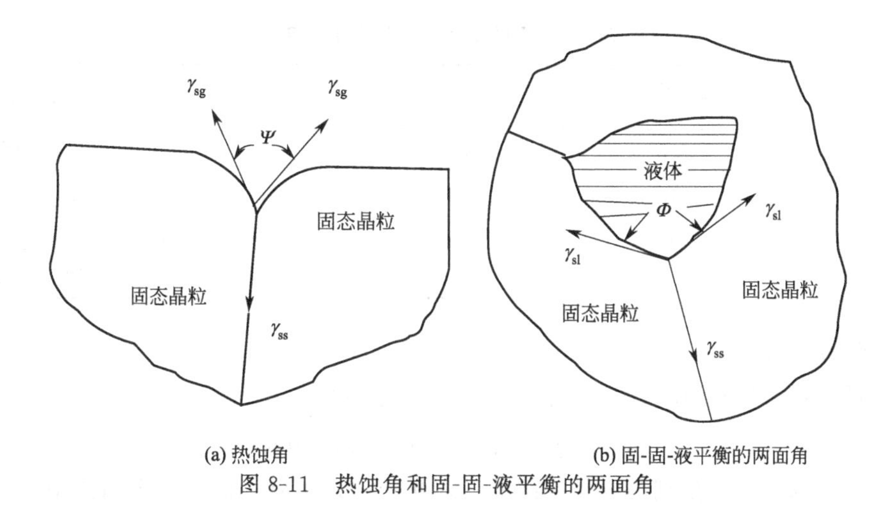

图 8-11 热蚀角和固-固-液平衡的两面角

(2) 固-固-液系统

在没有气相存在时，如果固相和液相处于平衡状态，则平衡条件如图 8-11（b）所示。

$$\gamma_{ss}=2\gamma_{sl}\cos\frac{\Phi}{2} \tag{8-3}$$

式中，Φ 为二面角。对于两相体系，二面角取决于界面能与晶界能的关系。

$$\cos\frac{\Phi}{2}=\gamma_{ss}/(2\gamma_{sl}) \tag{8-4}$$

若界面能 γ_{sl} 大于晶界能，Φ 就大于 120°，而在晶粒交界处形成孤立的袋状第二相。若 γ_{ss}/γ_{sl} 比值介于 1 和$\sqrt{3}$之间，Φ 就介于 60°与 120°之间，而第二相在三晶粒交界处沿晶粒相交线部分地渗透进去。若这个比值在$\sqrt{3}$和 2 之间，Φ 就小于 60°，第二相就稳定地沿着各个晶粒边长方向延伸，在三晶粒交界处形成三角棱柱体。当这个比值等于或大于 2 时，Φ 等于零，则平衡时各晶粒的表面完全被第二相所隔开。上述结构见图 8-12 和表 8-1。

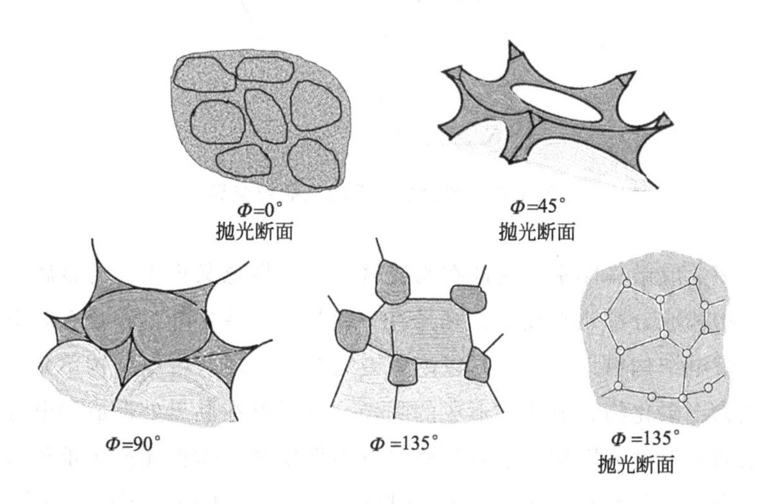

图 8-12 不同二面角情况下的第二相分布

表 8-1　不同二面角与润湿的关系

γ_{ss}/γ_{sl}	$\cos\frac{\Phi}{2}$	Φ	润湿性	相分布
<1	$<1/2$	$>120°$	不	孤立液滴
$1\sim\sqrt{3}$	$1/2\sim\sqrt{3}/2$	$120°\sim60°$	局部润湿	开始渗透晶界
$\sqrt{3}\sim2$	$1\sim\sqrt{3}/2$	$<60°$	局部润湿	在晶界渗开
$\geqslant2$	1	$0°$	全润湿	浸润整个材料

(3) 固-固-固系统

在多晶体中，三个晶粒间的夹角由晶界能的数值决定：

$$\gamma_{23}/\sin\varphi_1 = \gamma_{31}/\sin\varphi_2 = \gamma_{12}/\sin\varphi_3 \tag{8-5}$$

式中，φ_1、φ_2、φ_3 分别为两晶粒间的二面角；γ 为晶界界面能。多晶体中晶粒的形态主要满足两个基本条件：充塞空间条件和自由能极小条件。根据这两个条件，多晶材料的二维截面上两个晶粒相交或三个以上的晶粒相交于一点的情况是不稳定的，经常出现的是三个晶粒交于一点，其二面角的关系由式(8-5) 决定。当晶界交角为 120°时，晶粒的截面都是六边形的，这时晶界是平直的，如图 8-13 所示。但实际晶粒并非都是正六边形的，会出现弯曲晶界。从界面能量考虑，弯曲晶界是不稳定的，如果温度足够高，多晶体会发生传质过程。这时弯曲的晶界会沿着曲率运动，使界面减小，以降低系统的自由能，这个过程要通过消耗周围的小晶粒来使多边形晶粒长大。再结晶中的少数晶粒异常长大并吞食周围的小晶粒就是这种传质过程。晶界的构形除与 γ_{ss} 有关外，高温下固-液、固-固间还会发生溶解、化学反应等过程，从而改变界面张力，因此多晶多相组织的形成是一个更复杂的过程。

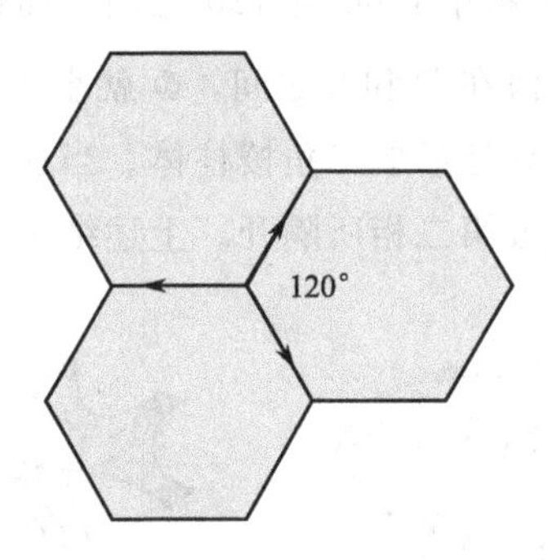

图 8-13　理想状态下的三晶粒交界

陶瓷是一种多晶或微晶体系，因此在陶瓷材料中晶界意义重大。与金属材料相比，陶瓷的晶界更宽，结构和成分都非常复杂，除具有一般晶界的特性外，还具有以下特征。

陶瓷主要由带电结构单元（离子）以离子键为主体构成，带电结构单元影响晶界的稳定性。例如，氧化物、碳化物和氮化物形成的陶瓷，离子键在晶界处形成静电势，静电势强烈受缺陷类型、杂质和温度的影响，会对陶瓷的电学性质和光学性质产生重要影响。

少量掺杂对陶瓷的晶粒尺寸和晶界性质起到决定性的作用。例如，氧化物陶瓷中掺杂 MgO，晶界性质会有明显变化。有人将陶瓷晶界分为特殊晶界和一般晶界。特殊晶界由小角度、晶界、重合位置点阵晶界和重合转轴晶界组成，属于重合晶界，这些晶界都是低能晶界。一般晶界由失配位错构成，属于接近重合晶界，它的晶界能略高于特殊晶界。例如，掺杂 MgO 的氧化物陶瓷由很多特殊晶界组成，这种材料具有很好的稳定性，在高温下，晶粒不会明显长大，晶界也不易移动，因此能在高温下承受大的压应力。掺杂对陶瓷材料中特殊晶界的比例和分布有很大的影响，在功能设计时非常有用。

陶瓷晶界处往往有大量杂质凝聚，当凝聚到一定程度时会形成新相，称为晶界相，杂质的偏析和生成晶界相对陶瓷的物理性质和化学性质都有重要影响。杂质在陶瓷晶界的分布如图 8-14 所示。

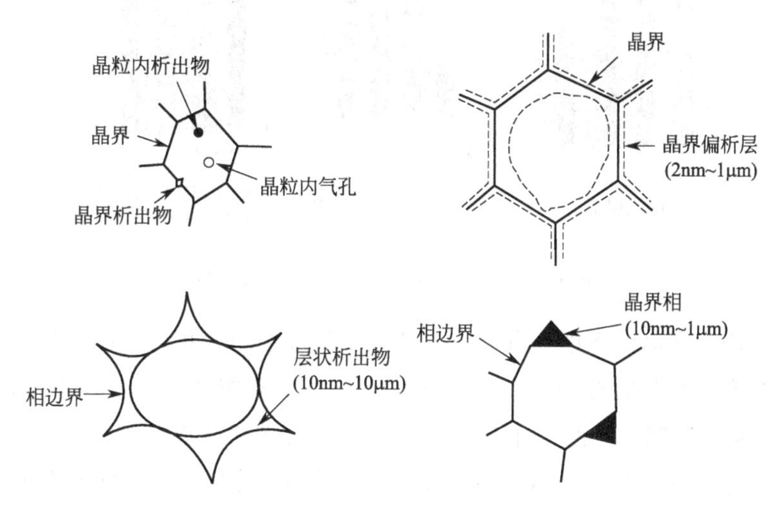

图 8-14 杂质在陶瓷晶界的分布

通常认为氧化物陶瓷的脆性也与晶界有关。研究表明，吸附在晶界的水蒸气产生堆垛层错，是微裂纹源，它会逐渐发展成宏观裂纹，使陶瓷出现脆性。

8.1.2 陶瓷表界面的特征与行为

陶瓷是典型的多晶材料，含有大量的晶界。晶界上原子排列不规则，造成晶界结构比较疏松，常有空位、位错和键变形等缺陷，使之处于应力畸变状态，故晶界处能量较高，能体现晶界特有的性质。晶界是原子快速扩散的通道，并容易引起杂质原子偏聚。晶界也是固态相变时优先成核区域，此外，晶界能阻碍位错运动，引起晶界强化，提高材料的强度。

8.1.2.1 晶界应力

陶瓷多晶体如果由两种不同热膨胀系数的晶相组成，烧结至某一高温状态下，这两个相之间完全密合接触，基本处于一种无应力状态。但当它们冷却至室温时，由于两相的热膨胀系数不同，收缩不一致，从而有可能在晶界上出现裂纹。对于一些各向异性的单相材料，如氧化铝、石英、TiO_2、石墨等，由于膨胀系数各向异性，也会产生类似的现象。石英是一种制作玻璃的原料，作为粉碎过程的第一步，就是对石英进行煅烧，利用相变和热膨胀产生的晶界应力使其变得松脆。在大晶粒的氧化铝中，晶界应力可以产生裂纹或晶界分离。显然，晶界应力对多晶材料的力学性质、光学性质及电学性质都会产生强烈的影响。

我们可以用一个由两种不同膨胀系数的材料组成的层状复合体来说明晶界应力的产生，设两种材料的线膨胀系数为α_1、α_2，弹性模量为E_1、E_2，泊松比为μ_1、μ_2。按照图 8-15 的模型组合。

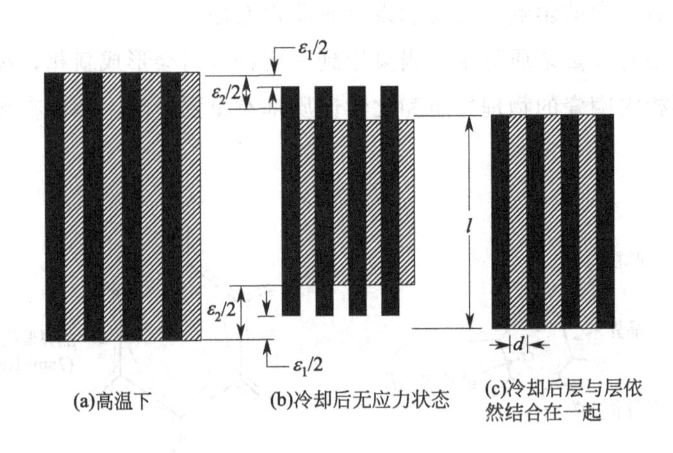

图 8-15 层状复合体中晶界应力的模型

图 8-15(a) 表示在高温下的一种状态，两个相长短相同，并结合在一起。假设这种情况是一种无应力状态，冷却后有两种情况，如图 8-15(b) 和图 8-15(c) 所示。图 8-15(b) 表示在低于T_0的某一温度下，两个相自由收缩到各自的平衡状态。因为是一个无应力状态，这种状态相应于晶界发生完全分离。图 8-15(c) 表示同样在低于T_0的T温度下，两个相都发生收缩，但晶界应力不足以使晶界发生分离，处于有应力的平衡状态。当温度从T_0变到T_1，温度差为$T_1-T_0=\Delta T$，第一种材料要收缩变形，其值$\varepsilon_1=\alpha_1\Delta T$，同时，第二种材料要收缩$\varepsilon_2=\alpha_2\Delta T$，而$\varepsilon_1\neq\varepsilon_2$，因此，如果不发生分离，即处于图 8-15(c) 状态，复合体必须取一个中间膨胀的数值。在复合体中一种材料的净压力等于另一种材料的净拉力，两者平衡。设σ_1和σ_2为两个相的线膨胀引起的应力，V_1和V_2为体积分数（等于截面积分数）。如果$E_1=E_2$，$\mu_1=\mu_2$，$\alpha_1-\alpha_2=\Delta\alpha$，则两种相的热应变差为：

$$\varepsilon_2-\varepsilon_1=\Delta\alpha\Delta T \tag{8-6}$$

第一相的应力：

$$\sigma_1=[E/(1-\mu)]V_2\Delta\alpha\Delta T \tag{8-7}$$

这种力经过晶界传给一个单层的力为$\sigma_1A_1=-\sigma_2A_2$，A_1、A_2分别为第一、第二相的晶界面积，合力$\sigma_1A_1+\sigma_2A_2$产生一个平均晶界剪切力：

$$\tau_{平均}=(\sigma_1A_1)_{平均}/局部的晶界面积$$

层状复合体的晶界面积与V/d成正比。d为薄片的厚度，V为薄片的体积，层状复合体的剪切力：

$$\tau=\frac{\left(\frac{V_1E_1}{1-\mu_1}\right)\left(\frac{V_2E_2}{1-\mu_2}\right)}{\left(\frac{V_1E_1}{1-\mu_1}\right)+\left(\frac{V_2E_2}{1-\mu_2}\right)}\Delta\alpha\Delta T\ \frac{d}{l} \tag{8-8}$$

因为对于具体系统，E、μ、V 是一定的，所以上式可改写为：

$$\tau = K \Delta\alpha \Delta T \frac{d}{l} \tag{8-9}$$

式中，l 是层状物的长度（见图 8-15）。

从式(8-9) 可以看到，晶界应力与热膨胀系数差、温度变化及复合层厚度成正比。若晶体热膨胀是各向同性的，$\Delta\alpha = 0$，晶界应力不会发生。若产生晶界应力，则厚度愈厚，应力愈大。通常晶粒越大，陶瓷的强度也越差，抗热冲击性也差，与晶界应力的存在有关。

在三维的等轴晶粒结构中，因为晶界正应力的作用，由晶界的剪应力传递合力的分数比层状物中要小，对于一个球形粒子处于无限的基体中的简单情况，该球受到均匀的等静压力为：

$$\bar{\sigma} = \frac{(\alpha_m - \alpha_p)\Delta T}{(1+\mu_m)/(2E_m) + (1+\mu_p)/(2E_p)} \tag{8-10a}$$

式中，m 表示基体；p 表示粒子。基体中某点的应力为：

$$\sigma_{rr} = \bar{\sigma} R^3 / r^3 \tag{8-10b}$$

$$\sigma_{\phi\phi} = \sigma_{\theta\theta} = -\bar{\sigma} R^3 / (2r^3) \tag{8-10c}$$

式中，R 为粒子 p 的半径；r 为基体中该点与粒子中心的距离；σ_{rr} 为该点所受法向应力；$\sigma_{\phi\phi}$ 和 $\sigma_{\theta\theta}$ 为该点两个相互垂直的切向应力。

由此可见，晶界应力对于决定多晶陶瓷的许多性质来说是重要的。通常发现，对于含有不同热膨胀系数的复相陶瓷，或者像氧化铝那样具有各向异性膨胀的单相陶瓷，其应力之大足以导致裂纹的产生，并可使晶粒分离。由于晶界处能量及应力高，裂纹常从晶界处开始，然后扩大，最后产生断裂。虽然应力与晶粒尺寸无关，如式(8-10) 所示，但自发的裂纹主要发生于大晶粒的试样中，因为内应变能的降低与颗粒尺寸的立方成正比，而由断裂引起的表面能增加与颗粒尺寸的平方成正比。这些晶界的分离意味着大晶粒制品由于大的晶界应力而脆，通常其力学性能也较差。

8.1.2.2 晶界电位及空间电荷

弗伦克尔及列霍维克首先指出，在热力学平衡时离子晶体的表面和晶界由于有过剩的同号离子而带有一种电荷，这种电荷正好被晶界邻近的异号空间电荷云所抵消。对于纯的材料来说，若在晶界上形成阳离子和阴离子的空位或填隙离子的能量不同，就会产生这种电荷；如果有不等价溶质存在，它会改变晶体的点缺陷浓度，那么晶界电荷的数量和符号也会改变。对于 NaCl 来说，形成阳离子空位所需的能量大约是形成阴离子空位所需能量的三分之二。可以把这一结果看成一种倾向，就是当加热时，在晶界或其它空位源（表面位错）会产生带有有效负电荷的过剩阳离子空位，所产生的空间电荷会减缓阳离子空位的进一步发生，加速阴离子空位的发生。平衡时（与设想的过程无关）在晶体内是电中性的，但在晶界上带正电荷，这些电荷被电量相同而符号相反的空间负电荷云平衡，后者渗入到晶体内某个深度。

在像 NaCl 这样的晶体，对于晶格离子和晶界互相作用而形成的空位可写成：

$$\mathrm{Na_{Na}} = \mathrm{Na^{\cdot}_{晶界}} + V'_{\mathrm{Na}} \tag{8-11}$$

$$\mathrm{Cl_{Cl}} = \mathrm{Cl'_{晶界}} + V^{\bullet}_{\mathrm{Cl}} \tag{8-12}$$

在晶体的任一点阵位置的阳离子空位数与阴离子空位数由生成内能（$g_{V'_M}$，$g_{V^{\bullet}_X}$）、有效电荷 Z 及静电势 ϕ 决定，即：

$$[V'_M] = \exp\left(-\frac{g_{V'_M} - ze\phi}{kT}\right) \tag{8-13}$$

$$[V^{\bullet}_X] = \exp\left(-\frac{g_{V^{\bullet}_X} + ze\phi}{kT}\right) \tag{8-14}$$

在远离表面的地方，电中性要求 $[V'_M]_\infty = [V^{\bullet}_X]_\infty$，而空位浓度由总的生成内能决定：

$$[V'_M]_\infty = [V^{\bullet}_X]_\infty = \exp\left[-\frac{1}{2} \times \frac{(g_{V'_M} + g_{V^{\bullet}_X})}{kT}\right] \tag{8-15}$$

$$[V'_M]_\infty = \exp\left[-\frac{(g_{V'_M} - ze\phi_\infty)}{kT}\right] \tag{8-16}$$

$$[V^{\bullet}_X] = \exp\left[-\frac{(g_{V^{\bullet}_X} + ze\phi_\infty)}{kT}\right] \tag{8-17}$$

因而晶体内的静电势为：

$$ze\phi_\infty = \frac{1}{2}(g_{V'_M} + g_{V^{\bullet}_X}) \tag{8-18}$$

而空间电荷的扩展深度取决于介电常数，从晶界起这个深度的典型值为 2～10nm。对于 NaCl，估计 $g_{V'_M} = 0.65\mathrm{eV}$，$g_{V^{\bullet}_X} = 1.21\mathrm{eV}$，得 $\phi_\infty = -0.28\mathrm{V}$；对于 MgO，相应的估计值 $\phi_\infty \approx -0.7\mathrm{V}$。可见，所讨论的静电势并不是无关紧要的。从物理意义上来说，这相当于（对 NaCl，$g_{V'_M} < g_{V^{\bullet}_X}$）在晶界上有过剩正离子，使晶界带正电，同时在空间电荷区有过剩的阳离子空位而缺少阴离子空位，如图 8-16 所示。因此，就算在最纯的材料中，平衡晶界也需要晶体内部空位或间隙离子的平衡。当有浓度为 c_s 不等价溶质，即含有不同价态正离子的溶质存在时，如 $CaCl_2$ 在 NaCl 中或 Al_2O_3 在 MgO 中，就形成附加的阳离子空位。在附加空位相对于热释空位具有较高值的情况下，式(8-16)仍适用，而且：

$$\ln c_s \approx \ln[V'_M]_\infty = -\frac{g_{V'_M}}{kT} + \frac{ze\phi_\infty}{kT} \tag{8-19}$$

由式（8-19）可知，晶界静电势的符号和数值由溶质浓度及温度所决定。

对在 NaCl 中的 $CaCl_2$ 这个典型例子来说，由不等价溶质产生的空位浓度：

$$\mathrm{CaCl_2} \xrightarrow[\mathrm{NaCl}]{} \mathrm{Ca^{\bullet}_{Na}} + V'_{\mathrm{Na}} + 2\mathrm{Cl_{Cl}} \tag{8-20}$$

结合肖脱基平衡：

$$\text{无缺陷态} \Longleftrightarrow V'_{\mathrm{Na}} + V^{\bullet}_{\mathrm{Cl}} \tag{8-21}$$

使用式（8-21）、式（8-11）及式（8-12）同样可以求出由式（8-19）所得的结果。按式(8-21)，添加钙使 $[V'_{\mathrm{Na}}]$ 增加时，$[V^{\bullet}_{\mathrm{Cl}}]$ 减少，按式(8-11)，$[V'_{\mathrm{Na}}]$ 的增加使 $[\mathrm{Na^{\bullet}_{晶界}}]$ 降低，按式(8-12)，$[V^{\bullet}_{\mathrm{Cl}}]$ 的减少使 $[\mathrm{Cl'_{晶界}}]$ 增加，结果产生负的晶界电势（正的ϕ_∞）。

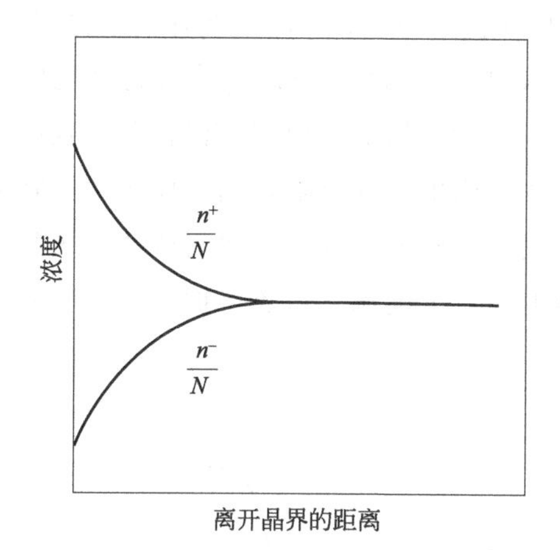

图 8-16　晶界空间电荷及带电缺陷浓度

由于氧化物体系的热释点阵缺陷浓度低，晶界电势及有关的空间电荷由不等价溶质浓度决定（含 MgO 溶质的 Al_2O_3 晶界带正电，含 Al_2O_3 或 SiO_2 溶质的 MgO 晶界带负电）。

8.1.2.3　晶界的溶质偏析

材料制备中，杂质或掺杂剂往往在晶界或相界区等处发生聚集，从而造成在晶界或晶界区出现组分不同于两侧晶粒的变化，往往表现为偏析，若在晶粒间产生新相，称为相偏析。晶界偏析、相偏析是多晶材料中非常普遍的现象。材料的机械学、电学、磁学、光学等性能往往与晶界或相偏析有关。

近代分析技术，如俄歇电子光谱仪常用来分析断裂晶界附近的薄层。结果表明在晶界附近总是存在偏析，尤以缓慢冷却到室温的样品更明显，这个结果与使用化学腐蚀后湿法分析化学组成得到的结果一致。其形成原因有三个：①晶粒内部总是存在或多或少的杂质离子，但是环绕杂质的弹性应变场较强，而晶界区由于开放结构及弱弹性应变场，在适当的高温下，杂质将从晶粒内部向晶界扩散，导致偏析以降低应变能；②晶界电荷的作用，例如 MgO 饱和的 Al_2O_3，晶界电荷符号为正，引起化合价比 Al^{3+} 低的 Mg^{2+} 的偏析，以降低静电势；③固溶界限，当温度降低时，溶质在晶格中的固溶度降低，偏析量随之增加，一般氧化物固溶体中固溶热都较大，固溶界限就较低，易引起溶质偏析。当基质中存在几种杂质时，离子半径与基质相差大的元素将先偏析。

8.1.3　表界面对陶瓷性能的影响和新材料开发

8.1.3.1　PTC 热敏电阻陶瓷

热敏电阻陶瓷是一类电阻率随温度发生明显变化的材料，用于制作温度传感器、线路温度补偿及稳频等的元件，又称为热敏电阻。具有品种繁多、灵敏度高、稳定性好、容易制造、价格便宜等优点。按照阻温特性，可把热敏陶瓷分为负温度系数 NTC、正温度系数 PTC、临界温度 CTR 热敏电阻、线性阻温特性热敏陶瓷四大类。这里主要介绍晶粒、晶界状况和电性能对于 $BaTiO_3$ PTC 热敏电阻陶瓷的性能的影响。

PTC 热敏电阻陶瓷主要是具有正温度系数的半导体陶瓷，其电阻率随温度的变化关系如图 8-17 所示。典型的 PTC 陶瓷是以 $BaTiO_3$ 为基体的掺杂半导体陶瓷材料，是当前研究最成熟、使用范围最广的 PTC 热敏材料。$BaTiO_3$ 陶瓷是铁电体，通过对其进行掺杂，并在氧化气氛下烧结，可获得晶粒充分半导化、晶界具有适当电绝缘性的 PTC 热敏陶瓷。$BaTiO_3$ 陶瓷不仅可作为开关型或缓变型热敏陶瓷电阻，用来探测及控制某一特定温区或温度点的温度，也可以作为电流限制器使用。此外，根据其伏安特性曲线和电流时间变化特性曲线，可用于定温加热器、彩电消磁电路、过电流、过热保护、马达启动器（如冰箱启动器）和延时开关等。

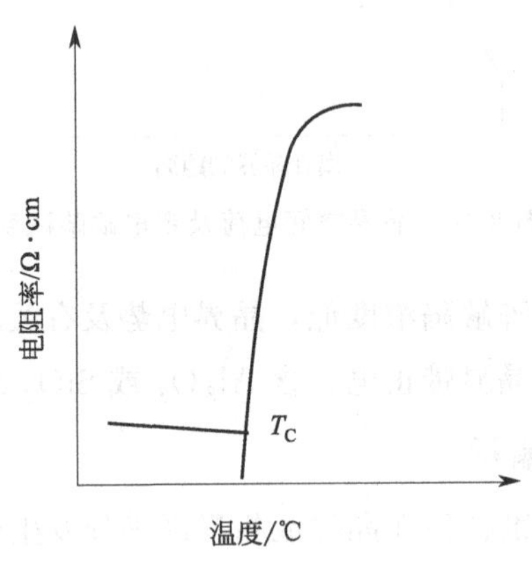

图 8-17　PTC 热敏电阻陶瓷的电阻率随温度的变化关系

（1）$BaTiO_3$ 陶瓷产生 PTC 效应的条件

$BaTiO_3$ 陶瓷是否具有 PTC 效应完全由其晶粒和晶界的电性能决定，没有晶界的单晶不具有 PTC 效应。大量实验结果表明，晶粒和晶界都充分半导化及晶粒半导化而晶界或边界层充分绝缘化的 $BaTiO_3$ 陶瓷都不具有 PTC 效应，而只有晶粒充分半导化，晶界具有适当绝缘性的 $BaTiO_3$ 陶瓷才具有显著的 PTC 效应。

值得指出的是，当陶瓷晶粒半导化，而晶界形成极薄的高绝缘层时，材料无 PTC 效应，但却具有极高的介电常数，利用这种性质，获得的高电容量陶瓷电容器称为晶粒边界型陶瓷电容器，简称为 BL 电容器。

要使 $BaTiO_3$ 陶瓷具有 PTC 效应必须采用施主杂质进行掺杂，使晶粒充分半导化，采用氧化气氛烧结，使晶界及其附近氧化，呈现适当的电绝缘性。晶界氧化的原因是晶界的结构缺陷，为氧提供了快速通道，这一点可以从 $BaTiO_3$ 基半导体陶瓷 PTC 效应与烧结后的冷却速度的关系中看出，即冷却速度越快，PTC 特性越小，冷却速度越慢，氧化越充分，PTC 效应越强。但是当 $BaTiO_3$ 基料中混入较多的 CuO、MnO_2、Bi_2O_3、TiO_2 等金属氧化物时，过高温度和过长时间的烧结，会使处于晶界上的金属氧化物充分氧化。由于高价金属离子在晶界附近作为受主俘获半导化 $BaTiO_3$ 施主离子给出的电子，因而在晶界上形成一层极薄的高阻层，使 $BaTiO_3$ 陶瓷失去 PTC 效应。

（2）$BaTiO_3$ 陶瓷晶粒的半导化

$BaTiO_3$ 陶瓷晶粒的半导化可以通过两种途径实现：通过施主金属离子掺杂和强制还原（化学计量偏离）。后一种方法不但能使 $BaTiO_3$ 陶瓷晶粒半导化，也能使晶界半导化，因此不能用于制造 PTC 陶瓷（若将强制还原的 $BaTiO_3$ 半导体陶瓷在空气或氧气中进行适当的热处理，则会显示 PTC 特性），但在生产某些半导体陶瓷电容器时还是经常采用。其原理是由于 $BaTiO_3$ 晶格失氧，内部产生氧缺位并伴随着 Ti^{3+} 产生，从而实现半导化。

在高纯 $BaTiO_3$ 中，用离子半径与 Ba^{2+} 相近而电价比 Ba^{2+} 高的金属离子，如稀土元素离子 La^{3+}、Ce^{4+}、Sm^{3+}、Dy^{3+}、Y^{3+}、Sb^{3+}、Bi^{3+}等置换其中的 Ba^{2+}，或用离子半径与 Ti^{4+} 相近而电价比 Ti^{4+} 高的金属离子，如 Nb^{5+}、Ta^{5+}、W^{6+} 等置换 Ti^{4+} 则可使 $BaTiO_3$ 陶瓷半导化。掺杂的结果是 $BaTiO_3$ 晶格中分别出现 Me^{3+} 和 Me^{5+}，由于电荷中性的要求，$BaTiO_3$ 晶格中的易变价的 Ti^{4+} 一部分变成 Ti^{3+}，因被 Ti^{4+} 俘获的电子处于亚稳态，在受到热和电场激励时，如同半导体的施主起着载流子的作用，因而使 $BaTiO_3$ 具有半导性。

（3）$BaTiO_3$ 陶瓷的 PTC 特性的机理

目前较好解释 PTC 效应的理论主要有 Heywang、Jonker、Daniels 理论。

1）Heywang 理论

PTC 热敏陶瓷的主要特性是其在居里温度附近，电阻值发生几个数量级（$10^3 \sim 10^8$）的突发性变化且热敏陶瓷的介电常数在居里温度附近发生相应的突变，即迅速增大，在居里温度以上又迅速减小，恢复常态值。因此，Heywang 认为 $BaTiO_3$ 的 PTC 效应源于陶瓷晶界中，缺陷及受主杂质使 $BaTiO_3$ 半导瓷的晶界吸附氧及空间电荷，形成有过量电子存在的具有受主特性的界面状态。这些受主界面状态与晶粒内的载流子相互作用，在晶界形成 Schottky 势垒，势垒高度与介电常数成反比。居里温度以下，$BaTiO_3$ 的自发极化部分抵消晶界区的电荷势垒，形成低阻通道，使这个温区的电阻下降。居里温度以上介电常数按居里-外斯定律下降，势垒高度随介电常数的迅速减小而迅速升高，这样就出现了 PTC 效应。

2）Jonker 理论

Jonker 认为在一般情况下，$BaTiO_3$ 晶粒为半导体，而晶界为高阻值氧化层。在 Tc 以下，$BaTiO_3$ 为铁电相态，虽然 $BaTiO_3$ 陶瓷的有效介电常数高达 10^4 数量级，但仍不足以把势垒高度压低到足以忽略的程度。他认为在居里温度以下 PTC 陶瓷的低阻态主要是由 $BaTiO_3$ 的铁电性质决定的，铁电畴在晶界上的定向排列形成了正负相间的界面电荷，晶界上原来俘获的空间电荷会被铁电极化强度在晶界法向的分量所削弱或抵消，这称为铁电补偿，铁电补偿使晶界表面势垒大幅度下降，因此，在居里温度以下电阻值显著下降。

3）Daniels 理论

Daniels 认为 $BaTiO_3$ 半导体陶瓷的晶界不是一个界面，而是一个具有一定厚度的边界层或边界区。这一区域内存在大量的 Ba 空位。晶粒内部由于稀土离子（施主）对 Ba^{2+} 的置换，成为 n 型半导体，晶界区由于吸附氧，施主给出的导电电子为 Ba 空位俘获，变成具有一定绝缘性的边界层，使晶界附近（晶界层及其两侧）形成"NIN"结构。绝缘性边界层的厚度取决于陶瓷冷却过程中的氧化还原条件。PTC 特性也就明显地受冷却条件的影响。显然，Daniels 把 $BaTiO_3$ 晶界区氧化产生的 Ba 空位视为晶界受主态，能够比较满意地解释 $BaTiO_3$ 系 PTC 热敏电阻的烧成工艺敏感性问题。

8.1.3.2 气敏陶瓷

气敏陶瓷是指其电阻值随其所处环境气氛而变的半导体陶瓷，不同类型的气敏陶瓷，将对某一种或某几种气体特别敏感，其电阻值将随该种气体的浓度作有规则的变化，其电检测灵敏度通常为百万分之一的量级，个别可达十亿分之一的量级，远远超过动物的嗅觉感知度，故有“电子鼻”之称。

气敏陶瓷是通过待测气体在陶瓷表面附着，产生某种化学反应（如氧化、还原反应）或与表面产生电子的交换（俘获或释放电子），使元件的电导率发生变化来工作的。如氧化性气体吸附于n型半导体或还原性气体吸附于p型半导体气敏材料，都会使载流子数目减少而表现出元件电导率降低的特性；相反，还原性气体吸附于n型半导体，氧化性气体吸附于p型半导体材料都会使载流子数目增加而表现出元件电导率增大的特性。目前，常用的气敏元件包含 SnO_2、ZnO、Fe_2O_3 等系列，表 8-2 列出气敏陶瓷的使用范围和工作条件。

表 8-2 一些气敏陶瓷的使用范围和工作条件

半导体材料	添加物质	探测气体	使用温度/℃
SnO_2	PdO,Pd	CO,C_2H_6,乙醇	200～300
SnO_2＋$SnCl_2$	Pt,Pd,过渡金属	CH_4,C_2H_6,CO	200～300
SnO_2	$PdCl_2$,$SbCl_2$	CH_4,C_2H_6,CO	200～300
SnO_2	PdO＋MgO	还原性气体	150
SnO_2	Sb_2O_3,MnO_2,TiO_2	CO,煤气,乙醇	250～300
SnO_2	V_2O_5,Cu	乙醇,苯等	250～400
SnO_2	稀土类金属	乙醇系气体	
SnO_2	Sb_2O_3,Bi_2O_3	还原性气体	500～800
SnO_2	过渡金属	还原性气体	250～300
SnO_2	瓷土,Bi_2O_3,WO_3	碳化氢系还原性气体	200～300
SnO_2		还原性和氧化性气体	
ZnO		可燃性气体	
ZnO	Pt,Pd	乙醇,苯	250～400
ZnO	V_2O_5,Ag_2O	丙烷	
Fe_2O_3		还原性气体	600～900
WO_3,MoO,CrO 等	Pt,Ir,Rh,Pd	乙醇,CO,NO_x	270～390
(LnM)BO_3			

气敏原理有以下两种理论。

（1）能级生成理论

SnO_2 和 ZnO 等 n 型半导体表面吸附还原性气体时，此还原性气体就把其电子给予半导体，而以正电荷与半导体相吸附。进入到 n 型半导体内的电子，加强了自由电子形成电流的能力，因而元件的电阻减小。与此相反，若 n 型半导体吸附氧化性气体，气体将以负离子形式附着，而将其空穴给予半导体，结果是使导带电子减少，元件电阻增加。

（2）接触晶粒界面位垒理论

接触晶粒界面位垒理论基于多晶半导体能带模型，半导体气敏材料存在如图 8-18 所示的粒子接触界面位垒。当晶粒接触面吸附可以吸收电子的气体时（氧化性气体），位垒增高[图 8-18(a)]；当吸附可以提供电子的气体（还原性气体）时，位垒降低[图 8-18(b)]。此外，接触位垒中还有与气体吸附关系不大的一部分，这一部分的位垒不因气体吸附而产生明显变化[图 8-18(c)]。这些位垒高度的变化可认为是元件电阻变化的机理。

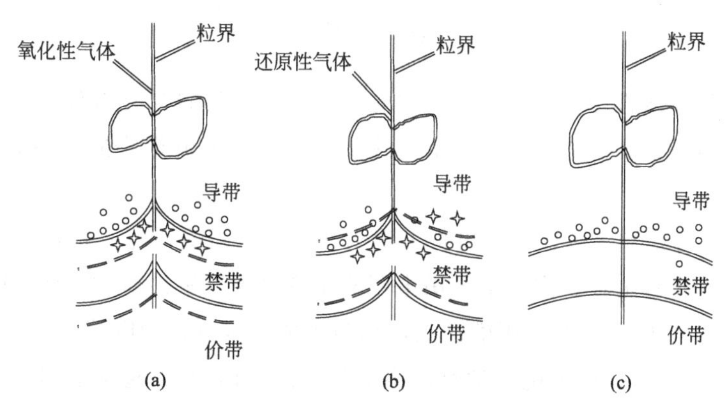

图 8-18　n 型半导体晶粒界面位垒及其变化

(a) 吸附氧化性气体后接触位垒升高（虚线为原位垒）；(b) 吸附还原性气体后接触位垒降低；(c) 较紧密接触状态时，吸附气体后接触位垒几乎不变

8.1.3.3　压敏陶瓷

(1) 性质、应用及分类

压敏陶瓷主要用来制作压敏电阻，它是对电压变化敏感的非线性电阻，在某一临界电压下电阻值非常高，几乎没有电流通过，但当超过这一临界电压（压敏电压）时，电阻将急剧变小并有电流通过（图 8-19）。

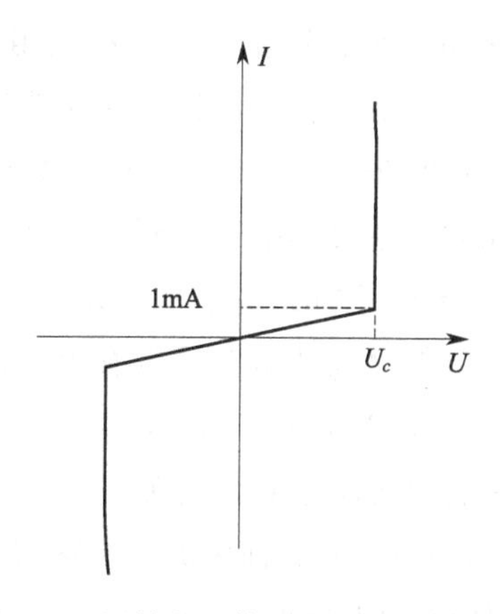

图 8-19　压敏电阻的电流-电压特性曲线

一般压敏电阻的电流-电压特性可用式（8-22）近似表示：

$$I=(U/c)^{a} \tag{8-22}$$

式中，I 为通过压敏电阻的电流；U 为电压；c、a 为常数，反映压敏电阻的特性。

对上式两边取对数：

$$\ln I = a\ln U - a\ln c \tag{8-23}$$

两边微分：

$$\frac{\mathrm{d}I}{I}=a\frac{\mathrm{d}U}{V} \quad 即\ a=\frac{\mathrm{d}I}{I}/\frac{\mathrm{d}U}{V} \tag{8-24}$$

式中的 a 称为非线性指数，a 越大，则电压增量所引起的电流相对变化越大，即压敏性越好。但 a 不是常数，在临界电压以下，a 逐步减小，到电流很小的区域，a 趋近 1，表现为欧姆特性。

将式（8-22）与欧姆定律比较，可把 c 称为非线性电阻值，对一特定的材料为常数。由于 c 值的精确测量非常困难，实际上压敏电阻器呈现显著压敏性时的 $I=0.1\sim1\text{mA}$，因此，常用一定电流时的电压 U 来表示压敏性能，称为压敏电压值。如电流为 0.1mA 时，相应的压敏电压用 $U_{0.1\text{mA}}$ 表示。压敏电阻的性能参数除 a、c 外，还有通流容量、漏电流、电压温度系数等。

陶瓷压敏电阻的应用非常广泛，主要用作过压保护（避雷器、高压马达的保护等）、高能浪涌的吸收以及高压稳压等方面。压敏电阻主要有碳化硅压敏电阻、硅压敏电阻、锗压敏电阻以及氧化锌压敏电阻等，其中以氧化锌压敏电阻性能最优。

（2）氧化锌压敏电阻

氧化锌压敏电阻由于 a 值高，有可调整的 c 值和较高的通流容量，因此得到广泛的应用。其生产方法是在 n 型半导特性的 ZnO 主晶相中加入 Bi、Mn、Co、Ba、Pb、Sb、Cr 等的氧化物。瓷相中除有少量添加物与 ZnO 晶粒形成的固溶体外，大部分添加物在 ZnO 晶粒之间形成连续晶界相，构成如图 8-20 所示的显微结构，主晶相 ZnO 是 n 型半导体，体积电阻率为 $5\times10^{-3}\sim2.7\times10^{-2}\Omega\cdot\text{m}$，而晶界相则是体积电阻率为 $10^{8}\ \Omega\cdot\text{m}$ 以上的高电阻层。因此，外加电压几乎都集中加在晶界层上，其晶界的性质和瓷体的显微结构对 ZnO 电阻的压敏特性起着决定性作用。一般 ZnO 的粒径 d 为几微米至几十微米，而晶界层厚度 t 为 0.02～0.2μm。也有人认为晶界相主要集中于三到四个 ZnO 晶粒的交界处，晶界相不连续，在 ZnO 晶粒接触面间形成一层厚度 2nm 左右的富铋层，其性质对压敏电阻的非线性特性起重要作用。一般认为，ZnO 晶粒之间的富铋层带有负电荷，它使 ZnO 晶粒表面处的能带发生上弯，形成电子势垒，如图 8-21 所示。图中晶粒边界势垒由带有负电荷的富铋层所分隔，由于它极薄，可近似将这层中的体电荷看成面电荷，b 是耗尽层厚度。当电压达到击穿电压时，高的场强（$E>10^{5}\text{kV/m}$），使界面中的电子穿透势垒层（富铋层），引起电流急剧上升，其通流容量由 ZnO 的晶粒电阻所决定。

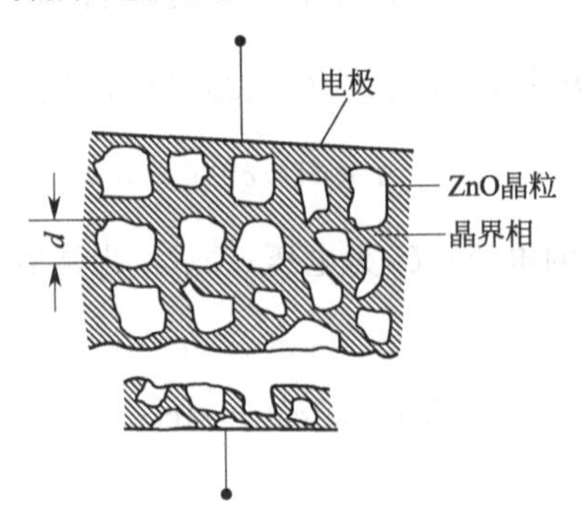

图 8-20 连续晶界相的显微结构

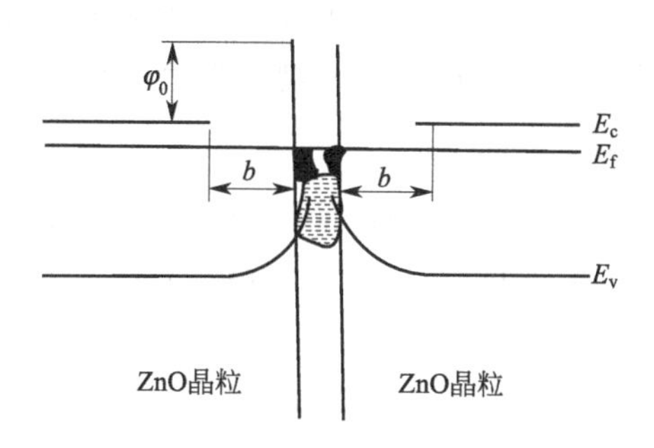

图 8-21　ZnO 晶粒表面平衡能带图

氧化锌晶粒的电阻率很低，而晶界层的电阻率却很高，相接触的两个晶粒之间形成了一个相当于齐纳二极管的势垒，这就是压敏电阻单元，每个单元的击穿电压大约为 3.5V，如果将许多的这种单元加以串联和并联就构成了压敏电阻的基体。串联的单元越多，其击穿电压就越高，基片的横截面积越大，其通流容量也越大。压敏电阻在工作时，每个压敏电阻单元都在承受浪涌电能量，而不像齐纳二极管那样只是结区承受电功率，这就是压敏电阻比齐纳二极管能承受大得多的电能量的原因。

ZnO 压敏电阻的性能参数与 ZnO 半导体陶瓷的配方有密切关系。下式是目前生产中使用的典型组分之一：$(100-x)$ ZnO$+\frac{x}{6}$ $(Bi_2O_3+2Sb_2O_3+Co_2O_3+MnO_2+Cr_2O_3)$，当工艺条件不变时，改变 x 值，则产品的 c 值随 x 的增加而增加，但 a 在 $x=3$ 处出现最大值为 50。

8.2　玻璃的表界面

玻璃的表界面分为清洁表界面和实际表界面两种类型。清洁表界面是指经过电子束轰击、离子溅射等特殊处理并保持在 $10^{-9}\sim10^{-4}$Pa 的超真空下，沾污物少的不能用表面分析探测的表界面。实际表界面是暴露在未加控制的大气环境中的玻璃表界面，或经过一定的加工处理（如切割、研磨、抛光、清洗），保持在常温和常压下的玻璃表界面，通常研究的是玻璃的实际表界面。玻璃的表界面是复杂的，但从热力学的观点看，表界面存在表面张力和表面能，由偏析作用引起表界面成分的改变，当然表面吸附的杂质对表界面也有影响。玻璃的表界面结构包括表面以何种原子存在、表面原子的排列、表面能级分布、表面化学键以及表界面的吸附。对玻璃的表界面结构虽然进行了大量研究，但目前还很难有一明确的结论。

8.2.1　玻璃表界面的结构

当玻璃从高温成形冷却到室温，或断裂出现新表面时，表面就会存在不饱和键，或称断键。Weyl 等假定二氧化硅和石英玻璃断裂或二氧化硅凝胶脱水时，表面形成 D 单元和 E 单元，如图 8-22 所示。

E 中心（过剩氧单元），即 Si^{4+}，除与四面体中三个氧离子键合，还与一个未与其它阳离子键合的氧离子相连，因而造成此基团氧过剩，带负电荷，即：$[Si^{4+}(O^{2-}/2)_3O^{2-}]$或$(Si^{4+}O_{2.5}^{2-})^-$。

D 中心（不足氧单元），即 Si^{4+}，仅与四面体中三个氧离子键合，造成氧不足（缺氧），此基团带正电荷，即：$[Si^{4+}(O^{2-}/2)_3]^+$或$(Si^{4+}O_{1.5}^{2-})^+$。

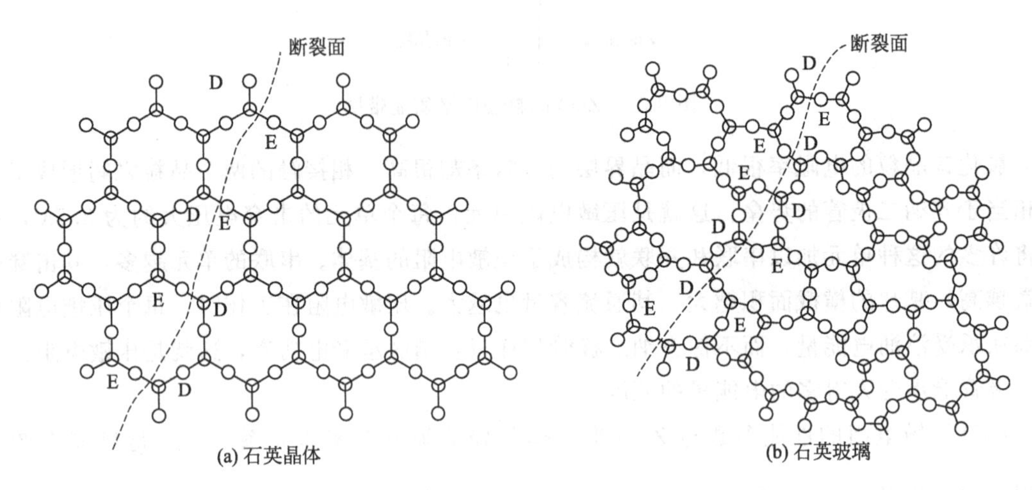

(a) 石英晶体　(b) 石英玻璃

图 8-22　表面结构

为保持表面中性和特色化学计量组成，破碎的二氧化硅玻璃的新鲜表面保持相等数量的 E 单元和 D 单元（基团）。

玻璃表面的不饱和键，能吸附大气中的水，并和吸附的水分子反应，形成各种羟基。根据红外光谱测定，硅酸盐玻璃表面存在单羟基、双羟基、闭合羟基。

单羟基　双羟基　闭合羟基

单羟基在红外光谱的吸收带宽位于 $3747cm^{-1}$ 处，双羟基在 $3473cm^{-1}$ 和 $3751cm^{-1}$ 处，由两个单羟基通过氢键闭合，形成的闭合羟基位于红外光谱上 $3660cm^{-1}$ 处。

铝、磷、硼等成分吸附水，形成铝羟、磷羟、硼羟基团。

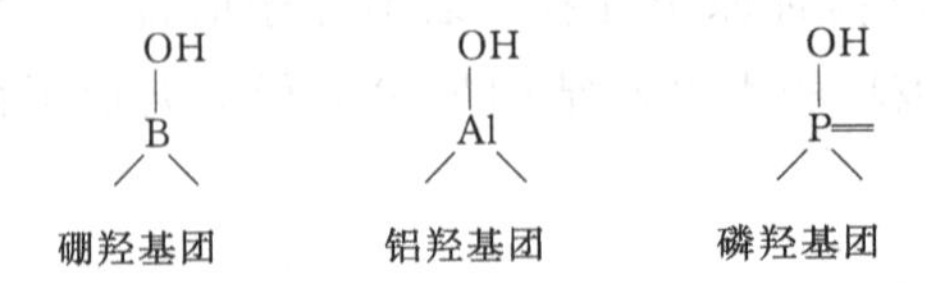

Weyl 又将固体的表面理论引申到玻璃研究中，提出了玻璃的亚表面理论。固体的表面通常是不平坦的，即使完整解理的云母表面，也存在 2～100nm 甚至 200nm 不等的台阶。从原子角度来看，这无疑是很粗糙了。实质上，固体表面是凹凸不平的，有裂缝、

台阶等，玻璃也一样，肉眼看起来很光滑，实质上也不平坦。Weyl 把这部分都包括在亚表面层内，亚表面层厚度为胶体粒子（10^{-5}～10^{-4}cm）大小，不完全对称，配位不全，有缺陷，其模型见示意图 8-23。该亚表面层有以下特点：①几何表面熵值最高，向内部成梯度降低；②原子或质点表面不对称，缺陷多，空隙大，体现为微多孔性；③表面的无序性高于内部；④表面易析晶。

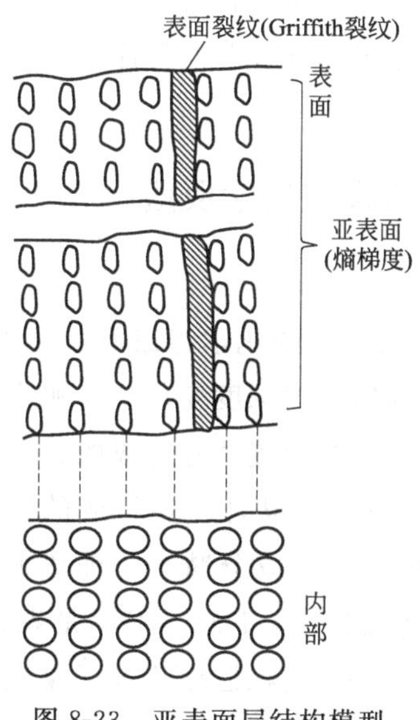

图 8-23　亚表面层结构模型

用亚表面层理论可以解释下列现象。

① 玻璃的断裂强度比理论强度低很多，这是由亚表面层的不对称性、热振动的非谐性造成的。亚表面层很容易生成 Griffith 裂纹，所以玻璃表面的脆性大于内部，裂纹受力扩展而开裂。石英玻璃的高强度是由于其膨胀系数低，亚表面层的热振动非谐性小，使亚表面层与主体玻璃之间差别小，不易产生 Griffith 裂纹。此外，玻璃在液氮温度下测定的强度很高，也是由于低温时热振动很小，亚表面层不易产生 Griffith 裂纹。

② 由于玻璃亚表面层的微多孔性，易与 O_2、SO_2、HCl、H_2O 等反应，反应表面积大。

③ 亚表面层的微多孔性和非谐性热振动，有利于离子迁移和扩散，所以玻璃表面可进行离子交换。

④ 玻璃抛光时，在抛光盘压力下，磨料 Fe_2O_3、ZrO_2、CeO_2 等，由于热振动的非谐性，玻璃表层有流变性，而使玻璃表面平坦。

⑤ 玻璃与金属焊接时，由于亚表面层的流变作用，焊接后应力小。

⑥ 玻璃对耐火材料的侵蚀是不均匀的，在玻璃、耐火材料、炉气（或气泡）三相界面上侵蚀最严重。这也是亚表面层在起作用，此处熵最大，自然反应最强烈。再加上玻璃液表面能的作用，碱金属离子及其它赋有低表面能的氧化物富集到表面，而这些物质都会加速耐火材料侵蚀，从而造成三相界面上的严重侵蚀。

已有研究认为，玻璃的表面结构和整体结构是不同的，玻璃表面结构的不均匀性和缺陷高于整体。这些不均匀性和缺陷，既有几何排列上的凹凸不平、台阶、裂缝，也有结构上的断键、配位不全以及外来杂质等。在能量分布上，玻璃的熵、势能均大于内部。用分子动力学计算机模拟方法可以说明表面分子分布的不均匀性、非桥氧的分布、键角的变化及表面迁移的能垒。用红外光谱和电子自旋共振可以证明表面硅氧悬挂键及羟基基团。测定玻璃表面性质也能间接说明表面结构的不均匀性和缺陷。

对玻璃表面结构的研究远远不如对固体表面结构的研究深入。固体表面结构已深入到电子态，但玻璃表面结构只停留在原子模型水平，而且还没有完全搞清楚，有待于进一步深入研究。

8.2.2 玻璃表界面的化学组成与化学反应

(1) 玻璃表界面的化学组成

玻璃表界面的化学组成与玻璃主体的化学组成有一定差异，即沿着玻璃截面方向（深度）的各组成含量不是恒定值，即组成随深度变化。这种差异主要是由熔制、成形、热加工过程以及玻璃表面受大气、水和其它溶液侵蚀等造成的。

在熔制、成形和热加工过程中，高温时一些组成的挥发，或各组成对表面能的贡献不同，造成表面中某些成分富集，某些成分减少。使表面能降低的成分向表面富集；反之向玻璃内部移动。常用的玻璃成分中，Na^+、B^{3+}是容易挥发的。Lyon 认为 Na^+ 在成形温度范围内自表面向周围介质挥发的速度大于 Na^+ 从玻璃内部向表面迁移的速度，故用拉制法或吹制法成形的玻璃的表面还是少碱的。他认为只有在退火温度下，Na^+ 从内部迁移到表面的速度大于 Na^+ 从表面挥发的速度。但实际生产中，退火时迁移到表面的高 Na^+ 与炉气中 SO_2 结合生成 Na_2SO_4 白霜。而这层白霜很容易洗去，结果表面层还是少碱的。

对各品种玻璃的表面组成，各国学者用各种表面测试技术所得到的数据不尽相同，有些甚至相差很大，这可能是样品所处条件的不同以及测试技术条件也不完全一致所造成的。此外测试中所用电子束、离子束与玻璃样品表面作用，引起静电场，使 R^+ 和 R^{2+} 发生位移，或由于受热面产生蒸发以及还原等也会引起误差。在测试中，特别是 R^+ 易受测试条件的影响，R^{2+} 次之，其它组成也有影响。

(2) 玻璃表界面的化学反应

玻璃表界面的化学反应是指玻璃表面和近表面与气体和液体的反应，是指在玻璃表面和深度 10nm 以上的化学反应，包括玻璃表面与水、酸碱以及气体的反应。若反应仅涉及表面几个分子层直到深度 10nm 左右，则为化学吸附。

玻璃表界面的化学反应除了与试剂的性质及反应条件有关，还与玻璃表面的状态有很大关系。Hench 将硅酸盐玻璃表面受水或溶液侵蚀后的表面结构状态分为五种类型，如图 8-24 所示，虚线代表最初玻璃表面，实线代表主体玻璃，罗马数字代表玻璃表面类型。各类型表面的特点分述如下：Ⅰ型（不溶型）表面是不溶的，成分难以变化，只生成小于 5nm 的水化层，如石英玻璃表面在中性溶液中；Ⅱ型（单保护膜型）在溶液中产生选择性溶出，如 R^+ 的溶出、表面脱碱，形成比主体 SiO_2 含量高的富硅保护膜，如含少量 R_2O 的硅酸盐玻

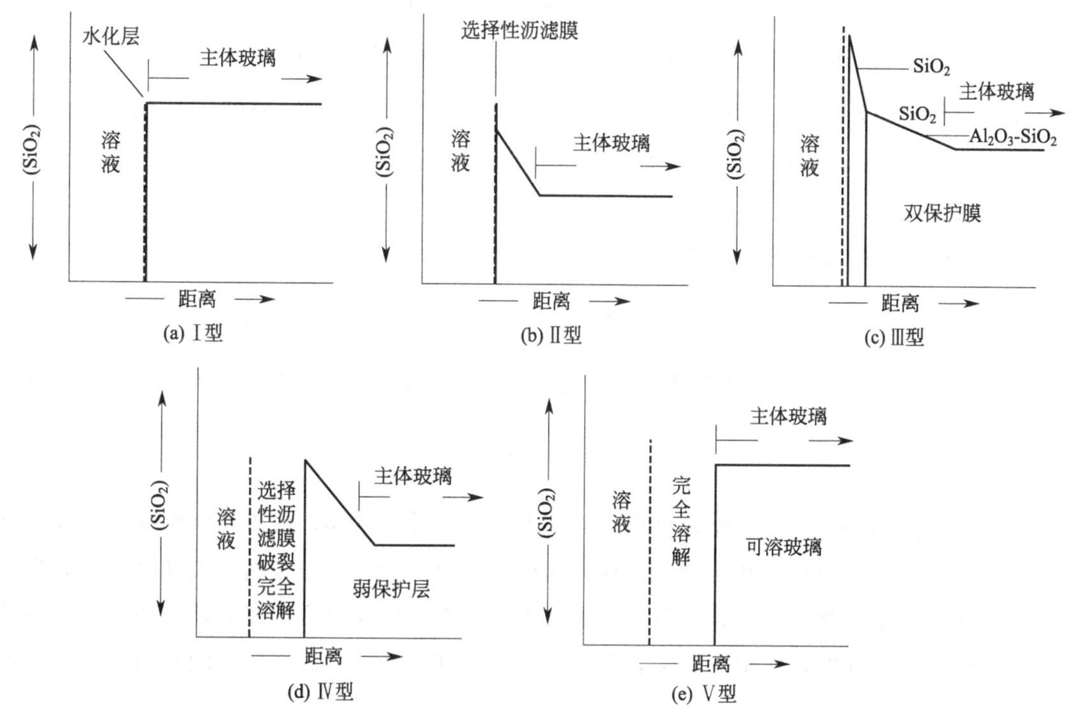

图 8-24　硅酸盐玻璃受溶液侵蚀后表面结构状态的五种类型

璃表面在 pH<9 的溶液中；Ⅲ型（双保护膜型）玻璃含 Al_2O_3 或 ZrO_2 或 CaO、P_2O_5，在溶液中生成的富硅膜下还有硅酸铝、硅酸锆或磷酸钙保护膜，此类膜溶解度小，在酸性和碱性溶液中比较耐久；Ⅳ型（无保护膜型）玻璃表面的 R_2O 选择性溶解，虽然也生成表面膜，但由于玻璃中的 SiO_2 量也低，无保护作用，如含 R_2O 量多，且含有两种以上 R 离子的硅酸盐玻璃，溶液的 pH<9；Ⅴ型（可溶型）玻璃中的 SiO_2，由于 OH^- 的作用而使网络断裂，玻璃表面缓慢地一层层溶解。如硅酸盐玻璃在 pH>9 的碱性溶液中侵蚀后的表面一般无光泽，因玻璃在溶液中的溶解度有差异，表面受侵蚀程度不均。

（3）玻璃表界面与水反应

钠钙硅酸盐玻璃中存在$\equiv$Si—O—Si$\equiv$网络和断裂的$\equiv$Si—O—Na 结构，在 100～300℃与水蒸气作用时，发生如下反应：

$$\equiv Si-O-Na + H_2O \longrightarrow \equiv Si-OH + Na^+ + OH^-$$

得到的氢氧根离子又会与氧键作用，使玻璃溶解：

$$\equiv Si-O-Si\equiv + OH^- \longrightarrow \equiv Si-OH + \equiv Si-O^-$$

$\equiv$Si—O^- 与水分子结合：

$$\equiv Si-O^- + H_2O \longrightarrow \equiv Si-OH + OH^-$$

玻璃中的 OH^- 扩散到水中，形成多孔高硅膜，此过程称为脱碱反应。

（4）玻璃表界面与酸反应

普通的钠钙硅酸盐玻璃受酸侵蚀时，发生以下反应：

$$\equiv Si—O—Na + H^+ \rightleftharpoons \equiv Si—OH + Na^+$$

$$\equiv Si—O—Ca—O—Si \equiv + H^+ \rightleftharpoons 2 \equiv Si—OH + Ca^{2+}$$

此反应的实质是酸中 H^+ 与玻璃中 Na^+ 和 Ca^{2+} 发生离子交换，降低 pH 值和增加玻璃中 Na^+ 和 Ca^{2+} 浓度都有利于反应进行。反应中形成的硅氧保护膜，影响侵蚀继续进行。

(5) 玻璃表界面与碱反应

钠钙硅酸盐玻璃在碱液中发生以下反应：

$$\equiv Si—O—Si \equiv + OH^- \longrightarrow \equiv Si—OH + \equiv Si—O^-$$

反应后 $\equiv Si—O—Si \equiv$ 键断裂，非桥氧量增加，结构破坏，SiO_2 溶出，玻璃表面不能生成保护膜。

(6) 玻璃表界面的风化

玻璃和大气的作用称为风化，风化后玻璃表面出现雾状薄膜，或点线状模糊物，甚至彩虹。严重时表面形成白霜，甚至产生平板玻璃粘片现象。国内也把玻璃在大气中风化称为霉变。玻璃在大气中风化时，首先吸附大气中的水，和水发生反应，形成对玻璃的侵蚀。但是由于风化时表面形成的碱保留在玻璃表面，玻璃表面继续受到侵蚀，风化随时间延长变得越来越严重。

8.2.3 玻璃表界面的性能及其改性

8.2.3.1 玻璃表界面的性能

(1) 玻璃表界面的光学性能

玻璃表面凹凸不平将导致光的漫反射，从物理学得知，要获得镜面反射，表面不平整引起的光程差不得超过光波长的八分之一，即不平整度不要超过光波长的十六分之一。经过分析，Brand 认为透射时，要得到清晰的像，粗糙引起的光程差大于反射时的八分之一，不得超过光波长的十五分之四，光透射玻璃对表面粗糙度要求较少。

(2) 玻璃表界面的电学性能

玻璃表面吸附水，水膜中的 H^+ 与玻璃表面的碱金属离子进行离子交换，碱金属离子进入水膜，使玻璃表面电导率大大升高；含碱金属量高的玻璃会形成一层连续的导电膜。玻璃表面电导率与周围环境的温度、湿度以及玻璃的化学组成、化学状态密切相关。

在低于 100℃时，随环境温度和湿度的升高，玻璃表面电导率升高；超过 100℃时，水分子蒸发速度快，水膜难形成，表面电导率下降，甚至接近体电导率。

一般来说，化学稳定性好的玻璃，表面电导率低，按高碱玻璃、乳浊玻璃、硼硅酸玻璃、石英玻璃的次序下降。

表面状态对表面电导率的影响：表面电导率按磨光玻璃、火抛光、酸处理次序下降。火抛光表面的微裂纹较少，而酸处理过后，表面碱金属溶解，电导率下降。淬火玻璃的表面电导率高于退火玻璃，表面微晶化后，表面电导率也会下降，因为结构致密化限制了碱离子的迁移。

（3）玻璃表界面的力学性能

众所周知，玻璃的实际强度比理论强度要低几个数量级，实际玻璃存在微观和宏观缺陷，特别是表面微裂纹，因而实际强度大大降低，玻璃表面和大气及水分的反应也影响着玻璃的力学性质。

（4）玻璃表界面的微裂纹和它对力学性能的影响

1920 年 Griffith 就提出玻璃表面可能存在许多微裂纹，使玻璃在低应力下发生断裂，他的假设在 1936 年和 1960 年分别被实验证实。即使是新鲜的玻璃表面也存在 Griffith 微裂纹，随着玻璃和水蒸气的反应，随着存放、运输、使用过程中的碰撞、擦伤，微裂纹的数量、长度均增加，导致玻璃的硬度和强度明显下降。断裂应力与裂纹长度关系为：

$$\sigma=\frac{\sqrt{2E\gamma}}{\sqrt{\pi c}} \tag{8-25}$$

式中，σ 为断裂应力；E 为弹性模量；γ 为表面能；c 为裂纹长度的一半。

由上式可知，表面裂纹越长，断裂应力越小，越易断裂。弹性模量和表面能越大，扩展裂纹所需能量越大，断裂越困难。

玻璃的静疲劳是指在强度与活性介质作用下，表面裂纹扩展，导致荷重时间越长，玻璃强度越小。

活性介质与裂纹作用包括两方面：①活性介质渗透入裂纹，降低表面张力，使裂纹扩展；②在裂纹尖端由于应力集中，加快了活性介质与玻璃的反应速率，玻璃被溶解，裂纹扩展。故真空中玻璃不会疲劳，低温时疲劳不明显。

8.2.3.2 玻璃表界面的改性

玻璃的表面处理是采用物理、化学、机械等方法改变玻璃表面的形态、化学组成、结构或应力状态、获得所要求的性质与功能。玻璃表面处理技术按作用原理分为微观微粒沉积、介质沉积、微观粒子沉积、整体覆盖、表面改性。

微观微粒沉积为沉积物以原子、离子和粒团等形态在玻璃表面形成薄膜，如气相沉积、化学气相沉积镀膜。介质或微观粒子沉积是沉积物以介质（毫米级）尺寸的颗粒形态在玻璃表面形成覆盖物，例如热喷涂、描金等。整体覆盖是覆盖材料在同一时间施加在玻璃表面上，如贴甲防爆膜、夹金膜。表面改性往往采用离子扩散、离子注入的方法。

（1）玻璃的表面涂膜

玻璃表面涂膜可改变光、电、力等各项性质，有些膜起装饰作用，有些膜起功能作用。

1）减反膜

光通过玻璃时，会发生反射，空气折射率为 1.0，玻璃折射率为 1.5～1.9，相应的反射率 R 为 0.04～0.105。表明光线每通过一次玻璃与空气的界面，透过光是入射光的 90%～96%，不仅降低了光强，而且使光学系统产生幻象和光晕，使它失效，表面涂膜可以减少反射，基本原理是利用光的相干现象：当空气与薄膜界面反射光和薄膜与玻璃界面反射光的光程差恰好为光波长一半的奇数倍时，光强最小。要使反射率为 0，膜的折射率 n 与空气及玻璃折射率之间应符合以下关系：

$$n_f=\sqrt{n_0-n_g} \tag{8-26}$$

式中，n_0 是空气折射率，约为1，则 $n_f=\sqrt{1-n_g}$；n_g 是玻璃的折射率。

薄膜的厚度 $d=(2n+1)\lambda/(4n_f)$，其中 n 为自然数。

玻璃折射率为1.5～1.9，相应 n_f 应为1.22～1.38，MgF_2 薄膜折射率为1.38，假如 $n_g=1.52$，涂 MgF_2 以后，反射率也从4.52%降到1.26%，为改进增透效果，可先在玻璃表面涂一层高折射率材料，再涂一层低折射率材料，效果更好，也可以多层涂膜，高、低折射率材料交替使用，可以在较宽波长的范围内减反射，称宽带减反射，此外，可以通过改变涂膜材料、厚度和组合，制得各种特殊光性能的遮阳玻璃、热反射玻璃、防眩目玻璃。

2）导电膜

导电膜涂在玻璃表面，使其具有带电性能，用于汽车、飞机等交通工具的风挡，还可用于荧光、场致发光显示装置等方面，常用的导电膜有 SnO_2、In_2O_3、CdO 等氧化物，金、银等金属，为提高氧化物的电导率，可进行掺杂，如在 SnO_2 中掺 Sb、F，在 In_2O_3 中掺 Sn。

3）玻璃的表面增强

表面增强可归纳为：物理钢化、化学钢化、化学处理和表面涂层四类。

物理钢化：高于玻璃转变温度但低于软化温度的玻璃制品的表面快速均匀地冷却，由于内外存在温度梯度，在玻璃表面形成均匀的压应力层，内部存在一个张应力层。当外力作用使表面微裂纹扩展到张应力层时，裂纹就在张应力的作用下迅速扩展，瞬时玻璃成为大小均匀的细粒，所以物理钢化玻璃不能切割和钻孔。最早使用压缩空气淬冷，故又称风钢化。近年来进行了一系列的改进，采用油液淬冷、有机硅液淬冷、低熔点金属液淬冷、多次淬冷液淬冷新工艺，目的是提高淬冷速率，提高表面压应力，压应力可从风淬冷的100～150MPa增加到400MPa（低熔点金属液淬冷）。

化学钢化（离子交换增强）：高温型离子交换是在高于转变温度低于软化温度时，经离子交换在玻璃表面形成一层低膨胀的微晶玻璃，冷却到室温时由于内外膨胀系数的不同，在玻璃表面形成压应力层。高温型离子交换的条件为 SiO_2-Al_2O_3-Na_2O-Li_2O-TiO_2 系统，熔盐为 Li_2SO_4 95%、Na_2SO_4 5%，处理温度为860℃，时间为15min。以 Stookey 得到的强度较高的一号玻璃为例，成分为 SiO_2 57.2%、Al_2O_3 23.7%、Na_2O 11.0%、Li_2O 1.10%、TiO_2 6.20%、As_2O_3 0.5%，软化点703℃，应变点652℃，经 $Li^+\rightarrow Na^+$ 交换后强度达到638MPa，热膨胀系数 $7.2\times10^{-6}K^{-1}$，表面层的结晶相为β锂霞石（$Li_2O\cdot Al_2O_3\cdot 2SiO_2$）和石英。低温型离子交换是在略低于玻璃的转变温度下，经离子交换用盐溶液中的大离子置换玻璃中的小离子，产生挤塞效应，使玻璃表面形成压应力层。低温型离子交换的基础成分为 SiO_2-Al_2O_3-RO-R_2O 系统，熔盐为 KNO_3，处理温度440～460℃，时间从几小时到十几小时。以平板玻璃为例，成分为 SiO_2 72.3%、Al_2O_3 1.5%、CaO 7.6%、MgO 4.1%、Na_2O 13.4%，经350℃预热后放入460℃的 KNO_3 熔盐中3.5h，交换层深度为20μm，加伤后的弯曲强度为80MPa（未交换的加伤抗压强度为50MPa）。高温型交换时间短，强度高，应力不易松弛，但成本高，大量的锂盐来源也有困难；低温型虽然强度不如高温型高，但熔盐可大量供应，成本较低。近年来着重研究改进低温型的工艺条件，缩短了离子交换的时间，提高了强度。

化学处理：主要是指表面酸洗和表面脱碱。表面酸洗法的原理是通过酸侵蚀除去表面裂纹层或使裂纹形状变钝，减少应力集中，以达到增强的目的。表面脱碱法是 SO_2 等与玻璃反应，除去表面的碱，能提高玻璃的化学稳定性。

表面涂层：可分为热端涂层和冷端涂层，热端涂层是指成型后的制品在500～700℃进行热喷涂 $SnCl_4$、$TiCl_4$，在表面形成 SnO_2 与 TiO_2 等涂层，它的作用是愈合玻璃的微裂纹，可预防擦伤，提高强度。冷端涂层是指制品出退火炉进行喷涂，主要目的是增加瓶罐间的润滑性，减少摩擦，从而提高强度，使用材料有硬脂酸、聚乙烯、油酸、硅烷、硅酮、环氧树脂、聚丙烯等。热、冷端涂层可同时使用，效果更好。

(2) 离子注入法玻璃表面改性

当用一定能量的离子袭击玻璃时，其中一部分由于玻璃的反射作用离开玻璃，成为溅射离子，另一部分射入玻璃表面，成为注入离子。注入离子后，玻璃的各种性质都有所改变，所以可用离子注入法进行玻璃改性。玻璃中离子注入法和金属及半导体中注入法相同，使用离子注入机，绝大部分离子都可用注入机注入玻璃中，并可得到其它方法不能得到的浓度和浓度分布（高斯分布）。光导纤维表面注入 Li^+，使表面形成厚1μm、折射率为1.505的薄层，比 SiO_2 玻璃提高3%。石英玻璃表面注入 N^+，也使其折射率提高，但没有注入 Li^+ 明显。折射率升高的原因，除了注入离子本身的性质以外，主要是离子注入后，玻璃更致密，折射率提高。

离子注入后对硬度也有影响，石英玻璃、钠钙铝镁窗玻璃注入 N^+ 后，开始时硬度随注入剂量的增加而提高，达到极限后，反而下降。

经研究发现，注入一定剂量的 Ar^+ 或 P^+，可使光学部件增强，注入 N^+ 可以达到防雾的目的，SiO_2-PbO-K_2O 玻璃中注入 N^+，可以减少玻璃风化时的析钾量。另外还发现注入 N^+ 可以影响玻璃结晶性能，改变晶体形貌，也可以增加或遏制表面析晶。

9 金属材料表面

9.1 金属的表面特性

9.1.1 金属表面的概述

物质的聚集态分为固液气三种形式，界面即两凝聚相的边界区域，表面即凝聚相和气相形成的界面。所以，金属的表面是指固、气表面。在现实情况中，金属表面主要有清洁表面和实际表面。

(1) 清洁表面

清洁表面是不具备吸附、催化等物理化学反应的表面，主要是在高真空等特殊环境中，经过离子轰击、高温脱附等特殊处理制备取得的。清洁表面的制备相当困难，因为它需要在超高真空的条件下制备，从而保证表面在一定的时间范围内处于清洁状态。从低能电子衍射和场发射扫描电镜可以观察到，金属清洁表面是凹凸不平的，在几个原子层的范围内出现偏离三维周期的结构组成，它呈现出的主要的特点是表面弛豫、表面重构和表面台阶。

(2) 实际表面

金属表面在大气环境中暴露，形成实际表面。实际表面会受到外部各种因素的影响，因此它的结构和性质比较复杂。吸附层、氧化层、加工层和基体金属层共同构成实际表面。实际表面的特征如下。

① 表面的粗糙程度　实际表面上的裂纹和孔洞等能够通过电子显微镜观察到。表面粗糙度用来描述金属表面上较小间距的峰和谷组成的微观几何形状。对金属表面的粗糙度进行控制有助于提升金属接触刚度和疲劳强度。

② 表面的吸附　固体和气体的作用形式有三种，分别是吸附、吸收和化学反应。外界的分子和原子能够被金属表面的不饱和键吸附。

③ 表面反应　表面化合物的形成极有可能是因为吸附的电子和金属表面之间存在大的

电负性差。固体表面上的各种缺陷，如空位、台阶、杂质等成为反应发生的基础。表面反应较为典型的就是金属的表面氧化。氧化物和氢氧化物的形成是由于金属表面在空气中暴露吸收氧气和水分。

9.1.2 金属表面的特征

金属内的力和作用于金属表面原子和分子的力不尽相同。这些力的存在会影响金属表面的结构和性能。

（1）表面吸附力

晶体内部存在的力场在表面发生突变，但是不会中断，而是向气体的一侧延伸。一旦其它分子和原子进入这个力场的范围内，就会和其它晶体原子产生相互作用力，从而形成表面的吸附力。吸附现象的产生是因为表面的吸附力将其它物质吸附到表面上。表面吸附力分为两种：物理吸附力和化学吸附力。

1）物理吸附力

吸附质和吸附剂中都存在着物理吸附力，物理吸附力相当于液体内部分子的内聚力，根据吸附质和吸附剂的条件不同，形成力的因素也不尽相同，主要以色散力为主。

① 色散力　色散力的产生是由于电子在轨道中运动产生的电矩涨落，这种涨落又对相邻的原子和离子诱导一个相应的电矩，反之又对原来的原子电矩产生影响。这样就形成了色散力。

② 诱导力　Debye 曾经发现一个分子的电荷分布会受到其它分子电场的影响，所以提出诱导力的概念。一个极性分子在接近一种金属或其它传导性物质时，就会产生一种对其表面的诱导作用，但是诱导力的贡献相对于色散力较低。

③ 取向力　Keesom 认为，具有偶极而无附加极化作用的两个不同分子的电偶极矩间有静电相互作用，这样的作用力被称为取向力。取向力的性质、大小和电偶极矩的相对取向有一定的关系。如果被吸附的分子是非极性的，那么取向力对物理吸附的贡献就相对较小。反过来，如果被吸附的分子是极性的，那么取向力对物理吸附的贡献要超过色散力的贡献。

2）化学吸附力

化学吸附和物理吸附的本质区别是发生化学吸附时吸附质和吸附剂之间产生了电子的转移，从而形成化学键。这种方式形成的化学键和一般化学反应中的化学键有所不同，称为吸附键。吸附粒子只和一个或者少数几个吸附剂表面原子相键合是吸附键最大的特点。吸附键的强度受表面结构和底物整体的电子性质影响。针对化学吸附力提出了多种模型，比如定域键模型、局域键模型和表面簇模型等，这些模型都存在一定的适用性和局限性。

定域键模型是把吸附质和吸附剂原子之间形成的化学吸附键当作共价键看待。这种模型适用于金属表面上的解离吸附。

局域键模型将被吸附物的吸附情况用形成表面分子的概念进行描述。在这种模型中，假定吸附质和一个或几个表面原子相互作用而形成吸附键。所以，它可以当作局部的化学相互作用，这种模型对金属固体上的吸附和在离子半导体或绝缘体表面上的酸碱反应适用。

3）表面吸附力的影响因素

① 吸附键的性质受温度的变化影响　物理吸附发生的条件是在接近或低于被吸附物所在压力的沸点温度，化学吸附需要的温度条件远高于沸点温度。另外，被吸附分子中的键还会在温度的增加过程中不断断裂并且以不同的形式在表面上吸附。以乙烯在 W 上的吸附为例进行详细的说明。乙烯在温度为 200K 时，在 W(110) 表面以完整的分子形式吸附；当温度上升为 300K 时，乙烯断掉两个 C—H 键，在表面以 C_2H_2 的形式吸附；当温度进一步上升为 500K 时，最后的两个 C—H 键断裂，经过紫外光电子能谱的实验证明 C_2 单元在 W 表面形成；温度上升为 1100K 时，C_2 单元分解，在 W 表面上只残留碳原子。

② 吸附键的断裂受压力的变化影响　即使保持固体表面加热的温度相同，压力的变化也会导致产生的脱附物不同。以 CO 在 Ni(111) 表面上的吸附为例进行阐述，将固体的温度加热至 500K 以上，如果 CO 的压力在 1333.3Pa 之下或接近真空状态，被吸附的分子脱附仍为 CO 分子，也就是说在脱附之前并没有解离；保持温度不变，压力增加，CO 分子将会解离。产生这种情况的原因是压力影响覆盖度，压力较大，则覆盖度也较大，所以长时间在表面上停留的 CO 分子发生解离。

③ 表面不均匀性影响表面键合力　如果在表面上存在不均匀性，如阶梯或褶皱，都会影响表面的化学键。其中 Zn 和 Pt 的表现最为强烈。在这些金属表面上存在不均匀性时，一些吸附分子就会分解，反之在光滑的表面上，分子不会分解。例如，温度为 200K 时，乙烯在 Ni(111) 表面上为分子吸附，但是在有阶梯的 Ni 表面上时，即使温度在 150K 以下，乙烯也会完全脱掉氢而形成 C_2。相关研究指出，出现表面阶梯会增加吸附的概率。

④ 其它吸附物对吸附质键合的影响　当气体被吸附在已经有其它被吸附物的固体表面上时，会对被吸附气体的化学键合产生较大的影响。产生这种影响的原因可能是与被吸附物的相互作用。比如铜的存在会降低氧在镍表面的吸附速度，硫能够阻止 CO 的化学吸附。

（2）*表面张力和表面能*

在研究液体表面状态时，表面张力的概念被提出。分子之间的相互作用产生表面张力，这种范德华力由色散力、诱导力、偶极力、氢键等组成。固体的表面能在概念上和表面张力有所区别。晶体类型、表面温度、晶体取向、表面形状、表面状况、表面曲率等都能对表面能产生影响。在热力学上，较为重要的因素是表面温度和晶体取向。想要对固体表面能进行精确的测定非常困难，根据不同性质的固体，主要采用劈裂功法、零蠕变法、溶解热法、熔融延伸法和接触角法等进行测定。表面能对晶体外形和表面形貌、吸附和表面偏析产生重要的影响；了解固体表面的润湿、润滑、黏附、摩擦等过程的基本原因，需要对固体表面能进行测定。

（3）*表面振动和表面扩散*

① 表面振动　晶体中原子的热运动主要包括晶格振动、扩散和溶解等。原子在平衡位

置附近作微振动称为晶格振动。这种微振动对晶格的空间周期规律性产生破坏，所以影响着固体的比热容、热膨胀、电阻、红外吸收等性质以及一些固态相变。

② 表面扩散　原子在固体表面的迁移称为表面扩散。原子在多晶体中的扩散主要有四种途径，分别是体扩散（晶格扩散）、表面扩散、晶界扩散和位错扩散。固体中的原子和分子进行迁移，需要跨过一定的壁垒（扩散激活能），还需要一定的空位或其它缺陷。

9.1.3　金属表面的性能

金属表面的性能包括使用性能和工艺性能。使用性能包括力学、物理学和化学性能，是指在使用条件下金属表面表现出的性能。工艺性能是指表面适应加工处理的性能。比如，金属的磨损、腐蚀、氧化、烧损以及疲劳断裂和辐照损伤等，这些都是从表面上开始的，对表面进行深入了解并改进其性能有重要意义。下面对金属表面的物理性能进行重点阐述，化学性能的相关介绍在金属表面反应中重点阐述。

金属材料中的诸多物理性能是材料整体的性能，表面和内部难以分开，但是材料整体的物理性能和表面有着密切的联系。

（1）热学性能

① 热容量　热容量是一种物理量，能够对物质热运动的能量随温度变化的情况进行描述。它的含义是：在不发生相变和化学反应的情况下，材料温度每升高 1K 时所需要的热量 (Q)，通常用 C 作为标记。在低温条件下，材料的热容量并非恒定量，会随温度降低逐渐减小。

② 热传导　当材料的两端存在温差时，热量就会自动地从热端向冷端进行传递，这种现象称为热传导。比如，一个物体本身存在温度梯度，在和外界没有热交换的情况下，随时间变化，热端的温量不断向冷端进行传递，最终形成温度的平衡。

③ 热膨胀　热膨胀是材料比较重要的热学性能之一，表征物体在受热的情况下长度或体积增大的程度。一旦固体在受热时不能自由地进行膨胀，那么在物体的内部就会产生较大的内应力，这种内应力需要进行控制，保证其不会产生较大的危害。比如在铁轨接头处通常会留有一定的缝隙，在精密仪器的制造中需要使用热膨胀系数较小的材料。

④ 热稳定性　热稳定性是指材料承受温度发生剧烈的变化，但是不会导致材料破坏的能力。在通常情况下，热稳定性受到热应力的影响。热应力会引起材料热冲击破坏、热疲劳破坏以及材料性能的变化。比如，对于一些高延展性的材料，由热应力引起的热疲劳是主要的问题，虽然温度的变化没有热冲击剧烈，但是其热应力与材料的屈服强度相接近，一旦温度产生反复的变化，就容易产生疲劳破坏。

（2）电学性能

① 导电性　材料内部组成和结构的不同导致材料导电性能的巨大差异。导电性最强的物质（银、铜）和最差的物质（聚苯乙烯）之间的电阻率差 23 个数量级。电导率、电阻率被用来描述导电性。

② 电导率　物质输送电流的能力通过电导率来反映。

③ 电阻率　它与电导率互为倒数。杂质或合金元素对电阻率的影响极大。比如，金

银都有极好的导电性，但它们组成合金后电阻增大。一旦铜中的杂质的质量分数达到 0.05%时，铜的电导率就会下降 12%左右。冷加工、沉淀硬化、高能粒子辐照等都会增大电阻。

(3) 磁学性能

① 磁性　物质按其磁性可分为顺磁性、抗磁性、铁磁性、反铁磁性和亚铁磁性等。强磁性包括铁磁性和亚铁磁性，磁性材料是指具有铁磁性和亚铁磁性的物质。磁性材料分为软磁材料、硬磁材料和磁储存材料三种。

② 铁磁性、反铁磁性和亚铁磁性　铁磁性物质包括 Fe、Co、Ni、Gd、Tb、Dy、Ho、Tm 及其合金和化合物；在反铁磁性材料中，因为电子之间的相互作用，相邻偶极子按照相反方向排列；在亚铁磁性材料中互为反向磁矩的大小不尽相同，因此相互之间没有完全抵消。

9.2 金属表面反应

9.2.1 化学腐蚀

9.2.1.1 腐蚀及其分类

由于材料和环境介质相互作用而造成材料本身发生损坏和性能恶化的现象称为腐蚀。腐蚀发生在金属和非金属材料中，尤其是金属材料的腐蚀会给国民经济造成较大的损失。

腐蚀的分类方法较多。按照腐蚀的原理进行分类，可分为化学腐蚀和电化学腐蚀。金属材料在干燥的气体介质或不导电的液体介质中经过化学反应产生的腐蚀称作金属材料的化学腐蚀。金属材料在液体介质中因为产生电化学作用产生的腐蚀称为电化学腐蚀。电解质溶液是有导电性的介质，比如潮湿大气、天然水、土壤和工业生产中采用的各种介质等。在电解质溶液中，同一金属表面各部位或不同金属相接触，都可因为电位的不同而形成腐蚀电池。其中电位较负的部分为阳极，电位较正的部分为阴极。阳极上的金属溶解产生金属离子进入溶液，释放出的电子在阴极被消耗。所以，金属腐蚀主要是电化学腐蚀。除了上面两种主要的腐蚀之外，还有一种是物理腐蚀，即单纯的物理溶解产生的破坏。此外，按照环境不同进行分类，可将腐蚀分为自然环境腐蚀和工业环境介质腐蚀；按照腐蚀形态不同进行分类，可分为全面腐蚀和局部腐蚀；按照被腐蚀后的破坏形态不同进行分类，可分为均匀腐蚀、点蚀、缝隙腐蚀、晶间腐蚀、应力腐蚀、磨损腐蚀等。

9.2.1.2 金属的氧化

在高温中金属的氧化是一种较为典型的化学腐蚀。腐蚀产生的氧化物主要有三种：①不稳定的氧化物，如金、铂等的氧化物；②挥发性的氧化物，如氧化钼等；③形成在金属表面的一层或是多层的氧化物。

在室温下多数金属能够自主氧化，然而一旦在表面形成氧化物层，扩散受到阻碍，氧化的速度降低。所以，温度、时间、氧化物层的性质影响着金属的氧化。厚度在300nm以下的氧化物层称为氧化膜。氧化膜能够保护金属表面，并且它的厚度能够随温度和时间变化。比如钢的表面温度在230～320℃时，氧化膜的厚度随着时间的延长和温度的上升而增大，其产生的光干涉效应导致钢的表面颜色从草黄色变为深蓝色，形成回火色。在高温下铁及其合金与空气相接触会发生氧化，温度和成分影响着表面氧化膜的结构稳定性。在560℃以上时，铁会生成Fe_2O_3、Fe_3O_4和FeO。氧化膜的生长主要靠铁离子向外扩散。但是FeO只能对扩散物质产生很小的阻碍，所以一般只有在400℃以下才能使用碳钢零件。要将钢的抗氧化性进一步提升，需要阻止FeO的产生，与此同时加入合金元素以产生稳定致密的氧化膜，降低铁离子和氧离子的扩散速度，从而使基体和氧化膜牢牢地结合在一起。将Cr、Al、Si加入钢中，能够提高FeO出现的温度。比如，添加质量分数为1.03%的Cr可使FeO在600℃出现；添加质量分数为1.14%的Si可使FeO在750℃出现；添加质量分数为1.1%的Al和0.4%的Si可使FeO在800℃出现。当钢内的Al和Cr含量较高时，可在表面形成致密的Al_2O_3和Cr_2O_3保护膜。一般情况下，钢中含有Al、Cr或Si时，可以在钢的表面生成具有良好保护作用的$FeAl_2O_4$、$FeCr_2O_4$或$SiFe_2O_4$氧化膜。抗氧化钢中，Cr和Al元素是提高抗氧化性能的主要元素。Si由于会增加钢的脆性，在添加过程中用作辅加元素。掺加微量的稀土金属或碱土金属能够提高耐热钢和合金的抗氧化能力。

9.2.2 电化学腐蚀

9.2.2.1 金属腐蚀的电化学电池

金属的电化学腐蚀的实质是金属通过一对共轭的氧化还原反应而被氧化的过程，让金属表面的原子转换为离子态最终进入环境介质。它的工作原理和原电池将化学能转化为电能的原理相似，它的氧化反应和还原反应在不同的位置同时独立进行。其中较为典型的原电池就是丹尼尔电池。当锌片和铜片放在稀硫酸溶液中并相互接触时，能够看到铜片上产生大量的气泡，锌片被腐蚀掉。这时，铜片和锌片就组成一个腐蚀原电池，或称为腐蚀电池。电子从锌沿导线向铜流动。在原电池中产生电流的原因是两极的电位不同，产生的电位差成为原电池反应及产生电池电流的原动力。

在锌铜原电池中，锌的电位比铜低，锌为负极，铜为正极。在负极的锌板表面上将发生放出电子的氧化反应：

$$Zn \longrightarrow Zn^{2+} + 2e^- \tag{9-1}$$

在正极的铜板表面上将发生溶液中的氧化剂（H^+）获得电子的还原反应：

$$2H^+ + 2e^- \longrightarrow H_2 \tag{9-2}$$

在腐蚀学中，原电池中发生氧化反应的电极称作阳极，发生还原反应的电极称作阴极。在原电池中，阳极是电位较低的负极，阴极是电位较高的正极，这种情况和电解池正好相反。除此之外，在溶液中能够获取电子并发生还原反应的物质称作去极化剂。在实践中一般存在的腐蚀电池有以下两种类型。

① 宏观电池　在金属表面阳极和阴极相互分离，并且它们的位置在发生腐蚀的过程中基本不变。一旦阳极较小阴极较大，金属在腐蚀后就会呈现腐蚀不均匀的现象。形成固定或分离的阳极区和阴极区的主要原因是：金属本身表面存在固定的不均匀性或者与其它金属有接触；存在不均匀的环境介质。例如在环境介质中存在的氧浓度差异形成的氧浓差电池。

② 微电池　无数不能识别的微小阳极区和阴极区在金属表面存在，它们因为彼此之间的空间距离极小，电位高低关系难以进行识别，导致金属表面呈现相对均匀的全面腐蚀。

不管是宏观电池还是微电池都形成了完整的电流回路。这就说明电流在电极和离子导体之间进行转换，这种转换通过电极反应才能进行。

原电池的阳极/电解质溶液的界面在电池两电极的电位差作用下发生氧化反应，金属表面原子转变为离子进入溶液。在电场和浓度场的作用下带正电荷的金属离子从阳极向阴极方向迁移。在电场作用下阳极表面产生的多余电子沿导线（或金属本身）流向阴极/电解质界面。氧化剂（如 H^+、O_2 等）在阴极/电解质溶液界面获得电子，发生还原反应，消耗由氧化反应释放出的电子。

由于腐蚀电池的作用使 1mol 金属转变成离子态而形成腐蚀产物时，其 Gibbs 自由能的变化可用下式表示：

$$\Delta G=-nF(E_c-E_a) \tag{9-3}$$

式中，E_c、E_a 分别为阴极反应和阳极反应的平衡电位；n 为阳极反应中每个金属原子失去的电子数；F 为法拉第常数。

由于阳极溶解的腐蚀反应与所有化学反应一样，必须在 $\Delta G<0$ 时才能自发地进行，因此形成腐蚀原电池的必要条件是：

$$E_c-E_a>0 \tag{9-4}$$

对于金属/电解质溶液体系，如果不能满足式（9-4），则不管金属表面或环境介质中是否存在不均匀性，都不可能形成腐蚀原电池。

9.2.2.2　电化学腐蚀热力学

(1) 双电层和电极电位

电极反应就是电极和电解质溶液界面上发生的电化学反应。电极反应导致电极和溶液的界面处形成双电层，电极电位就是双电层两侧产生的电位差。

当金属浸入电解质溶液中后，因为自身的晶格畸变能较高和溶液中极性水分子的作用，金属表面的金属离子会发生水化。由于金属离子的水化能高于金属表面晶格的键能，表面金属离子会脱离金属晶格进入溶液，最终形成水化金属离子。因为被水分子的同性电荷排斥，金属表面晶格的电子不能水化转入溶液，数量可观的过剩电子积累在金属表面。进入溶液的水化金属离子受到金属表面负电荷的吸引和溶液中正电荷的排斥，因而不能向溶液深处扩散，只能停留在金属表面附近，这就导致其它金属离子不能继续溶解，部分水化金属离子可能再沉积在金属表面。溶解与沉积速度相等时，该处形成动态平衡的电荷分布。这种在金属/电解质溶液界面处形成的界面电偶层称作双电层。双电层的形成导致界面处产生电位差。

(2) 平衡电位与非平衡电位

将金属电极放在含有该金属离子的盐溶液中，同时在金属表面上只存有一对氧化还原电极反应时，随着金属离子在两相间迁移，反应就会达到动态平衡的状态，这时电荷从金属相移动到溶液中和从溶液移动到金属相中的速度相同。此时的电流称为交换电流。单位面积的交换电流称为交换电流密度。

在这个电极过程中，不仅电荷迁移是平衡的，两个方向的物质传递也是平衡的。此时得到了一个稳定的双电层，且产生了不随时间变化的电极电位值，称为金属平衡电极电位。由于电极过程中的物质和电荷迁移是可逆的，因此也可称为可逆电极电位，相应的电极称为可逆电极。

双电层金属表面的电荷密度决定金属电极电位的大小。首先，电位取决于金属的类型和性质；其次，它与电解质溶液的溶剂性质、金属离子活性和温度等因素相关。平衡电位 E 可通过能斯特方程进行计算：

$$E=E_0+\frac{RT}{nF}\ln a \tag{9-5}$$

式中，E_0 为金属的标准电极电位；R 为气体常数；T 为热力学温度；n 为参与反应的电子数；F 为法拉第常数；a 为金属离子的活度。

由于无法测得双电层两侧的电位差，平衡电位和非平衡电位的绝对值至今还无法测量。但是电池电动势是能够精准地测量的。当前对平衡电位以及非平衡电位的测量方法是：规定标准氢电极的电极电位为零，将待测电极与标准氢电极构成原电池，该原电池的电动势就是待测电极的电位值。按照规定，标准氢电极即氢离子活度为 1，在 25℃条件下，氢分压为 1 个大气压（101325Pa）的氢电极。关于电极电位的符号规定为：待测电极与标准氢电极组成原电池时，若该电极上发生还原反应，则电极电位为正；如果发生氧化反应，则电极电位为负。

在测量待测电极的电极电位时，另一个可供比较的电极称为参比电极。参比电极是一个可逆电极体系，在规定条件下具有稳定的可逆电极电位。稳定可靠的参比电极是实际电位测量的必要条件之一。氢电极是最基本的参比电极，但其制造和使用上都比较困难，且价格昂贵。因此，其它参比电极，如甘汞电极和氯化银电极等，经常用来测量电位。

9.2.2.3 电化学腐蚀动力学

电化学动力学是 20 世纪 50 年代初发展起来的一门研究非平衡体系电化学行为和动力学过程的科学。其内容涉及能量转换（从化学能、光能到电能）、金属腐蚀和保护、电解和电镀等多个领域当中。除此之外，电化学动力学在特殊性能新材料的探索中尤为突出。电化学动力学的理论研究也推动了腐蚀电化学的发展。

电化学腐蚀动力学的研究内容是由电化学动力学的一些理论在金属腐蚀与防护领域中的应用构成的。电化学腐蚀动力学主要的研究领域包括金属电化学腐蚀的电极行为和机理、金属电化学腐蚀速率及其影响因素等。例如，就化学性质来说，铝本身是一种较为活泼的金属，铝的标准电极电位为 1.662V。在热力学层面上，铝和铝合金本应在潮湿的空气中极易发生腐蚀，但是在实际情况下，铝合金是非常稳定的，这并不是热力学在金属腐蚀和保护领域的局限，而是在腐蚀过程中，反应阻力明显增加，腐蚀速率明显下降。此外，基于电化学腐蚀动力学理论，还建立了氢去极化腐蚀、氧去极化腐蚀、金属钝化和电化学保护等理论。电化学腐蚀动力学在金属腐蚀和防护研究中起着重要的作用。

(1) 电极过程

电极系统主要由电极与电解质构成。其主要特征是：电荷在电极与电解质两相之间转移，同时在界面上发生化学变化。例如，不论是原电池还是电解池中的电极反应，都包括阳极反应、阴极反应和传质过程。其中阴极反应和阳极反应伴随着电极与电解质界面上发生的氧化或还原过程，而在电解质中的传质过程则没有发生化学反应，仅仅引起了部分组分的浓度变化。

所有电极系统上发生的电极反应都包含了一系列复杂的过程，对于一个电极反应来说，它至少包括三个连续的步骤：一是电解质的液相传质步骤，该步骤是反应物从本体溶液向电极表面传递的过程；二是电子转移步骤，该步骤是反应物在电极表面得电子或失电子的过程；三是生成新相步骤，该步骤是反应产物离开电极表面向本体溶液扩散，或反应产物形成气体或固体的过程。电极反应三个主要步骤中，第二个步骤最为复杂。有时在一、二步骤之间会发生前置表面转化步骤，即反应物在电极表面附近的液层中进行吸附或者发生化学变化。除此之外，在第二、三步骤间有时会发生后置表面转化步骤，即反应产物从电极表面脱附，或反应产物的复合、分解、歧化等。

(2) 极化

1) 极化的含义

在对腐蚀电池进行研究时，极化指的是当电极上有净电流通过时，电极电位偏离平衡电位的现象。将 Zn 片和 Cu 片浸入 3% 的 NaCl 溶液中，构成腐蚀电池，Zn 为阳极，Cu 为阴极。当电池接通之后，阴极电位向负方向移动，阳极电位向正方向移动，导致腐蚀电池的电位差变小，腐蚀电流降低，因此降低了腐蚀的速度。

2) 阳极极化

阳极上有电流通过时，阳极电位向正方向变化的现象称作阳极极化。导致阳极极化的主要原因有三点：①电化学极化，由于阳极过程进展缓慢，阳极中积累的正电荷过多，改变了双电荷的分布和双电层层间的电位差，阳极电位向正方向变化；②浓差极化，金属溶解时，阳极附近的金属离子扩散很慢，浓度增加，妨碍金属继续溶解，导致阳极电位向正方向移动；③电阻极化，由于金属表面形成保护膜，其电阻明显高于基体金属。当电流通过时，会产生压降，导致电位向正方向移动。

3) 阴极极化

阴极上有电流通过时，阴极电位向负方向变化的现象称作阴极极化。阴极极化所产生的原因有两点：①电化学极化，阴极反应是得电子的过程，在此过程中，如果阴极还原反应速率比电子进入阴极的速率小，就会使得过剩电子在阴极积累，导致阴极向负方向变化；②浓差极化，即阴极附近反应物或反应产物扩散速率缓慢，导致阴极电位向负方向移动。

综上所述，过电位是在某一极化电流下的电极电位 E 与平衡电位 E_e 之差的绝对值。并且规定阳极极化时过电位 $\eta_a=E-E_e$，阴极极化时过电位 $\eta_c=E_e-E$。因此，不管是阳极极化还是阴极极化，电极反应的过电位都是正值。

4）去极化

去极化是极化的相反过程。能够消除或抑制原电池阳极或阴极极化的过程称作去极化，能够起到去极化作用的物质称为去极化剂。能够对腐蚀电池阳极起去极化作用的称为阳极去极化；对腐蚀电池阴极起去极化作用的称为阴极去极化。可以明显看出，去极化具有加速腐蚀的作用。

（3）钝化

1）钝化的概念

一些化学活性金属及其合金失去了化学活性，在某些环境中变得惰性，这种现象被称为钝化。从电化学分析可知，当金属或合金的电极电位在一定条件下沿正方向移动时，阳极溶解，形成腐蚀电流。当电极电位正移到一定值后，由于氧化物或表面吸附膜的形成，一些过渡金属如铁、镍、铬的腐蚀电流会发生降低，并趋于停止腐蚀。这时，金属或合金处于钝化状态。金属可以处于稳定的钝态，主要取决于氧化膜的性质和致密程度及其所处条件。例如：镍、铬等金属在空气中会生成致密的氧化膜，处于钝态，因此耐蚀性优良；然而铁表面生成的氧化膜不够致密，仍然容易生锈。又如：由于不锈钢含有一定的镍、铬等元素，因此其经常处于钝态，但是当介质中含有大量氯离子时，氧化膜的致密性遭到破坏，会加快腐蚀。

钝化物是使金属钝化的物质。除了氧化性介质外，具有强氧化性的硝酸、硝酸银、氯酸、氯酸钾、重铬酸钾、高锰酸钾、H_2O_2，以及空气或氧气等，在一定条件下都可用作钝化剂。非氧化性介质也可使某些金属发生钝化，例如氢氟酸可以钝化镁。

2）钝化的分类

金属钝化分为化学钝化和阳极钝化。金属与钝化剂发生化学作用而产生的钝化现象称为化学钝化，又称自钝化。用外加阳极电流的方法使金属发生钝化称作阳极钝化，又称电化学钝化。

3）钝化的理论

目前的钝化理论主要有两种：①成相膜理论，该理论认为在金属表面生成的厚度为10～100nm 的致密薄膜（成相膜）隔离了金属表面与介质，从而阻碍阳极过程，降低了金属的溶解速率；②吸附理论，该理论认为金属表面吸附了氧或含氧粒子，导致金属与溶液界面的结构发生改变，显著提高了阳极反应的活化能。也就是说金属钝化的发生并非由于膜的隔离作用，而是由于金属本身的活化能力下降。这两种理论都能解释部分钝化现象，但不能解释所有的实验结果。

9.2.3 常见的腐蚀及防护

腐蚀按破坏形式可分为全面腐蚀和局部腐蚀。均匀遍布在材料的全部或绝大部分表面的腐蚀称作全面腐蚀。作用在材料的部分区域，而其它区域未受破坏的腐蚀被称作局部腐蚀。

局部腐蚀又可分为无应力作用和有应力作用两种情况。

(1) 全面腐蚀

全面腐蚀又称为均匀腐蚀。腐蚀作用发生在全部或绝大部分表面上，各处腐蚀的速率基本相同，金属会逐渐变薄。暴露在大气中的桥梁、设备、管道等钢结构的腐蚀，基本上都是全面腐蚀。从腐蚀量看，全面腐蚀会造成金属的大量损失，但是从工程观点来看，全面腐蚀并不可怕，并不会造成突然的破坏事故。其腐蚀速率比较容易测定，常采用浸泡试验或现场挂片试验，通过质量损失算出平均腐蚀速率，从而估计出工程构件或设备的使用寿命。可采用多种措施来降低全面腐蚀速率，比如：增加一定的腐蚀裕量；选用合理的金属材料；采用表面技术涂覆保护层；加入缓蚀剂；采用阴极保护法等。涂覆保护层是最常用的方法。

(2) 无应力作用下的局部腐蚀

局部腐蚀与全面腐蚀相比有明显不同。比如：金属表面的部分区域的腐蚀速率远大于其它区域的腐蚀速率，导致局部区域极易破坏；局部腐蚀时，阳极和阴极通常是分开的；阳极面积远小于阴极面积；阳极电位小于阴极电位。常见的无应力作用的局部腐蚀有接触腐蚀、点蚀、缝隙腐蚀、晶间腐蚀、选择性腐蚀等。

1) 接触腐蚀

主要特征：①主要发生在金属与金属（或非金属）的接触边缘，而距离边缘较远的区域，腐蚀程度要轻很多；②两种不同电位的金属相接触，其中电位较负的金属腐蚀速率加快，而电位较正的金属腐蚀速率减缓。控制措施：①避免异种材料接触；②选用电位相近的材料；③异种材料的连接处采取绝缘措施进行保护；④选用容易更换的阳极材料或加厚阳极部件；⑤采用涂覆保护层的方法。

2) 点蚀

主要特征：①腐蚀在金属表面的很小范围内集中，并深入金属内部；②具有多种多样的形貌，蚀孔口多数被腐蚀产物所覆盖；③大多发生在表面产生钝化膜的金属材料或存在阴极镀层的金属上；④发生在同时存在氧化剂和活性阴离子的钝化液中；⑤在腐蚀电位超过点蚀电位的情况下，点蚀会迅速形成与发展。控制措施：①选用耐点蚀能力强的材料；②降低介质的温度和活性阴离子的含量，提高介质的流速；③加入缓蚀剂；④采用电化学保护。

3) 缝隙腐蚀

主要特征：①在金属与金属或非金属间的缝隙发生腐蚀；②可发生在所有金属材料上，尤其是钝化的耐蚀材料上；③各种介质，尤其是含氯离子的溶液最易形成缝隙腐蚀；④同种金属也可发生缝隙腐蚀，其临界电位比点蚀电位低。控制措施：①设计时，尽量避免出现缝隙；②尽量用焊接代替铆接与螺栓；③选用含高镍、铬、钼的不锈钢，不用吸湿性的材料作为垫圈；④采用电化学保护；⑤加入缓蚀剂。

4) 晶间腐蚀

主要特征：金属材料内部沿晶界发生腐蚀，使晶粒间的结合力严重损害，导致金属的强度和韧性大幅度下降。控制措施：①减少不锈钢中碳的含量；②在不锈钢中加入 Nb 等固碳的合金元素；③采用表面技术，隔离不锈钢表面与腐蚀介质。

5）选择性腐蚀

主要特征：在一定条件下，某些合金中电位低的金属元素被选择性地溶解。比如：①黄铜脱锌，锌被选择性溶解，留下多孔的铜；②石墨化腐蚀，在一定介质中，灰铸铁中的铁素体发生选择性腐蚀，石墨沉积在铸铁表面。控制措施：对于黄铜脱锌，选用锌的质量分数小于15%的铜锌合金。

（3）有应力作用下的局部腐蚀

常见的包括应力腐蚀、腐蚀疲劳、磨损腐蚀、氢损伤等。

1）应力腐蚀

应力腐蚀是由应力与腐蚀介质共同作用引起的脆性开裂，与材料、应力、环境三个因素有关，控制措施：①尽量使金属材料与介质的接触部位应力最小；②通过各种手段减弱环境介质的腐蚀性组分；③采用阴极保护，使合金避开敏感电位区；④采用涂层技术，将金属材料与腐蚀环境隔离。

2）腐蚀疲劳

腐蚀疲劳是金属材料在循环应力和腐蚀介质的共同作用下发生的破坏，没有明显的敏感电位范围。控制措施：①选用含 Ni、Cr 的不锈钢；②采用阴极保护；③采用涂层技术；④加缓蚀剂。

3）磨损腐蚀

磨损腐蚀是金属表面与腐蚀介质间相对运动引起的加速破坏。金属材料先在腐蚀介质中溶解为离子状态，然后在机械力作用下脱离表面。控制措施：①减小介质流速；②采用涂层技术；③采用阴极保护。

4）氢损伤

氢的存在会使材料的塑性、韧性下降，例如 V、Nb、Ti、Zr 等材料可形成脆性的氢化物。另外，在高温下，碳钢中发生 $4H+C \longrightarrow CH_4$ 的反应，甲烷在晶界富集，发生高温氢腐蚀。控制措施：①采用不易渗透氢的衬里，如不锈钢、镍、橡胶等；②加入缓蚀剂；③热处理去氢。

9.2.4 在自然环境中的金属腐蚀与防护

自然环境中的金属腐蚀主要包括大气腐蚀、海水腐蚀、土壤腐蚀、二氧化碳腐蚀等。

（1）大气腐蚀

金属由于大气环境因素引起材料破坏的现象称作大气腐蚀。大气中主要参与金属腐蚀过程的组分是氧和水汽，其中氧参与电化学腐蚀过程，水汽在金属表面形成电解液层。根据腐蚀金属表面的潮湿程度，大气腐蚀可分为三种：①金属表面没有水膜，仅有吸附膜的腐蚀过程称作干大气腐蚀；②金属表面水膜厚度在 10nm～1μm 的腐蚀过程称作潮大气腐蚀；③金属表面水膜厚度大于 1μm 的腐蚀过程称作湿大气腐蚀。干大气腐蚀属于化学腐蚀中的氧化。潮大气腐蚀主要受阳极过程控制，湿大气腐蚀主要受阴极过程控制。

在阳极上发生金属的溶解：

$$M+nH_2O \longrightarrow M^{n+} \cdot nH_2O+ne^- \tag{9-6}$$

阴极在中性和碱性条件下：

$$O_2+2H_2O+4e^- \longrightarrow 4OH^- \tag{9-7}$$

阴极在中性和酸性条件下：

$$O_2+4H^++4e^- \longrightarrow 2H_2O \tag{9-8}$$

大气腐蚀的控制措施包括：选用合适的耐蚀材料，采用涂层技术，控制环境的相对湿度、温度及含氧量，采用缓蚀剂和电化学保护等。

(2) 海水腐蚀

海水是一种腐蚀性介质，盐分的质量分数为3.5%～3.7%，电导率约为4×10^{-2}S/cm，氧的溶解量在 (5×10^{-4})%～(10×10^{-4})%之间。氧和氯离子含量是影响海水腐蚀的主要因素。

海水腐蚀过程属于氧去极化作用。由于存在大量氯离子，金属钝化膜容易遭到破坏，产生局部腐蚀。另外，由于海水具有很大的电导率，金属表面形成的微电池和宏观电池活性较高，且异种金属互相接触会导致显著的电偶腐蚀。

海水腐蚀的控制措施包括：选用合适的耐蚀材料，涂层保护，电化学保护（外加电流和牺牲阳极法）等。

(3) 土壤腐蚀

土壤由土粒、水和空气组成，是一个复杂的多相结构。土壤中的水溶解盐类和其它物质，是一种电解质溶液。土壤腐蚀为电化学腐蚀，包括阳极过程与阴极过程。金属在干燥的土壤中，阳极过程的方式接近于大气腐蚀的阳极过程。土壤腐蚀主要包括以下两种：①微电池和宏观电池引起的土壤腐蚀，腐蚀微电池是由金属的不均匀性导致的，而土壤的不均匀性导致腐蚀宏观电池，由于土壤透气性不同，氧的渗透速率不同，土壤介质的不均匀性影响着金属各部分的电位，是促使建立氧浓差电池的主要因素，浓差腐蚀是土壤腐蚀的主要形式之一；②杂散电流引起的土壤腐蚀，电装置流入土壤的杂散电流使土壤中的金属发生腐蚀。影响土壤腐蚀的因素有土壤的透气性、含水量、导电性、酸碱度等。土壤腐蚀的控制措施包括：选用合适的耐蚀材料，涂层保护，阴极保护等。

(4) 二氧化碳腐蚀

CO_2水溶液在相同pH条件下酸度高于盐酸，有很强的腐蚀性。常见的CO_2腐蚀为油田井下油管的腐蚀。

9.3 金属表面处理

9.3.1 电镀技术

电镀工业具有很长的历史，通过电镀，既可以提高金属的耐蚀性、耐磨性、导电性、导磁性等，也可以修复金属表面的破损。

9.3.1.1 电镀的基本原理

把镀件和镀层金属放在电镀液中，镀件接电源的负极，作为电镀时的阴极；镀层金属接电源的正极，作为阳极。接通直流电源后，在电场作用下，电镀液中的阴、阳离子发生电迁移，阴离子向阳极移动，金属离子向阴极移动，并在阴极被还原沉积成镀层金属。电镀后的镀层要完整、均匀并与基体金属结合牢固，还应具有一定的物理化学性能，这样才能对基体金属起到良好的保护作用。

9.3.1.2 影响电镀层质量的因素

（1）镀液组成

镀液组成主要包括以下几个部分。

① 主盐　能在阴极沉积出镀层的金属盐称作主盐。在温度、电流密度等条件不变的情况下，主盐浓度越高，金属越容易在阴极析出。但是主盐浓度过高会导致镀液的稳定性降低，且需要使用较高的阴极电流密度，增加生产成本。如果主盐的浓度过低，虽然镀液分散能力较好，但阴极电流效率低，导致生产效率低。因此，主盐浓度需控制在合适的范围。

② 附加盐　附加盐也称为导电盐，是为提高镀液的导电性而加入的盐类。附加盐还可以改善镀液的分散能力，从而改善镀层质量。例如，镀镍液中加入的硫酸钠和硫酸镁，镀铜液中加入的硝酸钾和硝酸铵等。但是，过多的附加盐会降低主盐的溶解度，因此附加盐的添加应遵循适量的原则。

③ 络合剂　络合剂是指能与主盐中的金属离子络合的物质。没有络合剂的镀液稳定性较差。加入络合离子会增大阴极极化，改善镀层质量。但是如果镀液中络合剂含量过高，就会导致阴极电流效率降低，从而降低镀层沉积速率，因此络合剂含量也要适当。

④ 缓冲剂　电镀需在一定的 pH 条件下进行。缓冲剂可以减小镀液 pH 的变化，如镀镍液中的 H_3BO_3 和焦磷酸盐镀液中的 Na_2HPO_4 等。

⑤ 添加剂　为了改善镀液的性能和镀层的质量，在镀液中加入少量的有机物，这些物质称作添加剂。

（2）阴极电流密度

阴极电流密度与许多因素有关，比如电镀液成分、主盐浓度、镀液 pH、温度、搅拌等。如果电流密度过低，阴极极化作用减小，会导致镀层结晶粗大。增大电流密度能够增大阴极极化作用，改善镀层质量。但是过高的电流密度会导致阳极钝化，从而使镀液中缺乏金属离子，可能导致镀层疏松。因此，每种镀液都有理想的电流密度范围。

（3）温度

温度是影响电镀的一个重要因素。温度的升高有利于提高离子扩散速率，增加盐类的溶解度，提高镀液的分散能力和导电能力，从而提高生产效率。然而，过高的温度也会导致阴极极化作用下降，致使镀层结晶粗大。因此，需要控制温度在合理范围之内。

9.3.2 金属表面转化膜

金属表面转化膜是指将基体金属浸于溶液中，通过化学或电化学反应，使金属表面发生溶解并与处理溶液反应，在金属表面生成附着力良好、稳定的化合物膜层。金属表面转化膜有以下几个特点。

① 被处理金属发生溶解并参与成膜反应；

② 形成了稳定难溶的化合物膜层；

③ 金属外观保持不变。

按照形成方式，金属表面转化膜可分为阳极氧化膜、化学氧化膜、磷化膜、钝化膜、着色膜。按用途分类，可分为防护性转化膜、耐磨转化膜、涂装底层转化膜、绝缘性转化膜等。金属表面转化膜也可作为金属镀层的底层，从而提高镀层与基体的结合力。金属表面转化膜的防护能力由以下几个因素决定：①基体金属的性质；②转化膜的类型、组成和结构；③膜的性能和环境条件。金属表面转化膜的防护功能与其它防护层相比仍有一定的局限性。因此，金属在进行表面转化处理后，通常还需要补加其它防护措施。

9.3.3 化学热处理技术

9.3.3.1 化学热处理的概念

通过加热使介质中的元素渗入工件表层或形成覆盖层，从而使工件表面具有特殊的性能。化学热处理工艺主要通过化学反应和元素的扩散形成牢固的冶金层，与基体的结合力高于其它涂覆层。通过渗入金属与非金属元素，可获得各种性能，包括抗疲劳性、耐磨性、抗擦伤性、耐腐蚀性、耐高温氧化等。

9.3.3.2 化学热处理的分类

根据渗入元素分类，化学热处理可分为渗碳、渗氮、渗硼、渗硫、渗铝、渗铬、渗硅、碳氮共渗、氧氮化、硫氰共渗等。

9.3.3.3 化学热处理的基本过程

化学热处理包括以下三个基本过程：①分解过程，即化学渗剂分解为活性原子或离子；②吸收过程，即活性原子或离子被工件表面吸收及固溶；③扩散过程，即被渗元素不断向内部扩散的过程。

（1）分解过程

含有被渗元素的物质称作化学渗剂。被渗元素是以分子状态存在的，因此必须分解为活性原子或离子才会被工件表面吸收和固溶。难以分解为活性原子或离子的物质不能用作渗剂。比如，由于氨易分解出活性氮原子，渗氮时常用氨而不用氮。

根据化学反应热力学，在反应产物的自由能低于反应物的情况下，分解反应才可能发生。但是在实际生产中，除了满足热力学条件，还必须考虑反应动力学，即反应速率。为了加速渗剂的分解，可采用提高反应物浓度和反应温度等方式，但这些方式会受到材料、工艺等因素的制约。因此，在实际生产中会利用催化剂来降低反应过程的活化能，加速分解反应。由于铁、钴、镍等都是促进氨、有机碳氢化合物分解的有效催化剂，所以钢件表面本身就是良好的催化剂。

（2）吸收过程

工件表面对周围的气体分子、活性原子或离子具有吸附能力，这种表面的物理或化学作用称作固体吸附效应。

(3) 扩散过程

工件表面吸收和溶解被渗入元素，会形成表面与基体间的浓度梯度。被渗原子在浓度梯度的作用下从表面向内部扩散。在固态晶体中，由于被渗元素分解和吸收的速率远高于其扩散速率，被渗原子的扩散过程通常为化学热处理的决速步，即加速扩散过程是提高化学热处理生产效率的主要方式。由扩散方程可知，可通过提高温度、增大渗入元素的扩散常数、减小扩散活化能等方法加速扩散过程。另外，由于化学热处理的三个过程相互联系，在某些条件下分解与吸收两个过程也有可能成为速控步。

9.3.3.4 化学热处理的基本工艺

按照渗剂的物理状态，化学热处理工艺可分为固体渗、气体渗、液体渗等。

(1) 固体渗

固体渗的渗剂是具有一定粒度的固态物质。它由供渗剂、催渗剂及填料按一定配比组成。固体渗方法较简便，将工件密封在填满渗剂的铁箱内，加热保温一定时间即可。但此方法质量不易控制且生产效率较低。

(2) 气体渗

气体渗的渗剂为气体或液体，但在化学热处理炉内均为气态。气体渗的渗剂易分解为活性原子，且经济、无污染。很多情况下可用氢气、氮气或惰性气体等作为载气将渗剂载入炉内（渗硼时可用氢气将渗剂 BCl_3 或 B_2H_6 载入炉内）。等离子体渗法是一种新型的气体渗方法，其最早应用于渗氮，后来扩展到渗碳、碳氮共渗、硫氮共渗等方面。气相沉积法也是新发展的气体渗方法，主要应用于不易在金属内扩散的元素（如钛、钒等）的渗入。

(3) 液体渗

液体渗所用渗剂是熔融盐或其它化合物。为增大化学热处理过程的速率，常在液体渗装置上附加电解装置。近年发展起来的硼砂盐浴炉内渗金属的方法，主要应用于钛、铬、钒等元素的渗入。

9.3.4 等离子体表面处理技术

9.3.4.1 等离子体的物理概念

等离子体由离子、电子和中性粒子（原子和分子）组成，是一种电离度超过0.1%的气体。等离子体整体呈中性，但含有相当数量的带电粒子，因此具有电学性质，例如等离子体中电子和离子的电迁移等。利用电子碰撞、电磁波能量以及高能粒子等方法均可获得等离子体，但低温产生等离子体的方法主要是利用气体放电。

离子轰击阴极表面时会发生一系列物理化学现象，包括：阴极溅射，即中性原子或分子从阴极表面分离；凝附现象，即阴极溅射出的粒子与靠近阴极表面的活性原子相结合，产物吸附在阴极表面；阴极二次电子的发射；局部区域原子扩散以及离子注入等。

9.3.4.2 离子渗氮

在低于 10^5 Pa 的渗氮气氛中，利用阴阳极间的含氮气体产生辉光放电进行渗氮的工艺称为离子渗氮。离子渗氮是一种成熟的工艺，并已经发展到有色金属渗氮，尤其是在钛合金渗氮中取得了良好效果。

离子渗氮设备不但通过计算机技术实现了工艺参数的优化和控制，还发展了脉冲电源离子渗氮炉、双层辉光离子渗金属炉等，从而进一步提高效率，节省能源。离子渗氮的主要特点有以下几个方面。①渗氮速度快，其原因在于：a. 表面活化，粒子将金属原子从表面轰击出来，使其成为活性原子，并且由于高温活化，C、N、O 这类非金属元素也会从金属表面分离出来，使金属表面的氧化物和碳化物还原，同时对表面产生了清洗作用；b. 轰击出来的 Fe 和 N 形成 FeN 吸附在金属表面，Fe 催化 NH_3 分解出氮，二者共同提高了金属表面氮浓度，进而加速了氮向内部的扩散；c. 阴极溅射产生的表面脱碳、位错密度增加等，也加快了氮向内部的扩散速度。②热效率高，节约能源和气源。③可调节控制渗氮气氛，获得韧性较好的无化合物渗氮层。④离子渗氮可在低于 400℃ 的温度下进行。⑤可用于不锈钢、钛合金等有色金属的渗氮。由于离子溅射和氢原子的还原作用，在离子渗氮过程中金属表面的钝化膜可得到清除。⑥可进行局部渗氮。

9.3.4.3 离子渗金属

(1) 离子渗金属的特点

离子渗金属是将待渗金属在真空中电离成金属离子，然后在电场的加速下轰击工件表面，并渗入其中。该技术的特点是渗速快、渗层均匀，但其成本较高。

(2) 离子渗金属的方法

要实现离子渗金属，必须使待渗金属在真空中电离成金属离子。目前主要有气相电离、溅射电离和弧光电离等方法，因而对应有下列几种离子渗金属方法。

① 气相辉光离子渗金属法　通过调节蒸发温度和蒸发面积，有控制地向真空室通入适量待渗元素的氯化物蒸发气体，如离子渗钛时通入 $TiCl_4$，离子渗硼时通入 BCl_3，离子渗铝时通入 $AlCl_3$，离子渗硅时通入 $SiCl_4$ 蒸气。同时，按一定比例向真空室通入工作气体（氢或氢氩混合气）。以工件为阴极，炉壁为阳极，在阴阳极之间施加直流电压，形成稳定的辉光放电，产生待渗金属离子。待渗金属离子在电场加速下轰击工件表面，并在高温下向工件内部扩散，形成辉光离子渗金属层。例如离子渗铝，将 $AlCl_3$ 热分解成气体后输入真空室，在高压电场的作用下，电离成铝离子和氯离子，然后在电场的加速下，铝离子轰击工件表面而获得电子，成为活性铝原子，而氯离子在阳极失去电子，还原成氯气，排出真空室。气相辉光离子渗金属法的优点是只需配备热分解制气装置，就可以利用常规离子渗氮炉进行离子渗金属，但是氯气会引起设备的腐蚀和大气污染。

② 双层辉光离子渗金属法　双层辉光离子渗金属法是在离子扩渗炉的阴极与阳极之间插入一个用待渗元素金属丝制成的栅极，栅极与阴极的电压差为 80～200V。离子渗金属时，在阴极和栅极附近同时出现辉光。氩离子轰击工件表面，使其温度升高到 1000℃左右，同时氩离子轰击栅极，使待渗金属原子溅射出来，电离成金属离子，并在电场的加速下轰击工件表面，经吸附和扩散进入工件而形成渗金属层。用这项技术可实现金属单元渗和多元渗，渗层厚度可达数百微米。如果待渗金属为高熔点金属，如 W、Mo、Cr、V、Ti 等，可将它

们制成栅极，在辉光放电加热和自身电阻加热的双重作用下，促进待渗金属的汽化和电离，从而增大渗金属速率。

③ 多弧离子渗金属法　多弧离子渗金属法是在多弧离子镀的基础上发展而成的。将待渗金属制成阴极靶，引弧点燃后，待渗金属迅速在弧斑处汽化和电离，所形成的金属离子在电压加速下轰击工件表面，经吸收和扩散而形成渗金属层。多弧离子渗金属法的特点是放电电压低、电流密度大，渗金属效率较高。但是离子渗金属的处理温度一般高达1000℃，因此降低处理温度是发展该技术的关键。

10 复合材料界面

复合材料（composite material）是由两种或两种以上不同材料，通过一定的工艺复合而成的性能优于原单一材料的多相固体材料。复合材料相对于单一材料来说具有可设计性。复合材料不仅保持其原组分的部分优点，而且具有原组分不具备的优越性能。

复合材料的组成常为增强相、基体相和界面相三部分，其命名通常为“增强材料＋基体材料”。但对于不同的复合材料，根据其对增强材料和基体材料的侧重不同，其命名形式也不尽相同。如“增强材料＋基体材料”强调复合材料的名称，如玻璃纤维（增强）环氧树脂复合材料、碳/碳复合材料、碳/氧化铝复合材料等；强调基体时以基体材料的名称为主，如聚合物基（树脂基）复合材料、金属基复合材料、陶瓷基复合材料等；强调增强体时以增强体材料的名称为主，如玻璃纤维增强复合材料、碳纤维增强复合材料、硼纤维增强复合材料。

现阶段复合材料领域内理论上形成比较完整体系的是树脂基复合材料，在各个领域均得到了较为广泛的应用，以其声、光、电、热、磁等物理特性为工程所应用，诸如压电材料、阻尼材料、自控发热材料、吸波屏蔽材料、磁性材料、生物相容性材料、磁性分离材料等。

10.1 复合材料界面理论

10.1.1 复合材料界面概述

复合材料与单一材料对界面的定义存在一定差异，复合材料的界面指的是基体与增强体之间的化学成分有着明显变化，构成彼此结合的，能起载荷传递作用的微小区域。复合材料的界面厚度一般为几纳米到几微米，是一个多层结构的过渡区域，由于表界面能量问题的存在，复合材料中的表界面性质不同于两相中的任意一相。复合材料界面示意图如图 10-1 所示。

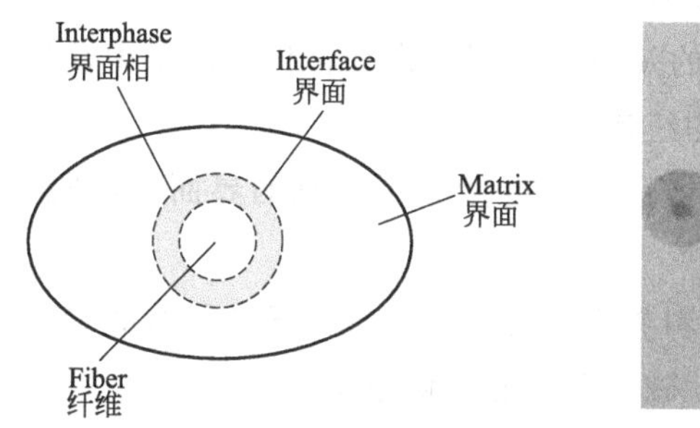

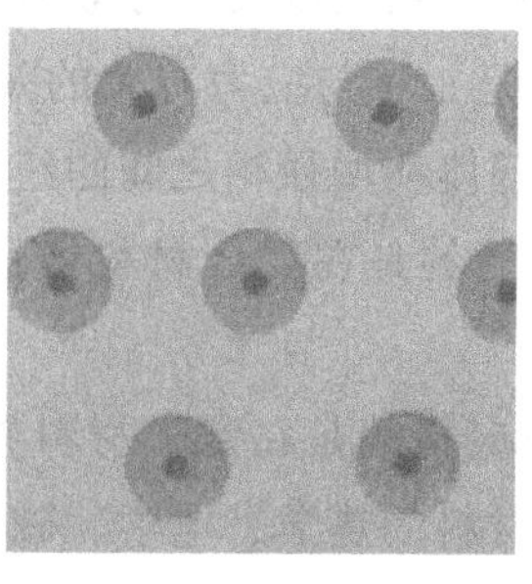

图 10-1　复合材料界面示意图（左）及 SiC_f/Ti 的界面及界面反应层（右）

复合材料界面通常具有一些区别于一般材料的特点，其性能和结构上不同于基体和增强材料，具有一定厚度，起到连接基体和增强体材料的作用和能够传递载荷的特点，起到传递、阻断和保护的作用。例如在粒子弥散强化金属中，微型粒子阻止晶格位错，从而提高复合材料强度；在纤维增强塑料中，纤维与基体界面阻止裂纹进一步扩展等。复合材料的界面区是从与增强剂内部性质不同的某一点开始，直到与树脂基体内整体性质相一致的点间的区域。从结构上来分，这一界面区由五个亚层组成（图 10-2）。界面结合方式包括机械结合、溶解润湿结合、反应结合、化学结合以及混合结合。复合材料界面性能表征参数区别于一般单一材料，通常包括界面结合强度和界面滑移阻力，其中，界面结合强度一般是以分子间力、表面张力（表面自由能）等表示的，而实际上有许多因素影响着界面结合强度。界面结合强度决定增强体和基体之间的载荷传递程度，同时影响裂纹与界面相互作用、裂纹的传递方式。界面滑移阻力影响纤维拔出过程所消耗的能量，影响韧化效果。界面的性能是影响复合材料性能的主要因素之一，所以对于复合材料界面的研究至关重要。

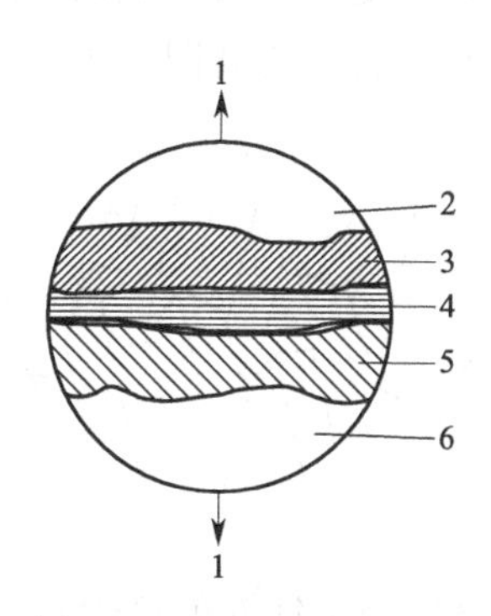

图 10-2　界面区域示意图

1—外力场；2—场所树脂基体；3—基体表面区；
4—相互渗透区；5—增强剂表面；6—增强剂

10.1.2　复合材料界面效应

复合材料的界面存在一些特殊效应，对复合材料的各项性能具有重要的影响。界面效应与复合材料界面结合的状态、形态以及组成复合材料的增强体和基体的物理化学性质如浸润性、相容性、扩散性等密切相关。复合材料的界面效应通常包括传递效应、阻断效应、不连续效应、散射和吸收效应以及诱导效应。

① 传递效应是一种与应力有关的效应，界面可将复合材料体系中基体承受的外力传递给增强相，起到基体和增强相之间的纽带作用。

② 阻断效应指的是在复合材料体系中，能量大小适宜的界面可以阻止材料裂纹扩展、减缓应力集中。

③ 不连续效应指的是在复合材料界面上的物理性能的不连续性以及界面摩擦出现的现象，通常与复合材料的热学、电学、磁学等性能密切相关。

④ 散射和吸收效应通常指复合材料的光学性能，光波、声波、热弹性波、冲击波等可以在界面产生散射和吸收，从而使复合材料具有优良的缓冲、隔音、隔热等性能。

⑤ 诱导效应指的是一种物质与另一种物质相互接触，因存在诱导效应使得某一物质的结构发生改变，从而改变材料的性能如耐热性和冲击性等。在诱导效应中通常增强体占据主导地位。

10.1.3 复合材料界面结合方式

界面结合方式包括机械结合、溶解润湿结合、化学结合、反应结合以及混合结合等。

(1) 机械结合

基体与增强材料之间不发生任何化学反应，仅仅通过物理方式结合，依靠纤维的粗糙表面和基体产生摩擦力来实现，表面越粗糙，结合作用越强。但由于随着粗糙度的增大，表面积不断增大，微观孔洞数量增多，黏度大的液体无法流入，造成了界面脱粘的缺陷，从而产生应力集中点，影响了界面结合。机械结合示意图如图 10-3 所示。具有这种结合方式的典型复合材料为金属基复合材料和陶瓷基复合材料。但在实际中对于复合材料的分析表明，仅通过物理方式结合很难实现，往往与其它方式共同作用。

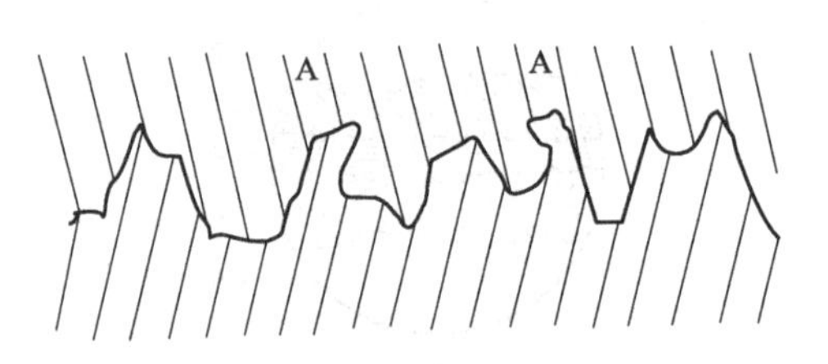

图 10-3 机械结合示意图

(2) 溶解润湿结合

此类结合方式的代表型复合材料为聚合物基复合材料。基体润湿增强材料中，基体、增强材料之间发生原子扩散和溶解，即物理和化学吸附作用，此时，界面为发生扩散和溶解原子的过渡区域。此种结合方式要求具有良好的浸润性，一滴液体滴落在一固体表面时，原来固气接触界面将被液固界面和液气界面所代替，用 γ_{lg}、γ_{sg}、γ_{sl} 分别代表液气、固气和固液的比表面能或称表面张力（即单位面积的能量）。按照热力学条件，只有体系自由能减少时，液体才能铺展开来，即：

$$\gamma_{sl}+\gamma_{lg}<\gamma_{sg} \tag{10-1}$$

式中 γ_{sl}——固液表面张力，N/m；

γ_{lg}——液气表面张力，N/m；

γ_{sg}——固气表面张力，N/m。

因此，铺展系数 SC(Spreading Coefficient) 被定义为：

$$SC=\gamma_{sg}-(\gamma_{sl}+\gamma_{lg}) \tag{10-2}$$

式中 γ_{sl}——固液表面张力，N/m；

γ_{lg}——液气表面张力，N/m；

γ_{sg}——固气表面张力，N/m。

只有当铺展系数 $SC>0$ 时，才能发生浸润。不完全浸润与不浸润的情况如图 10-4 所示，根据力平衡，可得：

$$\gamma_{sg}=\gamma_{sl}+\gamma_{lg}\cos\theta \tag{10-3}$$

式中 γ_{sl}——固液表面张力，N/m；

γ_{lg}——液气表面张力，N/m；

γ_{sg}——固气表面张力，N/m；

θ——接触角，(°)。

$$\theta=\arccos[(\gamma_{sg}-\gamma_{sl})/\gamma_{lg}] \tag{10-4}$$

由 θ 可知浸润的程度。$\theta=0°$时，液体完全浸润固体；$\theta=180°$时，不浸润；$0°<\theta<180°$时，不完全浸润（或称部分浸润），随接触角下降，浸润的程度增加。$\theta>90°$时常认为不发生液体浸润。

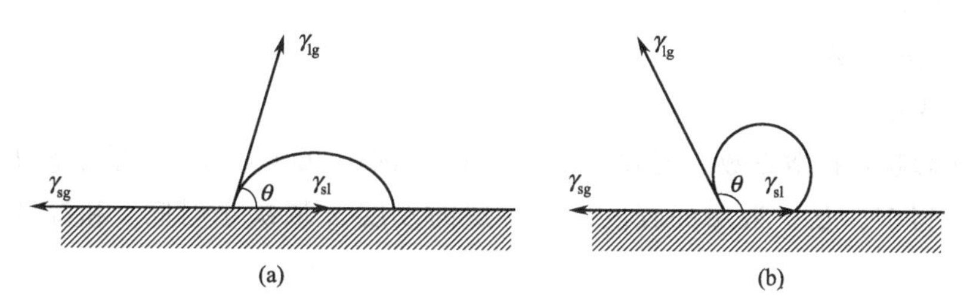

图 10-4 不完全浸润（a）与不浸润（b）

浸润不良会在界面上产生空隙，从而产生缺陷和应力集中，影响界面结合。而良好浸润性会使界面强度大大提高，但浸润仅表示液体与固体接触的情况，而不能真实准确反映界面的结合性能。在聚合物基和金属基复合材料的制备过程中，树脂和液态金属的浸润性则直接影响到了复合材料的制备及性能。

(3) 化学结合

顾名思义，此类结合方式与机械结合不同，基体与增强材料表面发生化学反应，以化学键连接基体和增强体，化学键的键能远大于物理键，从理论上可以得到较强的界面结合。化学结合示意图如图 10-5 所示。代表方法为偶联剂的使用。如硅烷偶联剂，其具有两种性质不同的官能团，一端为亲玻璃纤维的官能团，一端为亲树脂的官能团，将玻璃纤维与树脂结合起来，在界面上形成共价键结合。偶联剂能够降低界面局部应力，在界面上形成了一种塑性层，此种理论称之为“变形层理论”。偶联剂也是界面区的重要组成部分，是介于高模量增强材料和低模量基体之间的中等模量物质，能够起到均匀传递应力的作用，称之为“抑制层理论”，此种方法的代表化合物为金属基复合材料，界面反应能够从一定程度上改善金属基复合材料基体和增强体的浸润与结合，而过度的界面反应会造成增强体的破坏以及形成脆性界面。

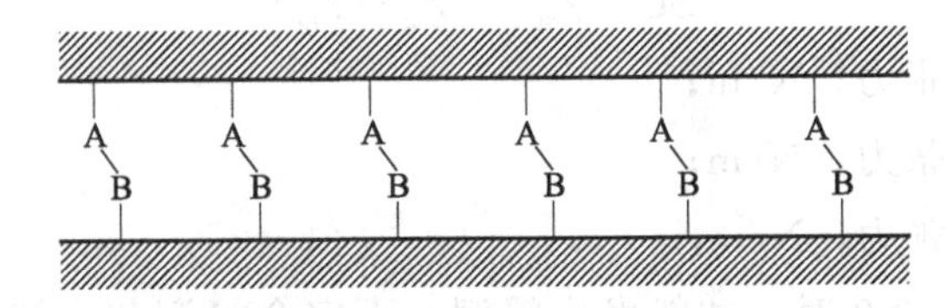

图 10-5　化学结合示意图

(4) 反应结合

也可以称为互扩散结合，复合材料的基体和增强材料之间可以发生原子或分子的互扩散或发生反应，从而完成结合，代表型材料为聚合物基、金属基和陶瓷基复合材料，后两者在制备工艺中涉及高温处理。原子或分子在高温下极容易完成扩散，两组元的互扩散可产生完全不同于任一组元成分及结构的界面层，扩散系数 D 随温度呈指数关系增加，按照 Arrhenius 方程：

$$D=D_0\exp\left(-\frac{Q}{RT}\right) \tag{10-5}$$

式中　Q——扩散激活能，kJ/mol；

D_0——常数；

R——气体常数；

T——温度，K。

温度明显影响着扩散系数，若 $Q=250$kJ/mol，则在 1000℃时，扩散系数 $D=2\times10^{34}$，要比室温时大得多。互扩散层的程度即反应层的厚度 x 取决于时间 t 和温度，可近似表示为：

$$x=kt^{\frac{1}{2}} \tag{10-6}$$

式中　k——反应速率常数；

t——时间。

反应速率常数与扩散系数有关。复合材料在使用过程中，尤其在高温使用时，界面会发生变化并形成界面层，此外先前形成的界面层也会继续增长并形成复杂的多层界面。而对于聚合物基复合材料而言，结合机理可以用分子链的缠结来解释。

(5) 混合结合

在复合材料界面结合中，此种方式最为普遍，是极为重要的一种结合方式，也是相对较为容易理解的一种方式，混合结合即以上四种方式的组合。

每一种界面结合理论都有它的局限性，这是因为界面相是一个结构复杂且具有多重行为的相，同时由于界面尺寸很小且不均匀、化学成分及结构复杂、力学环境复杂，对于界面的结合强度、界面的厚度、界面的应力状态尚无直接的、准确的定量分析方法，所以对于界面结合状态、形态、结构以及它对复合材料性能的影响尚没有适当的试验方法，另外，对于成分和相结构也很难作出全面的分析。因此，迄今为止，对复合材料界面的认识还是很不充分的，不能以一个通用的模型来建立完整的理论。

10.2 复合材料界面处理

在复合材料界面的研究过程中，科研工作人员发现界面最佳态是当因受力而发生开裂时，这一裂纹能转为区域化而不产生进一步界面脱粘，即这时的复合材料具有最大断裂能和一定的韧性。基体和增强物质通过界面结合在一起，构成复合材料整体，界面结合的状态和强度对复合材料的性能有重要影响。因此，对于各种复合材料都要求有合适的界面结合强度。但界面间黏结过强的材料呈脆性，也降低了材料的复合性能。因此，人们很重视开展复合材料界面微区结合强度的研究和优化设计，以便制得具有最佳综合性能的复合材料，在设计复合材料时，仅仅考虑复合材料具有粘接适度的界面层还不够，还要考虑究竟什么性质的界面层最为合适。为了设计出性能最佳的复合材料，近年来科研工作人员提出了针对聚合物基、金属基、陶瓷基复合材料的特定的表面处理方法，其理论依据是增强材料表面处理的原理。

复合材料中增强材料的表面处理就是在增强材料表面被覆一种叫作表面处理剂的特殊物质或对增强材料进行其它方式的表面改性，使增强材料和基体材料能够牢固地黏结在一起，以达到提高复合材料性能的目的。通过处理后增加与基体材料的润湿性，增加与基体材料之间的结合力，从而改善复合材料的物理化学性能。

10.2.1 增强材料概述

增强材料的表面具有以下三个特点：①增强材料表面总是被宏观或微观的裂纹所覆盖，产生的原因是增强材料的制备工艺中由于物理的、化学的及机械力等所导致的缺陷；②在固体表面覆盖的凹凸裂纹和孔洞中存在空气、水蒸气或其它气体，黏度较高的树脂几乎无法把这些孔洞完全填满；③不同增强材料的表面形状具有一定差异，与基体结合时的强弱也不同。同时，增强材料的比表面积、粗糙度、化学组成、结构以及表面反应性、浸润性等能力对增强材料与基体的结合均有一定程度上的影响。比如，如图 10-6 所示的碳纤维作为增强体时，由于碳纤维中相邻平行层中碳原子没有一定的空间位置关系，这些微晶体在纤维中有的平行于纤维的纵轴，有的与纵轴成某一夹角。处于纤维表面的碳原子易被氧化，此外，处于基平面的碳原子由于“缺陷”也被氧化，都会使纤维表面生成活性点，从而提高碳纤维表面对基体的黏结性。而玻璃纤维表面有大量的物理吸附水和化学吸附水，与纤维表面作用后形成硅羟基；表面 Si—OH 和表面碱性决定了其表面反应性。玻璃纤维偶联作用的简化模型如图 10-7 所示。由于在玻璃纤维的二氧化硅网络结构中含有碱金属离子 M^+，吸附到玻璃纤维表面上的水与玻璃纤维表面作用后将形成 OH^-，反应方程式如下所示。

$$-\overset{|}{\underset{|}{Si}}-O-M+H_2O \longrightarrow -\overset{|}{\underset{|}{Si}}-OH+M^{+}+OH^{-}$$

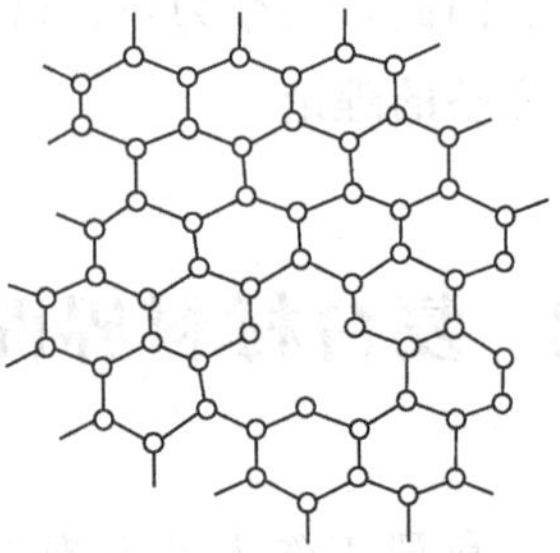

图 10-6　碳纤维结构示意图

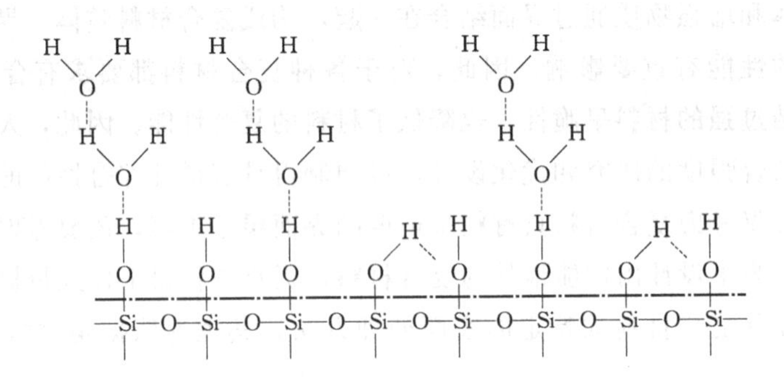

图 10-7　玻璃纤维偶联作用的简化模型

10.2.2　增强材料表面处理剂

偶联剂的分子两端通常含有性质不同的基团，一端的基团与增强体表面发生化学作用或物理作用，另一端的基团则能和基体发生物理或化学作用，从而使增强体和基体很好地偶联起来，获得良好的界面结合，改善了各项性能，并能有效抵抗水的污染。按照化学组成分类可分为有机铬和有机硅两类，此外还有钛酸酯等。

10.2.2.1　有机硅烷偶联剂

(1) 结构通式　$R_n-SiX_{(4-n)}$。

(2) 作用机理　硅烷偶联剂处理玻璃纤维时，偶联剂上的三个不稳定的基团发生水解后缩合成为低聚体，这些低聚体与基质表面上的—OH 形成氢键，最后在干燥或固化过程中与基质表面形成共价键并伴随有少量水的产生。

(3) 其它类型硅烷偶联剂　如耐高温型硅烷偶联剂、过氧化物型硅烷偶联剂、阳离子型硅烷偶联剂、水溶性硅烷偶联剂以及叠氮型硅烷偶联剂。

10.2.2.2　有机酸铬络合物类偶联剂

有机酸氯化铬络合物通常是由碱式氯化铬与羧酸反应而得到的，反应式如下所示：

$$2Cr(OH)Cl_2+RCOOH \longrightarrow RCOOCr_2(OH)Cl_4+H_2O$$

其结构通式如下所示：

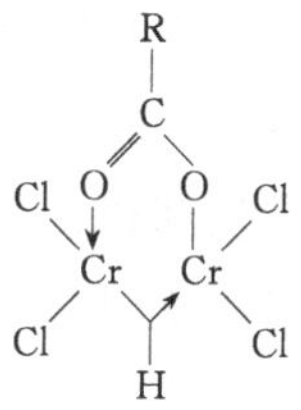

R
C
Cl O O Cl
Cr Cr
Cl Cl
H

偶联剂能够有效地提高玻璃纤维与树脂基体的结合强度，科研工作者们已经研发出大量偶联剂，且经每种偶联剂处理后的玻璃纤维，都有自己相应的树脂基体适用范围。

10.2.3 增强材料表面改性的工艺

增强材料通常包括玻璃纤维、碳纤维、硼纤维、有机纤维和无机粉体等。不同的增强材料都具有特定的表面处理工艺。玻璃纤维在处理时主要是在玻璃纤维表面涂一层表面处理剂，使纤维与树脂能够牢固地结合，以达到提高玻璃钢性能的目的，其处理方法包括后处理法、前处理法和迁移法。而对于碳纤维的处理则是基于增大碳纤维的表面积、通过氧化法增加表面的含氧基团的官能度，从而增加与树脂的反应点，以及在碳纤维表面引入一种既能与碳纤维表面相连，也能与树脂粘接的偶合物质。具体方法包括表面化学处理、表面浸涂有机化合物、表面涂覆无机化合物、电解处理和等离子体处理等方法。在碳纤维增强 Al 复合材料中，在碳纤维上涂 Ti-B 涂层；在碳纤维增强金属类复合材料中通常采用硅基氧化物作为涂层。硼纤维则是通过一些技术手段移除硼表面的硼酸或者氧化硼，从而改善硼纤维与聚合物基体的界面黏结性能。对于有机纤维的表面改性方法则有氧化还原方法、用含有异氰酸基的弹性聚合物与 Kevlar 纤维表面发生反应、采用带活性基因的柔性高分子稀溶液进行表面涂层、表面接枝处理以及低温等离子处理等。最后对于粉状颗粒的表面处理则是利用无机粉体填料与有机高聚物的不相容性，采用合适的方法，从而改善粉体填料的表面性质。

10.2.4 不同复合材料表面改性

10.2.4.1 聚合物基复合材料界面的改善

在聚合物基复合材料的设计改善过程中，首先考虑改善材料与基体的浸润关系，通常采用的方法为延长浸渍时间，增大体系压力、降低熔体黏度以及改变增强体织物结构等措施的方法，此外还有考虑适度的界面结合强度，减少复合材料中产生的残余应力以及调节界面内应力和减缓应力集中等原则。

10.2.4.2 纤维增强体复合材料界面的改善

纤维增强体复合材料界面的改善则是从增强体角度出发，采用纤维表面偶联剂、涂覆界面层、增强体表面改性等方法提升界面黏结。

10.2.4.3 金属基复合材料界面的改善

金属基体在高温下容易与增强体发生不同程度的界面反应，金属基体大多为合金材料，在冷却凝固以及后续热处理过程中会发生元素偏聚、扩散等变化，对于金属基复合材料的界面改善通常采用以下方式，对增强材料进行表面涂层处理，从基体的合金成分出发，选择合适的金属元素，使得某一元素在界面上富集，从而形成阻挡层控制界面反应，最后从优化制备工艺和参数的角度来实现界面结构的优化和控制界面反应。例如在碳/铝复合材料中，常用含钛的铝合金，由于钛的富集形成一层松散的钛化物阻挡层，可大大提高复合材料的拉伸强度和抗冲击性。

10.2.4.4 陶瓷基复合材料界面的改善

陶瓷基复合材料界面的改善从改变基体元素和增强体表面涂层两个角度出发，在制备过程中添加某种元素以及阻止在成型过程中纤维与基体的反应，调节界面剪切破坏能力提高抗剪切能力，来实现界面处理和控制。一般认为，陶瓷基复合材料需要一种既能提供界面粘接又能发生脱粘的界面层，这样才能充分改善陶瓷材料韧性差的缺点。复合材料界面优化设计及处理是一个十分复杂的过程，该过程受多种因素控制，比如材料的应用要求、弹性模量的设计、界面的残余应力、基体与增强体的相容性以及相间的动力学效果还有偶联剂的性能。在设计与处理过程中，需要综合考虑，最大限度地体现出整体优越性，以使材料的综合性能达到最优的状态。

10.3 复合材料界面表征

对于界面结合状态、形态、结构以及它对复合材料性能的影响尚没有适当的实验方法，通常需要借助拉曼光谱、电子质谱、红外扫描、X射线衍射等逐步摸索和统一认识。其中对于界面强度的表征通常采用原子力显微镜的技术手段，对于形貌则采用SEM、TEM的方法可以直接对复合材料断面的结构和状态、纤维的表面形态进行观察。如图10-8所示为未处理碳纤维电镜图。

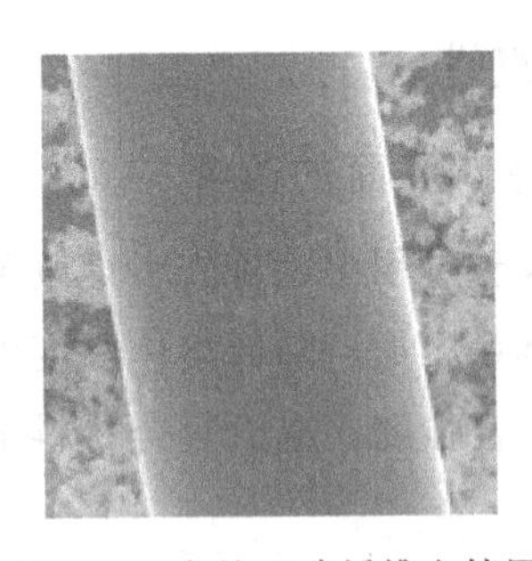

图10-8 未处理碳纤维电镜图

而对于表面浸润性通常采用接触角的测定，多用于测定玻璃纤维与液态树脂间的接触角，测量仪器通常是各种角度测定仪，也可以使用其它物理方法。动态浸润速率的测定基本原理为纤维束试样底面上所受的压力等于纤维束浸润树脂部分所受的浮力，此压力作用下树脂渗进单向排列的纤维束间隙中，树脂的渗进速度取决于纤维与树脂间的浸润性和浸润速率。通过红外光谱分析可以研究表面和界面发生了物理吸附还是化学吸附。

而拉曼光谱则用来研究偶联剂与玻璃纤维间的黏结。能谱仪可以用于纤维表面偶联剂处理前后，偶联剂的作用机理以及界面的研究，用以判断是否有化学键的存在，此外，还可以确切判断黏结破坏发生的部位，用以判断破坏机理。X 射线衍射法可以用于研究增强材料和基体之间的黏结强度。对于某些纤维表面存在一定数量的自由基需要表征时可采用紫外光谱测试手段。

除以上表征外，有时需对复合材料的界面力进行测定表征，可以采用光弹技术依靠界面上存在附加应力而表现出来的光学各向异性或经偶联剂处理，或未经偶联剂处理的增强材料，与基体间界面的黏结强度较弱，阻止水对界面破坏能力较差，测定出基体与增强材料间界面上的应力。还可以通过单丝拔脱试验法，将增强材料的单丝或细棒垂直埋入基体的浇注圆片中，然后将单丝或细棒从基体中拔出，从而测定出它们之间的剪切强度。单丝拔脱试验示意图见图 10-9，拔脱试验载荷-位移曲线见图 10-10。

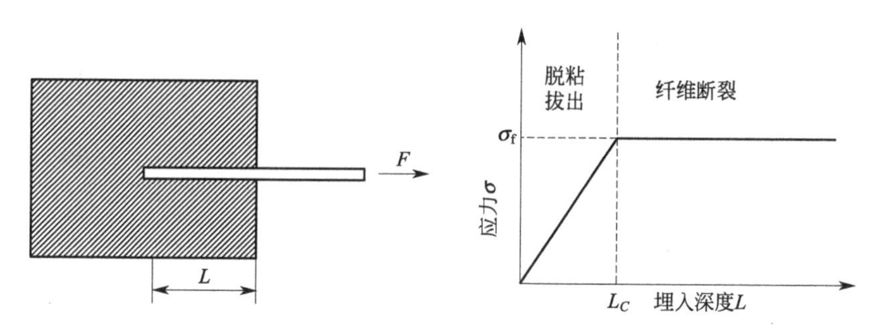

图 10-9 单丝拔脱试验示意图

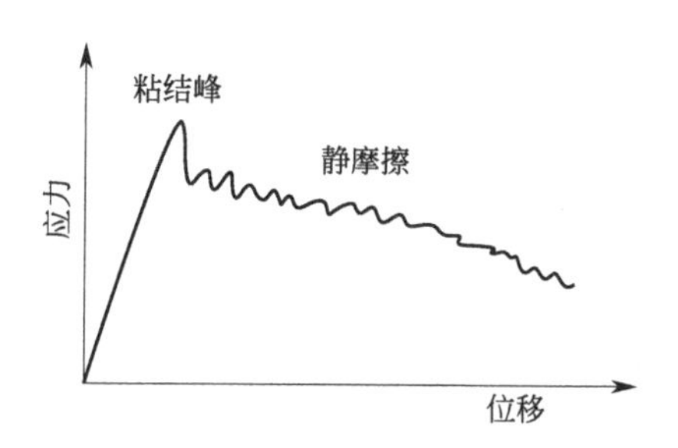

图 10-10 拔脱试验载荷-位移曲线

设纤维的埋入深度为 L，拔出纤维的力 $F=\sigma\pi r^2$，阻碍纤维拔出的力 $F_{阻}=2\pi rL\tau$。平衡时有 $F=F_{阻}$，即：

$$\sigma\pi r^2=2\pi rL\tau \tag{10-7}$$

$$\tau=\frac{F}{2\pi r^2}=\frac{\sigma r}{2L} \tag{10-8}$$

式中 τ——界面剪切强度，MPa；

σ——拉伸强度，MPa；

r——半径，mm；

L——长度，mm；

F——力，N。

拔出力 F 随埋入深度 L 而增大，当 L 达到临界长度 L_C 时，拔出纤维所需的应力等于纤维的拉伸强度，纤维断裂；纤维的埋入深度大于等于临界长度 L_C，理论上测得的力总是等于纤维的拉伸强度，纤维不能被拔出。通过单丝拔出试验测出纤维的临界长度 L_C，则由纤维的拉伸强度 σ_{max} 和半径 r 可求出界面剪切强度 τ：

$$\tau=\frac{\sigma_{max}r}{2L_C} \tag{10-9}$$

式中 τ——界面剪切强度，MPa；

σ_{max}——拉伸强度，MPa；

r——半径，mm；

L_C——临界长度，mm。

参考文献

[1] 陈宗淇，王光信，徐桂英．胶体与界面化学［M］．北京：高等教育出版社，2001.

[2] 腾新荣．表面物理化学［M］．北京：化学工业出版社，2009.

[3] Tavana H，Simon F，Grundke K，et al. Interpretation of contact angle measurements on two different fluoropolymers for the determination of solid surface tension［J］．J Colloid Interface Sci，2005，291（2）：497-506.

[4] Wong T S，Ho C M. Dependence of Macroscopic Wetting on Nanoscopic Surface Textures［J］．Langmuir，2009，25（22）：12851-12854.

[5] Autumn K，Hansen W. Ultrahydrophobicity indicates a non-adhesive default state in gecko setae［J］．Journal of Comparative Physiology A，2006，192（11）：1205.

[6] Gao X，Yan X，Yao X，et al. The Dry-Style Antifogging Properties of Mosquito Compound Eyes and Artificial Analogues Prepared by Soft Lithography［J］．Adv Mater，2007，19（17）：2213-2217.

[7] Gao L，McCarthy T J. A Perfectly Hydrophobic Surface（$\theta A/\theta R = 180°/180°$）［J］．J Am Chem Soc，2006，128（28）：9052-9053.

[8] Wang S，Jiang L. Definition of superhydrophobic states［J］．Adv Mater，2007，19（21）：3423-3424.

[9] 丁晓峰，管蓉，陈沛智．接触角测量技术的最新进展［J］．理化检验（物理分册），2008，44（2）：84-89.

[10] 郑群锁．低表面能防污涂料的进展［J］．材料开发与应用，2001，16（1）：33-35.

[11] 沈杰，董昊，张永熙，等．溶胶-凝胶法制备二氧化钛薄膜的亲水性研究［J］．真空科学与技术学报，2000，20（6）：385-389.

[12] Sharma P K，Hanumantha Rao K. Adhesion of paenibacillus polymyxa on chalcopyrite and pyrite：Surface thermodynamics and extended DLVO theory［J］．Colloids and Surfaces B：Biointerfaces，2003，29（1）：21-38.

[13] 邱冠周，胡岳华，王淀佐．颗粒间相互作用与细粒浮选［M］．湖南：中南工业大学出版社，1993：123-184.

[14] 顾惕人，朱步瑶，李外郎．表面化学［M］．北京：科学出版社，2001：371-388.

[15] 张开．高分子界面科学［M］．北京：中国石化出版社，1997：47-55.

[16] 王晖，顾帼华，邱冠周．接触角法测量高分子材料的表面能［J］．中南大学学报（自然科学版），2006，37（5）：942-947.

[17] Jańczuk B，González-Martín M L，Bruque J M. The influence of sodium dodecyl sulfate on the surface free energy of cassiterite［J］．J Colloid Interface Sci，1995，170（2）：383-391.

[18] Jańczuk B，Bruque J M，González-Martín M L，et al. The contribution of double layers to the free energy of interactions in the cassiterite-SDS solution system［J］．Colloids and Surfaces A：Physicochem Eng Aspects，1995，100：93-103.

[19] Sengupta T，Han J H. Innovations in Food Packaging［M］．Edition，n. San Diego：Academic Press，2014：51-86.

[20] Luner P E，Oh E. Characterization of the surface free energy of cellulose ether films［J］．Colloids and Surfaces A：Physicochem Eng Aspects，2001，181（1）：31-48.

[21] León V，Tusa A，Araujo Y C. Determination of the solid surface tensions：I. The platinum case［J］．Colloids and Surfaces A：Physicochem Eng Aspects，1999，155（2）：131-136.

[22] 杨彪．聚合物材料的表面与界面［M］．北京：中国质检出版社，中国标准出版社，2013.

[23] 周爱军，刘端，朱仕惠，等．等离子体技术用于回收聚丙烯亲水改性的研究［J］．塑料，2009，38（1）：65-67.

[24] 冯翠平，李井峰，许振良，等．紫外光接枝改性磺化聚醚砜微孔膜及其 pH 敏感性［J］．华东理工大学学报，2008，34（2）：168-171.

[25] Yu Z J，Kang E T，Neoh K G. Electroless plating of copper on polyimide films modified by surface grafting of tertiary and quaternary amines polymers［J］．Polymer，2002，43（15）：4137-4146.

[26] Zhang X，Shen J. Self-assembled ultrathin films：From layered nanoarchitectures to functional assemblies［J］．Adv

Mater, 1999, 11 (13): 1139-1143.

[27] Kolarik L, Furlong D N, Joy H, et al. Building assemblies from high molecular weight polyelectrolytes [J]. Langmuir, 1999, 15 (23): 8265-8275.

[28] Caruso F, Donath E, Möhwald H. Influence of polyelectrolyte multilayer coatings on förster resonance energy transfer between 6-carboxyfluorescein and rhodamine B-labeled particles in aqueous solution [J] . J Phys Chem B, 1998, 102 (11): 2011-2016.

[29] 沈家骢，计剑，等．超分子层状结构：组装与功能［M］．科学出版社，2004.

[30] Iler R K. Multilayers of colloidal particles [J] . J Colloid Interface Sci, 1966, 21 (6): 569-594.

[31] Decher G. Fuzzy nanoassemblies: Toward layered polymeric multicomposites [J] . Science, 1997, 277 (5330): 1232-1237.

[32] Ai H, Jones S A, Lvov Y M. Biomedical applications of electrostatic layer-by-layer nano-assembly of polymers, enzymes, and nanoparticles [J] . Cell Biochem Biophys, 2003, 39 (1): 23.

[33] Hammond P T. Form and function in multilayer assembly: New applications at the nanoscale [J] . Adv Mater, 2004, 16 (15): 1271-1293.

[34] Wang L, Wang Z, Zhang X, et al. A new approach for the fabrication of an alternating multilayer film of poly (4-vinylpyridine) and poly (acrylic acid) based on hydrogen bonding [J] . Macromol Rapid Commun, 1997, 18 (6): 509-514.

[35] Stockton W B, Rubner M F. Molecular-level processing of conjugated polymers. 4. Layer-by-layer manipulation of polyaniline via hydrogen-bonding interactions [J] . Macromolecules, 1997, 30 (9): 2717-2725.

[36] Such G K, Johnston A P R, Caruso F. Engineered hydrogen-bonded polymer multilayers: From assembly to biomedical applications [J] . Chem Soc Rev, 2011, 40 (1): 19-29.

[37] Lu Y, Choi Y J, Lim H S, et al. pH-Induced Antireflection Coatings Derived From Hydrogen-Bonding-Directed Multilayer Films [J] . Langmuir, 2010, 26 (22): 17749-17755.

[38] Munuera C, Shekhah O, Wang H, et al. The controlled growth of oriented metal-organic frameworks on functionalized surfaces as followed by scanning force microscopy [J] . Phys Chem Chem Phys, 2008, 10 (48): 7257-7261.

[39] Manna U, Dhar J, Nayak R, et al. Multilayer single-component thin films and microcapsules via covalent bonded layer-by-layer self-assembly [J] . Chem Commun, 2010, 46 (13): 2250-2252.

[40] Lu Y, Wang Q, Sun J, et al. Selective Dissolution of the Silver Component in Colloidal Au and Ag Multilayers: A Facile Way to Prepare Nanoporous Gold Film Materials [J] . Langmuir, 2005, 21 (11): 5179-5184.

[41] Battaglia G, Ryan A J. Bilayers and interdigitation in block copolymer vesicles [J] . J Am Chem Soc, 2005, 127 (24): 8757-8764.

[42] Broz P, Driamov S, Ziegler J, et al. Toward intelligent nanosize bioreactors: A pH-switchable, channel-equipped, functional polymer nanocontainer [J] . Nano Lett, 2006, 6 (10): 2349-2353.

[43] 吴清辉．材料表面化学与多相催化［M］．北京：化学工业出版社，1991.

[44] 师昌绪．材料科学探索［M］．石家庄：河北教育出版社，2003.

[45] 恽正中，王恩信，完利祥．表面与界面物理［M］．成都：电子科技大学出版社，1993.

[46] 张开．高分子界面科学［M］．北京：中国石化出版社，1996.

[47] 叶恒强，朱静，李斗星，等．材料界面结构与特性［M］．北京：科学出版社，1999.

[48] 陆佩文．无机材料科学基础［M］．武汉：武汉理工大学出版社，2009.

[49] 殷景华，王雅珍，鞠刚．功能材料概论［M］．哈尔滨：哈尔滨工业大学出版社，2002.

[50] 宋秋芝．玻璃镀膜技术［M］．北京：化学工业出版社，2013.

[51] 王从曾．材料性能学［M］．北京：北京工业大学出版社，2010.

[52] 贡长生，张克立．新型功能材料［M］．北京：化学工业出版社，2013.

[53] 曲远方．功能陶瓷及应用［M］．北京：北京工业大学出版社，2014.
[54] 苗景国．金属表面处理技术［M］．北京：机械工业出版社，2018.
[55] 钱苗根．现代表面技术［M］．2 版．北京：机械工业出版社，2016.
[56] 杨序纲．复合材料界面［M］．北京：化学工业出版社，2010.
[57] Li J K，Yang Y Q，Yuan M N，et al. Effect of properties of SiC fibers on longitudinal tensile behavior of SiCf/Ti-6Al-4V composites［J］. Transactions of Nonferrous Metals Society of China，2008，18（3）：523-530.
[58] 王茂章，贺福．碳纤维的制造、性质及其应用［M］．北京：科学出版社，1984.
[59] 乌云其其格．偶联剂对玻璃纤维增强塑料的界面作用［J］．玻璃钢/复合材料，2000（4）：12-15.
[60] 张志坚，花蕾，李焕兴，等．硅烷偶联剂在玻纤增强复合材料领域中的应用［J］．玻璃纤维，2013（3）：11-22.
[61] Greer A L，Bunn A M，Tronche A，et al. Modelling of inoculation of metallic melts：application to grain refinement of aluminium by Al-Ti-B［J］. Acta materialia，2000，48（11）：2823-2835.
[62] 晋圣松，石岩，徐学诚．聚苯乙烯接枝修饰碳纳米管［J］．化学研究与应用，2006（8）.
[63] 阮汝祥．特种纤维及其复合材料的应用［J］．纤维复合材料，1990（4）：10-16.
[64] Banholzer B，Brameshuber W，Jung W. Analytical evaluation of pull-out tests—the inverse problem［J］. Cement and Concrete Composites，2006，28（6）：564-571.
[65] 胡福增，陈国荣，杜永娟．材料表界面［M］．上海：华东理工大学出版社，2001.
[66] 颜肖慈，罗明道．界面化学［M］．北京：化学工业出版社，2005.
[67] K·霍姆伯格，等．水溶液中的表面活性剂和聚合物［M］．韩丙勇，等译．北京：化学工业出版社，2005.
[68] 德鲁·迈尔斯．表面、界面和胶体：原理及应用［M］．吴大诚，等译．北京：化学工业出版社，2005.
[69] 顾雪蓉，朱玉平．凝胶化学［M］．北京：化学工业出版社，2005.
[70] 阿方萨斯 V·波丘斯．黏结与胶黏剂技术导论［M］．潘顺龙，等译．北京：化学工业出版社，2005.
[71] 高濂，孙静，刘阳桥．纳米粉体的分散剂表面改性［M］．北京：化学工业出版社，2003.
[72] 张金中，王中林，刘俊，等．自组装纳米结构［M］．曹茂盛，等译．北京：化学工业出版社，2005.
[73] 梁治齐，宗惠娟，李金华．功能性表面活性剂［M］．北京：中国轻工业出版社，2002.
[74] 徐滨士，刘世参．中国材料工程大典第 16、17 卷—（材料表面工程）（上、下）［M］．北京：化学工业出版社，2006.
[75] 张立德，解思深．《纳米材料和纳米结构》—国家重大基础研究项目新进展［M］．北京：化学工业出版社，2005.
[76] 姚康德，许美萱．智能材料［M］．天津：天津大学出版社，1996.
[77] 严瑞萱．水溶性高分子［M］．北京：化学工业出版社，1998.
[78] 沈一丁．高分子表面活性剂［M］．北京：化学工业出版社，2002.
[79] 任俊，沈健，卢寿慈．颗粒分散科学与技术［M］．北京：化学工业出版社，2005.
[80] 顾惕人，朱步瑶，李外郎，等．表面化学［M］．北京：科学出版社，1994.
[81] 梁文平．乳状液科学与技术基础［M］．北京：科学出版社，2002.
[82] Ralph T. Yang. 吸附剂原理与应用［M］．马丽萍，宁平，田森林，译．北京：高等教育出版社，2010.